职业教育"岗课赛证"融通系列教材

高等职业教育建筑消防技术系列教材

火灾自动报警及联动控制技术

齐 斌 肖 菊 主 编

中国建筑工业出版社

图书在版编目（CIP）数据

火灾自动报警及联动控制技术 / 齐斌，肖菊主编.
北京 ：中国建筑工业出版社，2025. 1. --（职业教育"
岗课赛证"融通系列教材）（高等职业教育建筑消防技术
系列教材）. -- ISBN 978-7-112-30930-6

Ⅰ. TU998.1

中国国家版本馆 CIP 数据核字第 2025MY0220 号

　　本书构建了三大模块——初步认知、火灾自动报警与联动控制系统，以及新技术应用。共涵盖 8 个项目，内容从火灾自动报警及联动控制系统的基本知识启程，逐步深入到火灾自动报警系统，水灭火与特殊灭火系统的联动控制，消防减灾系统的联动控制、系统设计，以及系统的检测、验收、运维全周期管理，并前瞻性地探讨了物联网技术在消防工程中的应用。

　　本书不仅是消防工程、安全工程、建筑电气与智能化等专业理想的教学资料，也极适合消防安全管理人员、建筑设计人员的职业培训需求，同时，对于相关领域内的专业人士而言，亦是一本不可或缺的参考宝典。

　　为方便教学，作者自制课件资源，索要方式为：1. 邮箱：jckj@cabp. com. cn；2. 电话：（010）58337285。

责任编辑：王予芊　　司　汉
责任校对：赵　菲

职业教育"岗课赛证"融通系列教材
高等职业教育建筑消防技术系列教材
火灾自动报警及联动控制技术
齐 斌 肖 菊 主 编

*

中国建筑工业出版社出版、发行(北京海淀三里河路 9 号)
各地新华书店、建筑书店经销
北京鸿文瀚海文化传媒有限公司制版
北京云浩印刷有限责任公司印刷

*

开本：787 毫米×1092 毫米　1/16　印张：17½　字数：437 千字
2025 年 7 月第一版　　2025 年 7 月第一次印刷
定价：**49. 00** 元（赠教师课件）
ISBN 978-7-112-30930-6
（44668）

本书编审委员会

主　编

齐　斌　新疆建设职业技术学院

肖　菊　山西工程科技职业大学

副主编

许　婷　武汉警官职业学院

贾晓宝　深圳职业技术大学

江柳清　湖北工业职业技术学院

参　编

于　睿　武汉万峰消防职业培训学校

陈　冉　山东城市建设职业学院

马晓倩　新疆建设职业技术学院

主　审

张小明　南京工业职业技术大学

王加胜　山东城市建设职业学院

前　言

近年来，随着城市化进程的加速和高层建筑的日益增多，我国消防事业取得了长足的发展，消防安全已成为维护社会稳定、保障人民生命财产安全的重要基石，"人民至上，生命至上"是我们做好消防安全工作的重要方向之一。因此，提升火灾防控水平，实现火灾的早期预警、快速响应与有效处置，成为现代社会不可回避的重要课题。

《火灾自动报警及联动控制技术》正是响应时代需求，专为高等职业教育精心编撰的教材。它是培养未来消防领域专业人才的重要资料。本教材旨在通过深入浅出的讲解，使学生全面掌握火灾自动报警系统的工作原理、设计思路、安装调试方法以及与其他消防设施的联动控制技术，为他们日后在消防工程领域的职业生涯打下坚实的基础。

本教材在编写过程中，始终秉持着理论与实践相结合的原则，深入融入"岗课赛证"融通理念，不仅详细阐述了火灾自动报警技术的基础理论知识，还通过【岗位情景模拟】模块对接职业岗位需求，通过【知识链接】模块与【即学即练】模块关联职业技能竞赛知识点，通过【实践实训】模块强化实际操作技能，确保学生能在岗前具备扎实的专业能力和竞赛水平，教材结合丰富的案例分析及数字资源，帮助学生及时应用所学知识并拓展课外知识，培养其实践能力和创新思维。

同时，本教材还紧跟消防技术的最新发展动态，积极引入物联网、大数据、云计算等先进技术，展现火灾自动报警系统向智能化、网络化、集成化方向发展的趋势。我们希望通过这种方式，让学生能够站在技术的前沿，掌握最先进的知识和技能，为未来的职业发展做好充分准备。

此外，本教材还注重培养学生的职业素养和安全意识。我们深知，作为一名消防工程技术人员，不仅要有扎实的专业技能，更要有高度的责任感和使命感。因此，在传授专业知识的同时，还要注重引导学生树立正确的价值观和安全观，培养他们的团队协作精神、创新思维和职业道德素养。

本教材由齐斌主编并负责统稿，肖菊任第二主编，许婷、贾晓宝、江柳清任副主编。具体编写分工：齐斌编写项目5；肖菊编写项目8；许婷编写项目1、于睿编写项目7；贾晓宝编写项目6；江柳清编写项目3；陈冉编写项目2；马晓倩编写项目4。本教材由南京工业职业技术大学张小明和山东城市建设职业学院王加胜主审，并对本书提出了宝贵的意见及建议，谨此表示感谢！本教材在编写过程中，得到新疆建设职业技术学院、武汉警官职业学院等院校领导的关心和大力支持，同时，本教材在编写中参考了大量资料，引用了部分资源，在此一并表示感谢！

由于编者水平有限，教材中难免存在不妥之处，恳请广大读者指正，谢谢！

目　录

模块三　新技术应用

模块一　初步认识

项目1 火灾自动报警与联动控制系统的初步认识

任务1 消防基础知识

【思维导图】

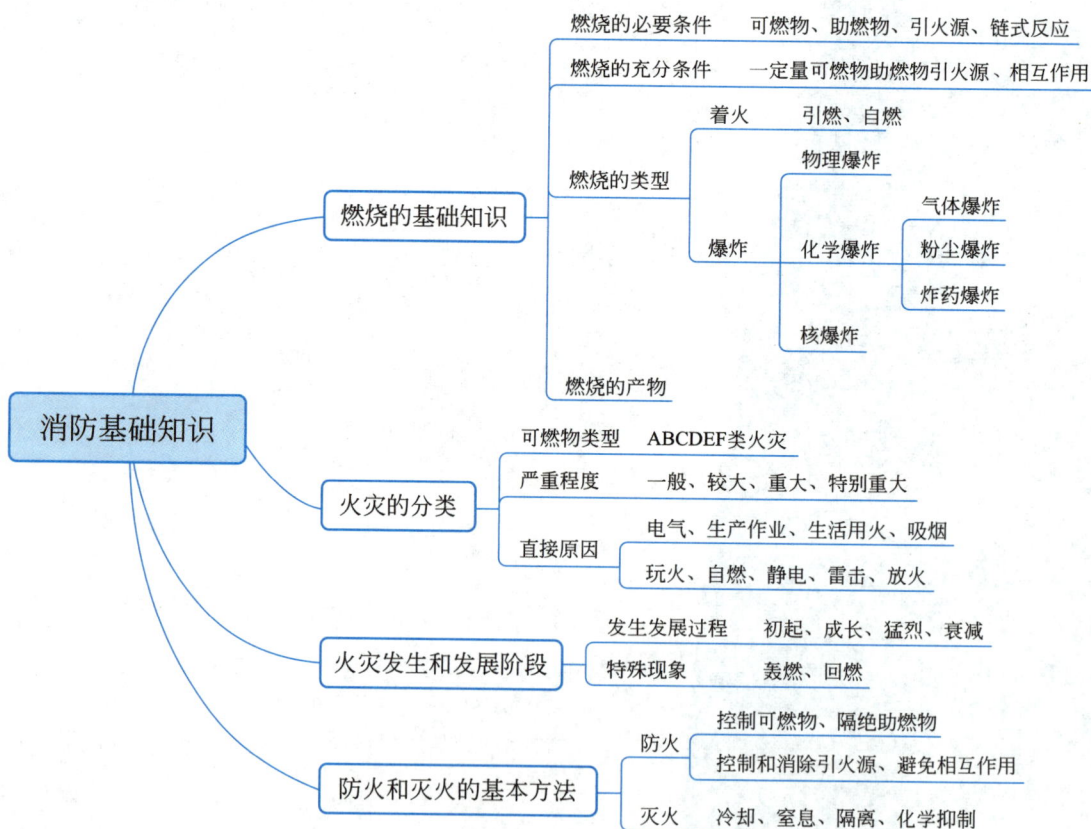

【学习目标】

[知识目标]	熟悉燃烧的定义、条件及火灾分类等基本知识;掌握防火与灭火的基本方法
[能力目标]	具有能够根据燃烧的条件和分类,判断不同场景下火灾发生的风险和可能性的能力。具有分析火灾事故的原因和过程,提出针对性的预防措施的能力
[素质目标]	培养学生树立高度的安全意识,时刻关注身边的火灾隐患,并采取积极措施进行防范。自觉遵守消防安全规定和操作规程,确保自身和他人的安全

【情景导入】

2025 年,某市一家化工厂发生了一起严重的火灾事故。事故原因是由于工人在操作过程中不慎将易燃化学品泄漏,当泄漏的化学品与空气中的氧气混合达到一定的浓度后,遇到火源引发了爆炸和火灾。由于火势迅速蔓延,工厂内的消防系统未能及时控制火势,导致火灾持续了数小时。事故造成了工厂部分设备损毁,多名工人受伤。这个事故案例表明,了解和控制可燃物的泄漏、保持良好通风、防止火源产生是防止类似事故的关键。同时,也体现了定期维护和检查消防系统的重要性。

1.1　燃烧的基础知识

【岗位情景模拟】

一处存储易燃液体的储罐因泄漏引发严重火灾,火势猛烈,伴有大量浓烟和有毒气体释放。作为消防工程技术主管,你迅速响应,利用燃烧的基础知识分析火情,指导现场救援。

【讨论】首先识别并控制燃烧的三要素——可燃物（泄漏的易燃液体）、助燃物（空气中的氧气）和点火源（静电、火花等）。讨论如何切断或减弱这些要素以控制火势。

燃烧是化学领域中的一个基本概念,它涉及能量的转换、物质的性质变化等多个方面。学习燃烧的基本知识,有助于学生理解物质的变化过程、掌握能量的转换形式以及认识燃烧在日常生活和工业生产中的重要作用。

一、燃烧的定义

燃烧是一种化学反应,是指可燃物与助燃物（通常是氧气）发生反应,通常伴随放热、发光和烟气现象的过程。这种反应导致可燃物迅速氧化,产生热量、光能和可能的气体产物。

二、燃烧的条件

燃烧的必要条件:

燃烧过程的发生和发展都必须具备三个必要条件,即可燃物、助燃物和引火源,这三个条件通常被称为"燃烧三要素"如图 1-1-1 所示。但对于有焰燃烧,根据燃烧的链式反应理论,燃烧过程中存在未受抑制的自由基作中间体,因而"燃烧三角形"需增加一个

"链式反应"，形成"燃烧四面体"，如图 1-1-2 所示。即有焰燃烧需要有可燃物、助燃物、引火源和链式反应四个要素。

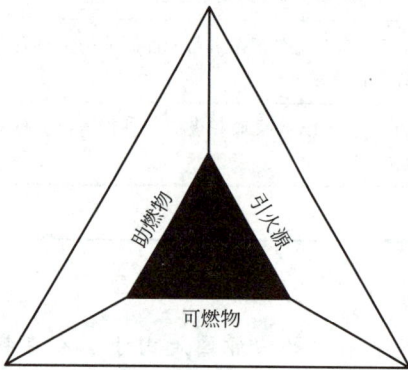

图 1-1-1 燃烧三要素

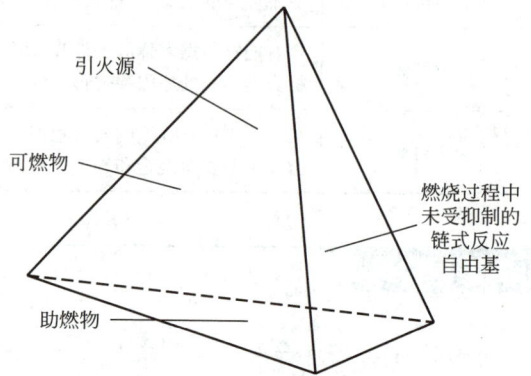

图 1-1-2 燃烧四面体

（1）可燃物。可燃物指能够与助燃物（通常是氧气）发生化学反应的物质。可燃物具有与氧气反应的化学性质，是燃烧反应的基础。

（2）助燃物。助燃物是燃烧过程中提供氧气的物质，它通常指的是空气中的氧气。氧气是燃烧反应中必需的氧化剂，没有氧气的参与，可燃物无法发生燃烧。

（3）引火源。引火源是燃烧过程中提供初始活化能量的来源，它使可燃物达到其燃点并开始与助燃物发生反应。引火源可以是明火、高温表面、电火花、化学反应放热等。

（4）链式反应。链式反应是燃烧过程中未受抑制的自由基作为中间体参与的连续反应过程。它是燃烧能够持续进行的关键因素。链式反应的存在使得燃烧能够从局部扩展到整个可燃物，形成持续的火焰。

三、燃烧的类型

燃烧按照发生瞬间的特点不同，分为着火和爆炸两种类型。

1. 着火

这是燃烧的开始，表现为可燃物质一经被点燃后，能够持续并不断扩大的燃烧现象。可燃物着火一般有引燃和自燃两种方式。

（1）引燃

引燃，又称为强迫着火或点燃，是指由于从外部能源（如电热线圈、电火花、炽热质点、点火火焰等）得到能量，使可燃物局部范围受到强烈加热而着火的现象，是大多数火灾发生的方式。

燃点，也被称为着火点，是指在规定的试验条件下，物质在外部引火源作用下表面起火并持续燃烧一定时间所需的最低温度。例如，纸的燃点大约是 183℃，而木材的燃点大约在 250～300℃，见表 1-1-1。

闪点与燃点有所不同。闪点是指可燃液体挥发出来的蒸气与空气形成的混合物，遇火源能够发生闪燃的最低温度。通常，易燃液体的燃点会高出其闪点 1～5℃，且闪点越低，这一差值越小。在一般情况下，燃点用来衡量固体的火灾危险性大小，而闪点则用于评估易燃液体的火灾危险性。

部分可燃物质的燃点（单位：℃）　　　　　　表 1-1-1

物质名称	燃点	物质名称	燃点
松节油	53	棉花	210～255
樟脑	70	蜡烛	190
橡胶	120	麦草	200
纸张	130～230	豆油	220
漆布	165	木材	250～300

（2）自燃

自燃是指可燃物质在没有外部火花、火焰等火源的作用下，因受热或自身发热并蓄热所产生的自行着火现象。简而言之，自燃是物质在没有明显外部点火源的情况下，内部物理、化学或生物过程产生的热量积累而导致的燃烧。

自燃的类型可以根据其发生机制进行划分。根据热源的不同，自燃可以分为受热自燃和自热自燃两大类。表 1-1-2 列举了部分可燃物的自燃点。

部分可燃物的自燃点（单位：℃）　　　　　　表 1-1-2

物质名称	自燃点	物质名称	自燃点
黄磷	34～35	丁烷	287
赛璐珞	150～180	汽油	250～530
甲烷	537	煤油	210
乙烷	472	甲醇	464
丙烷	450	乙醇	363

2. 爆炸

爆炸是指物质从一种状态迅速转变成另一种状态，并在瞬间形成高压，放出大量能量的现象，通常伴强烈放热、发光和声响。

爆炸的分类

爆炸可以分为物理爆炸、化学爆炸和核爆炸三种类型。

1）物理爆炸。状态变化导致压力发生突变而形成的爆炸现象，如装在容器内的液体或气体，由于物理变化（温度、体积和压力等因素的变化）引起体积迅速膨胀，容器压力急剧增加，超压或应力变化使容器发生爆炸，且在爆炸前后物质的性质及化学成分均不改变的现象，称为物理爆炸。

2）化学爆炸。化学爆炸则是由于物质急剧氧化或分解产生温度、压力增加或两者同时增加而形成的爆炸现象；化学爆炸按照爆炸物质不同，又分为气体爆炸、粉尘爆炸和炸药爆炸；按照爆炸传播速率不同，又分为爆燃、爆炸和爆轰。

3）核爆炸。核爆炸是原子核反应的能量向机械能的转化，同样会在短时间内聚集大量热量，引发爆炸，如原子弹、氢弹、中子弹的爆炸。

四、燃烧的产物

燃烧的产物是在燃烧或热解作用过程中所产生的全部物质。这些物质通常包括气体、热量和可见烟等。

1. 燃烧产物的分类

燃烧产物可以根据不同的特性进行分类。一般来说,燃烧产物可以分为完全燃烧产物与不完全燃烧产物。

(1) 完全燃烧产物:当可燃物质在燃烧过程中生成的产物不能再继续燃烧时,这些产物被称为完全燃烧产物。典型的完全燃烧产物包括二氧化碳、二氧化硫和水蒸气等。

(2) 不完全燃烧产物:如果可燃物质在燃烧过程中生成的产物还能继续燃烧,那么这些产物被称为不完全燃烧产物。常见的不完全燃烧产物包括一氧化碳、醇类、醛类等。

2. 不同物质的燃烧产物

不同物质的燃烧产物是指在燃烧或热解过程中,由于物质的化学组成和燃烧条件的不同,所产生的特定气体、液体、固体或热量等。这些产物不仅取决于可燃物本身的性质,还受到温度、氧气供应以及其他环境因素的影响。

对于单质,如碳、氢、硫等,它们在空气中完全燃烧时,主要生成的是该单质元素的氧化物,如二氧化碳、水蒸气、二氧化硫等。这些产物由于无法再进一步燃烧,因此被称为完全燃烧产物。

而化合物在燃烧时的情况则更为复杂。一些化合物在燃烧过程中除了生成完全燃烧产物外,还可能产生不完全燃烧产物,如一氧化碳、醇类、醛类等。这些产物在特定条件下能够继续燃烧。特别是一些高分子化合物,在受热后会发生热裂解,生成许多不同类型的有机化合物,这些化合物在进一步燃烧过程中会释放出大量热量。

【即学即练 1-1-1】

用着火四面体来表示燃烧发生和发展的必要条件时,"四面体"是指可燃物、助燃物、引火源和(　　　)。

A. 氧化反应　　　　　　　　　B. 热分解反应

C. 链传递　　　　　　　　　　D. 未受抑制的链式反应

【即学即练 1-1-2】

木制椅燃烧时,不会出现的燃烧形式是(　　　)。

A. 分解燃烧　　　　　　　　　B. 表面燃烧

C. 熏烟燃烧　　　　　　　　　D. 蒸发燃烧

1.2　火灾的分类

【岗位情景模拟】

某化工园区发生火灾,火势迅速蔓延至多个存储罐区,其中包括易燃液体、腐蚀性化学品及可燃气体等多种危险物质。作为消防工程技术主管,你须立即组织团队评估火情,并依据火灾分类知识制定紧急应对措施。

【讨论】1. 火灾分类识别：迅速判断起火物质类别，区分是液体火灾、气体火灾还是固体火灾以及是否存在复杂的混合火灾情况。

2. 针对性灭火策略：根据火灾分类，选择合适的灭火剂（如泡沫、干粉、二氧化碳等）和灭火方法。对于易燃液体和气体，需特别注意防止火势扩大和爆炸风险。

一、火灾的定义

在时间或空间上失去控制的燃烧，称为火灾。

二、火灾的分类

1. 按照可燃物的类型和燃烧特性分类

按照可燃物的类型和燃烧特性，将火灾划分为以下六个类别（表 1-2-1）。

火灾按照可燃物的类型和燃烧特性分类　　　　　　表 1-2-1

类别	类型
A 类	固体（木材及木制品、棉、毛、麻、纸张、粮食等）
B 类	液体或可熔化固体（汽油、煤油、原油、甲醇、乙醇、沥青、石蜡等）
C 类	气体（氢气、天然气、煤气、甲烷、乙烷、乙炔等）
D 类	金属（钾、钠、镁、钛、锆、锂、铝镁合金等）
E 类	带电（发电机房、变压器、家用电器、电热设备等）
F 类	烹饪器具内的烹饪物（动、植物油脂等）

2. 按照火灾损失严重程度分类

火灾损失是指火灾导致的直接经济损失和人身伤亡。火灾直接经济损失包括火灾直接财产损失、火灾现场处置费用、人身伤亡所支出的费用；人身伤亡是指在火灾发生后的 7 日内，火灾或灭火救援过程中因烧灼、烟熏、砸压、辐射、碰撞、坠落、爆炸、触电等导致的死亡、重伤和轻伤情况。

按照火灾事故所造成的损失严重程度不同，将火灾划分为特别重大火灾、重大火灾、较大火灾和一般火灾四个等级。

（1）特别重大火灾

特别重大火灾是指造成 30 人以上死亡，或者 100 人以上重伤，或者 1 亿元以上直接财产损失的火灾。

（2）重大火灾

重大火灾是指造成 10 人以上 30 人以下死亡，或者 50 人以上 100 人以下重伤，或者 5000 万元以上 1 亿元以下直接财产损失的火灾。

（3）较大火灾

较大火灾是指造成 3 人以上 10 人以下死亡，或者 10 人以上 50 人以下重伤，或者 1000 万元以上 5000 万元以下直接财产损失的火灾。

（4）一般火灾

一般火灾是指造成 3 人以下死亡，或者 10 人以下重伤，或者 1000 万元以下直接财产损失的火灾。

注：上述所称的"以上"包括本数，"以下"不包括本数。

3. 按照引发火灾的直接原因分类

我国在火灾统计工作中按照引发火灾的直接原因不同，将火灾分为如下火灾类型。

（1）电气引发的火灾

该种火灾事故占比最高。电气火灾按其发生在电力系统的位置不同，分为三类：变配电所火灾、电气线路火灾、电气设备火灾。

通过对近年来电气引发的火灾事故分析发现，发生电气火灾的主要原因是电线短路故障、过负荷用电、接触不良、电气设备老化故障等。

（2）生产作业不慎引发的火灾

生产作业不慎引发的火灾主要是指生产作业人员违反生产安全制度及操作规程引起的火灾。

（3）生活用火不慎引发的火灾

生活用火不慎引发的火灾，主要原因包括烹饪时油锅过热，食物溢出或忘记关火，电器设备的老化、短路或过载使用。

（4）吸烟引发的火灾

吸烟引发的火灾，主要原因是乱扔烟头、卧床吸烟。点燃的烟头表面温度为 $200\sim300℃$，中心部位温度可达 $700\sim800℃$，而一般可燃物如纸张、棉花、布匹、松木、麦草等的燃点大多低于烟头表面温度。

（5）玩火引发的火灾

玩火引发的火灾在我国每年都占有一定的比例。有关资料显示，儿童玩火是其中最常见的原因。

（6）自燃引发的火灾

自燃引发的火灾是指在没有外部火源直接作用的情况下，物质内部发生化学反应、物理变化或受到特定环境条件的影响，自行产生热量并导致燃烧的现象。

（7）静电引发的火灾

静电是一种处于静止状态的电荷，当物体之间发生摩擦、分离或接触时，电荷的分布可能变得不平衡，从而产生静电荷。当静电荷积累到一定程度时，会形成高电位，进而产生放电火花。

（8）雷击引发的火灾

雷电是大气中的放电现象。雷电通常分为直击雷、感应雷、雷电波侵入和球雷。雷击能在短时间内将电能转变成机械能、热能并产生各种物理效应，对建筑物、用电设备等具有巨大的破坏作用，并易引起火灾和爆炸事故。

（9）放火引发的火灾

放火是指蓄意制造火灾的行为。

【即学即练1-2-1】

关于火灾类别的说法，错误的是（　　　）。

A. D类火灾是物体带电燃烧的火灾

B. A 类火灾是固体物质火灾

C. B 类火灾是液体火灾或可溶化固体物质火灾

D. C 类火灾是气体火灾

【即学即练 1-2-2】

造成 3 人以上 10 人以下死亡，或者 10 人以上 50 人以下重伤，或者 1000 万元以上 5000 万元以下直接财产损失的火灾是（　　）。

A. 特别重大火灾　　　　　　　　B. 重大火灾

C. 较大火灾　　　　　　　　　　D. 一般火灾

1.3　火灾发生和发展阶段

【岗位情景模拟】

某工业区突发严重火灾，火势迅速从初起阶段进入猛烈发展阶段，火光冲天，浓烟滚滚，情况危急。作为消防安全检查管理员，你立即投入紧急应对与后续评估中。火灾发生后，你首先回顾了火灾发生前的安全检查记录，分析是否存在未及时发现或整改的隐患。同时，考虑是否应增设自动灭火装置或提高初期火灾报警系统的灵敏度。

【讨论】分析火灾进入发展阶段后的火势特点，如火焰蔓延速度、热辐射范围等以及如何根据这些特点制定针对性的灭火策略。讨论内容包括选择合适的灭火剂、布置有效的灭火力量、设置隔离带等，以控制火势蔓延并防止次生灾害的发生。

一、建筑火灾的发生和发展过程

建筑火灾的发生和发展过程与其他类型火灾一样，都有一定的规律性。通常情况下，都有一个由小到大、由发展到熄灭的过程。最初是发生在室内某个房间或某个部位，然后由此蔓延相邻的房间或区域以及整个楼层，最后蔓延整个建筑物。这里的"室"不仅指民用建筑、工业建筑、农业建筑、文物古建筑等建筑室内的房间，而是泛指所有具有顶棚、墙体和开口结构的受限空间。

根据建筑室内火灾温度随时间的变化特点，通常将建筑火灾发展过程分为四个阶段，即初起阶段（OA 段）、成长发展阶段（AB 段）、猛烈燃烧阶段（BC 段）和衰减熄灭阶段（CD 段），如图 1-3-1 所示。

1. 初起阶段

建筑物发生火灾后，最初阶段只是起火部位及其周围可燃物着火燃烧，这时火灾燃烧好像在敞开的空间里进行一样。在火灾局部燃烧形成之后，可能会出现下列三种情况：

（1）最初着火的可燃物燃尽而终止。

（2）通风不足，火灾可能自行熄灭或受到通风供氧条件的支配，以缓慢的燃烧速度继续燃烧。

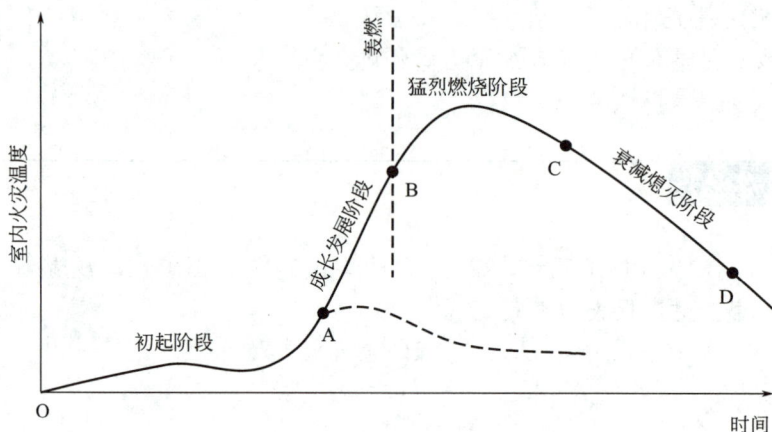

图 1-3-1　火灾发展过程示意

（3）存在足够的可燃物而且具有良好的通风条件，火灾迅速进入成长发展阶段。

2. 成长发展阶段

在火灾初起阶段后期，火灾燃烧面积迅速扩大，室内温度不断升高，热对流和热辐射显著增强。当发生火灾的房间温度达到一定值（图 1-3-1 中的 B 点）时，聚集在房间内的可燃物分解产生的可燃气体突然起火，整个房间都充满了火焰，房间内所有可燃物表面部分都卷入火灾之中，使火灾转化为一种极为猛烈的燃烧，即产生了轰燃。

3. 猛烈燃烧阶段

轰燃发生后，室内所有可燃物都在猛烈燃烧，放热速度很快，因而室内温度急剧上升，并出现持续性高温，最高温度可达 800～1100℃。这个阶段是火灾最盛期，即火灾进入猛烈燃烧阶段（图 1-3-1 中的 BC 段）。

4. 衰减熄灭阶段

经过猛烈燃烧之后，室内可燃物大多被烧尽，随着室内可燃物的挥发物质不断减少，火灾燃烧速度递减，室内温度逐渐下降，燃烧向着自行熄灭的方向发展。一般来说，室内平均温度降到温度最高值的 80％时，则认为火灾进入衰减熄灭阶段（图 1-3-1 中的 CD 段）。

二、建筑火灾发展的特殊现象

建筑火灾发展过程中会出现以下两种特殊现象：

1. 轰燃

某一空间内，所有可燃物的表面全部卷入燃烧的瞬变过程，称为轰燃，如图 1-3-2 所示。

2. 回燃

当室内通风不良、燃烧处于缺氧状态时，氧气的引入导致热烟气发生的爆炸性或快速燃烧现象，称为回燃。

可能观察到的征兆包括：一是室内热烟气层中出现蓝色火焰；二是听到吸气声或呼啸声。

图 1-3-2　轰燃

【即学即练 1-3-1】

（多选）下列现象属于发生回燃征兆的是（　　）。

A. 从室外观察着火房间，开口处流出脉动式热烟气

B. 有烟气被倒吸入室内的现象

C. 身处室内时，听到吸气声或呼啸声

D. 室内热烟气层中出现蓝色火焰

E. 有烟气飘向室外

【即学即练 1-3-2】

当室内通风不良、燃烧处于缺氧状态时，氧气的引入导致热烟气发生的爆炸性或快速的燃烧现象，称为（　　）。

A. 轰燃　　　　　　　　　　　　B. 回燃

C. 爆炸　　　　　　　　　　　　D. 着火

1.4　防火和灭火的基本方法

【岗位情景模拟】

某工业区厂房火灾肆虐，消防安全检查管理员迅速行动。基于防火与灭火原理，他检查初期灭火措施，评估火势蔓延风险，并协调启动水喷淋系统控制火源。同时，监督人员疏散，确保安全撤离。灾后，消防安全检查管理员组织团队复盘，分析火因，优化防火检查流程，提升灭火预案的针对性与有效性，以防范未来火灾风险。

【讨论】

1. 在火灾发生时，如何迅速而准确地判断火情，采取恰当的灭火方法，如隔离火源、使用适当的灭火剂、启动自动灭火系统等，以最大程度地减少火灾损失？

2. 如何加强跨部门协作，确保在火灾应急响应中信息畅通、资源高效调配？

一、防火的基本原理、方法与措施

1. 防火的基本原理

根据燃烧条件理论，防火的基本原理为限制燃烧必要条件和充分条件的形成，即只要防止形成燃烧条件，或避免燃烧条件同时存在并相互结合作用，就可以达到预防火灾的目的。

2. 防火的基本方法与措施

防火的基本方法和措施，见表1-4-1。

防火的基本方法和措施　　　　　　　　　　　　　　表 1-4-1

基本方法	措施举例
控制可燃物	1. 用不燃或难燃材料代替可燃材料
	2. 用阻燃剂对可燃材料进行阻燃处理,改变其燃烧性能
	3. 限制可燃物品储运量
	4. 加强通风以降低可燃气体、蒸气和粉尘等可燃物质在空气中的浓度
	5. 将可燃物与化学性质相抵触的其他物品隔离分开保存,并防止"跑、冒、滴、漏"等
隔绝助燃物	1. 充装惰性气体保护生产或储运有爆炸危险物品的容器、设备等
	2. 密闭有可燃介质的容器、设备
	3. 采用隔绝空气等特殊方法储存某些易燃易爆危险物品
	4. 隔离与酸、碱、氧化剂等接触能够燃烧爆炸的可燃物和还原剂
控制和消除引火源	1. 消除和控制明火源
	2. 防止撞击火星和控制摩擦生热,设置火星熄灭装置和静电消除装置
	3. 防止和控制高温物体
	4. 防止日光照射和聚光作用
	5. 安装避雷、接地设施,防止雷击
	6. 电暖器、炉火等取暖设施与可燃物之间采取防火隔热措施
	7. 需要动火施工的区域与使用区、营业区之间进行防火分隔
避免相互作用	1. 在建筑之间设置防火间距,建筑物内设置防火分隔设施
	2. 在气体管道上安装阻火器、安全液封、水封井等
	3. 在压力容器设备上安装防爆膜(片)、安全阀
	4. 在能形成爆炸介质的场所,设置泄压门窗、轻质屋盖等

二、灭火的基本原理和方法

1. 灭火的基本原理

根据燃烧条件理论，灭火的基本原理就是破坏已经形成的燃烧条件，即消除助燃物、降低燃烧物温度、中断燃烧链式反应、阻止火势蔓延扩散，不形成新的燃烧条件从而使火灾熄灭，最大限度地减少火灾的危害。

2. 灭火的基本方法与措施

根据灭火的基本原理，灭火的基本方法主要有冷却灭火法、窒息灭火法、隔离灭火法和化学抑制灭火法四种。火灾时采用哪种灭火方法与措施，应根据燃烧物的性质、燃烧特点、消防器材性能以及火场具体情况等进行选择。

（1）冷却灭火法与措施

采用冷却灭火法的主要措施有：将直流水、开花水、喷雾水直接喷射到燃烧物上；向火源附近的未燃烧物不间断地喷水降温；对于物体带电燃烧的火灾可喷射二氧化碳灭火剂冷却降温。

（2）窒息灭火法与措施

采用窒息灭火法的主要措施有：用灭火毯、沙土、水泥、湿棉被等不燃或难燃物覆盖燃烧物；向着火的空间灌注非助燃气体，如二氧化碳、氮气、水蒸气等；向燃烧对象喷洒干粉、泡沫、二氧化碳等灭火剂覆盖燃烧物；封闭起火建筑、设备和孔洞等。

（3）隔离灭火法与措施

隔离灭火法是指将正在燃烧的物质与火源周边未燃烧的物质进行隔离或移开，中断可燃物的供给，无法形成新的燃烧条件，阻止火势蔓延扩大，使燃烧停止。采用隔离灭火法的主要措施有：将火源周边未着火物质搬移到安全处；拆除与火源相连接或毗邻的建（构）筑物；迅速关闭流向着火区的可燃液体或可燃气体的管道阀门，切断液体或气体输送来源；用沙土等堵截流散的燃烧液体；用难燃或不燃物体遮盖受火势威胁的可燃物质等。

（4）化学抑制灭火法与措施

化学抑制灭火法是指使灭火剂参与到燃烧反应过程中，抑制自由基的产生或降低火焰中的自由基浓度，中断燃烧的链式反应。其灭火措施是往燃烧物上喷射七氟丙烷灭火剂、六氟丙烷灭火剂或干粉灭火剂，中断燃烧链式反应。

【即学即练 1-4-1】

下列灭火器中，灭火剂的灭火机理为化学抑制作用的是（　　）。

A. 泡沫灭火器　　　　　　　　　B. 二氧化碳灭火器

C. 水基型灭火器　　　　　　　　D. 干粉灭火器

【即学即练 1-4-2】

（多选）下列灭火剂中，在灭火过程中含有窒息灭火机理的有（　　）。

A. 二氧化碳　　　　　　　　　　B. 泡沫

C. 直流水　　　　　　　　　　　D. 水喷雾

E. 氮气

实践实训

项目名称	化工厂火灾应急处理与灭火技能实训			
学生姓名		班级学号		组别	
同组成员					
任务分工					
完成日期		教师评价			

一、实训目的

1. 增强安全意识:提高学生对火灾生长发展阶段的认知,理解火灾的危害性及预防措施的重要性。

2. 掌握灭火技能:确保每位学生能够熟练掌握化工厂常用灭火器材的正确使用方法,包括干粉灭火器、泡沫灭火器和二氧化碳灭火器等。

3. 提升应急能力:通过模拟不同火灾场景,提升学生在紧急情况下的快速反应能力和应急处理能力。

4. 强化团队协作:培养学生在火灾应急处理中的团队协作意识,确保在真实火灾发生时能够迅速形成有效的应急团队。

二、实训设备

1. 灭火器材:干粉灭火器、泡沫灭火器、二氧化碳灭火器等,数量根据人数和分组情况确定。

2. 模拟火源:安全可控的模拟火源,如油类火灾模拟装置、电气火灾模拟装置等。

3. 个人防护装备:如防火服、安全帽、防护手套、防护眼镜等,确保学生在实操过程中的安全。

4. 通信设备:对讲机等,用于模拟火灾应急处理中的通信协调。

5. 记录设备:摄像机、录音笔等,用于记录实训过程,便于后续分析和评估。

三、实训要求

1. 积极实操:鼓励学生积极参与并认真操作灭火器材,确保每位学生都能熟练掌握使用方法。

2. 团队协作:强调团队协作的重要性,在演练过程中相互配合、支持,共同完成应急处理任务。

序号	考核点	评分标准	得分
1	灭火器材使用	(1)正确选择灭火器材(10分) (2)正确使用灭火器材(20分) (3)操作熟练程度(10分)	
2	应急反应速度	(1)反应迅速,决策果断(10分) (2)能够有效控制火势蔓延(10分)	
3	团队协作能力	(1)团队协作意识强,配合默契(10分) (2)能够共同完成应急处理任务(10分)	
4	安全意识	(1)正确佩戴个人防护装备(10分) (2)遵守安全操作规程,无违规操作(10分)	
5		合计	

四、故障现象及其原因分析,解决方法

五、小组总结

知识链接

资源名称	历史上首次将核武器 用于战争的事件	不同材料的燃烧温度 及防火灭火方法	干粉灭火剂的发明
资源类型	文档	文档	文档
资源二维码			

任务 2　火灾自动报警及联动控制系统概述

【思维导图】

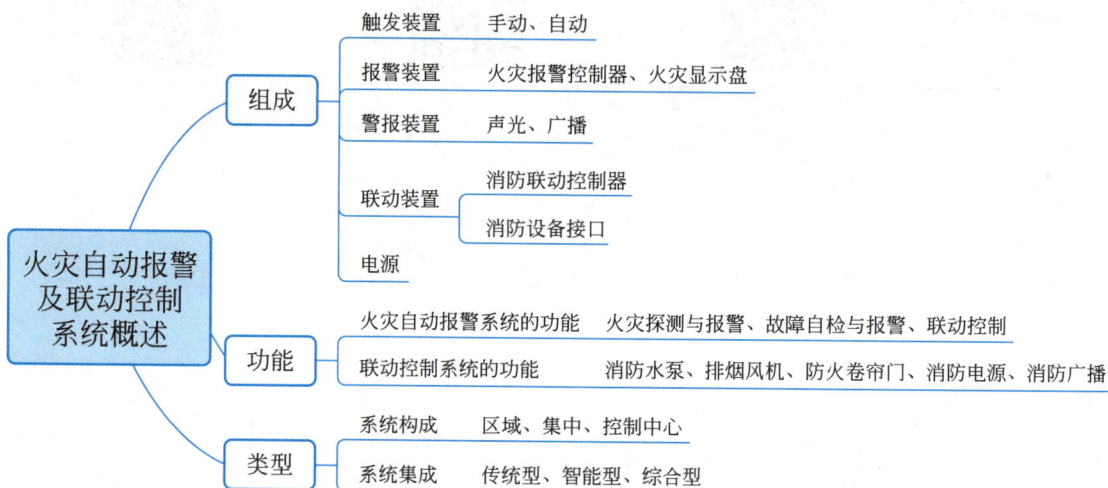

火灾自动报警及联动控制系统概述
- 组成
  - 触发装置　手动、自动
  - 报警装置　火灾报警控制器、火灾显示盘
  - 警报装置　声光、广播
  - 联动装置
    - 消防联动控制器
    - 消防设备接口
  - 电源
- 功能
  - 火灾自动报警系统的功能　火灾探测与报警、故障自检与报警、联动控制
  - 联动控制系统的功能　消防水泵、排烟风机、防火卷帘门、消防电源、消防广播
- 类型
  - 系统构成　区域、集中、控制中心
  - 系统集成　传统型、智能型、综合型

【学习目标】

[知识目标]	了解火灾自动报警及联动控制系统的分类、组成及基本原理,熟悉相关器件及设备,掌握系统的结构组成与工作原理以及了解消防设施设备相关规范
[能力目标]	初步具备火灾自动报警及联动控制系统的运行、调试和维护系统的能力,并具备独立学习和继续学习的能力以及较强的组织协调能力
[素质目标]	通过对火灾自动报警及联动控制系统概述的学习,强化学生的安全意识和责任感,提高火灾自救能力,为学生健康成长和建立社会责任感奠定基础

【情景导入】

　　某大型综合办公楼里人来人往,各种电气设备不断运转,构成了一个现代化的工作环境。如果办公楼内的某个角落突然冒出浓烟,火势迅速蔓延,而人们却毫不知情。这时,火灾自动报警及联动控制系统就发挥了至关重要的作用。它能够迅速感知火灾信号,通过自动报警设备发出声光报警,引导人员疏散,并通过联动控制设备启动灭火系统,有效遏制火势的蔓延。这个系统不仅提高了火灾防控的智能化水平,也能保障人民群众的生命安全。

2.1　火灾自动报警及联动控制的组成

【岗位情景模拟 】

　　在大型综合办公楼内，消防安全检查管理员小李正进行日常巡查。他重点检查了火灾自动报警系统的传感器、控制器及联动控制设备，确保其处于良好工作状态。突然，系统发出警报，显示某楼层烟雾浓度超标。小李立即按照预案，通过联动控制启动该楼层的排烟风机和消防广播，引导人员疏散。同时，他迅速上报火情，并协调消防队伍进场处置。

　　【讨论】 1. 在火灾自动报警及联动控制系统中，哪些因素可能影响系统的及时性和准确性？

　　2. 在高层办公楼中，如何优化火灾自动报警及联动控制系统的布局与维护策略，以确保在火灾初期实现快速响应与有效控制？

一、火灾自动报警及联动控制的基本组成

　　随着现代建筑技术的不断发展，火灾自动报警及联动控制系统已成为保障建筑安全的重要措施之一。该系统能够在火灾发生时及时探测火情、发出报警信号，并启动相应的消防设备，以最大程度地减少火灾带来的损失。火灾自动报警及联动控制系统的组成包括触发装置、报警装置、警报装置、联动装置以及电源。

　　1. 触发装置

　　（1）手动触发装置

　　手动触发装置主要指的是手动火灾报警按钮，它安装在建筑内部的公共区域、重要房间以及消防通道等位置。

　　（2）自动触发装置

　　自动触发装置是火灾自动报警系统的核心部分，它通过传感器实时监测建筑内部的环境参数，如烟雾浓度、温度等。常见的自动触发装置包括火灾探测器和温度传感器等。

　　2. 报警装置

　　（1）火灾报警控制器

　　火灾报警控制器是火灾自动报警系统的核心设备之一，它负责接收、处理并转发火灾报警信号。火灾报警控制器通过预设的算法对接收到的数据进行分析和处理，判断是否存在火灾风险。一旦确认火灾，控制器将立即启动报警程序，并通过声光信号或文字信息提醒人员疏散。同时，控制器还会将报警信号传输给消防部门和管理人员，以便他们及时了解情况并采取应对措施。

　　（2）火灾显示盘

　　火灾显示盘是安装在建筑内部的显示设备，它能够实时显示火灾报警信号的具体位置和状态。火灾显示盘通常安装在消防控制室、值班室等位置，方便值班人员随时查看火灾报警情况。通过火灾显示盘，值班人员可以迅速了解火灾发生的具体位置、时间等信息，从而采取相应的处理措施。

3. 警报装置

（1）声光警报器

声光警报器是火灾自动报警系统中常见的警报装置之一，它通过发出高分贝的声音和闪烁的灯光来提醒人员疏散。

（2）广播系统

广播系统是火灾自动报警系统中的另一种重要警报装置，它通过播放语音信息来指导人员疏散。在火灾发生时，广播系统可以播放预设的语音信息，如"请注意！本区域发生火灾！""请立即按照疏散指示进行疏散！"等。

4. 联动装置

联动装置是火灾自动报警及联动控制系统中的重要组成部分，它负责在火灾发生时自动或手动启动相应的消防设备，以扑灭火源并防止火势蔓延。联动装置包括消防联动控制器和消防设备接口等。

（1）消防联动控制器

消防联动控制器是火灾自动报警及联动控制系统的核心设备之一，它负责接收火灾报警信号，并根据预设的消防预案自动或手动启动相应的消防设备。

（2）消防设备接口

消防设备接口是连接消防联动控制器和消防设备的桥梁，它负责将消防联动控制器的控制信号传输给消防设备，并接收消防设备的反馈信号。

5. 电源

电源是火灾自动报警及联动控制系统中必不可少的部分，它为整个系统提供稳定的电力支持。火灾自动报警及联动控制系统一般采用 UPS 电源为其供电，以确保在市电断电的情况下系统仍能正常工作。UPS 电源具有输出电压稳定、输出电流大、过载能力强等特点，能够满足火灾自动报警及联动控制系统对电源的高要求。

【即学即练 2-1-1】

下列哪项不是火灾自动报警系统的主要组成部分？（　　）

A. 火灾探测器　　　　　　　　　B. 报警控制器

C. 灭火器　　　　　　　　　　　D. 报警显示装置

【即学即练 2-1-2】

在火灾自动报警及联动控制系统中，哪个部分负责接收火灾探测器的信号并触发相应的动作？（　　）

A. 火灾探测器　　　　　　　　　B. 报警控制器

C. 联动控制装置　　　　　　　　D. 报警显示装置

2.2   火灾自动报警及联动控制的功能

【岗位情景模拟】

李工模拟了一个火源在地下车库产生烟雾的场景。火灾探测器迅速感应到烟雾，并在短短几秒内将火警信号传输至报警控制器。报警控制器接收到信号后，立即启动声光报警，大楼内的警报声此起彼伏，同时火灾发生区域的楼层显示屏上也明确标出了火警位置。

与此同时，联动控制系统开始工作。排烟风机自动启动，将车库内的烟雾排出；防火卷帘门缓缓下降，将火源与人员疏散通道隔离开来；应急照明和疏散指示系统启动，为楼内人员提供清晰的逃生路线。

【讨论】1. 在这次模拟中，火灾自动报警及联动控制系统展现出了哪些关键功能？

2. 这些功能对于保障人员安全和提高火灾防控效率有何重要意义？

一、火灾自动报警系统的功能

火灾自动报警系统主要由火灾探测器、报警控制器、报警装置等部分组成，其主要功能包括以下三个方面：

1. 火灾探测与报警功能

火灾探测器是火灾自动报警系统的核心部分，它能够根据火灾发生时的烟雾、温度、火焰等特征参数，及时探测到火灾的发生。一旦探测到火灾，探测器会立即将火灾信号传输给报警控制器，报警控制器接收到信号后会立即启动报警装置，发出声光报警信号，引导人员疏散。

2. 故障自检与报警功能

火灾自动报警系统还具备故障自检功能，能够自动检测系统中各个部分的工作状态，一旦发现故障，会立即发出故障报警信号，提醒人们及时处理。这有助于确保系统在关键时刻能够正常工作，为火灾防控提供有力保障。

3. 联动控制功能

火灾自动报警系统还可以与建筑内的其他消防设备实现联动控制，如消防水泵、排烟风机、防火卷帘门等。当火灾发生时，系统可以自动启动这些设备，进行灭火、排烟、隔离火源等操作，有效遏制火势的蔓延。

二、联动控制系统的功能

联动控制系统是火灾自动报警及联动控制系统的关键部分，它能够实现火灾自动报警系统与建筑内其他消防设备的联动控制，主要功能包括以下五个方面：

1. 消防水泵控制功能

消防水泵是建筑内灭火系统的重要组成部分，联动控制系统可以实现对消防水泵的自动控制和远程手动控制。当火灾发生时，联动控制系统会自动启动消防水泵，向火灾现场供水进行灭火。同时，消防人员也可以通过远程手动控制消防水泵的启停和供水压力等参数，确保灭火效果。

2. 排烟风机控制功能

火灾发生时，烟雾是威胁人员生命安全的重要因素之一。联动控制系统可以实现对排烟风机的自动控制，当火灾探测器探测到烟雾时，系统会自动启动排烟风机，将烟雾排出建筑外，为人员疏散和灭火救援提供有利条件。

3. 防火卷帘门控制功能

防火卷帘门是建筑内重要的防火隔离设施，联动控制系统可以实现对防火卷帘门的自动控制。当火灾发生时，系统会自动启动防火卷帘门下降到地面，将火源隔离在某一区域内，防止火势的蔓延。同时，防火卷帘门还具有延时下降功能，在火灾初期为人员疏散争取时间。

4. 消防电源控制功能

在火灾发生时，为了确保消防设备的正常运行，联动控制系统可以实现对消防电源的自动控制。当火灾探测器探测到火灾时，系统会自动切断非消防电源，同时启动应急照明和疏散指示系统，为人员疏散和灭火救援提供电力保障。

5. 消防广播控制功能

消防广播是火灾发生时引导人员疏散的重要工具之一。联动控制系统可以实现对消防广播的自动控制，当火灾发生时，系统会自动启动消防广播系统，播放疏散指令和灭火指示等信息，指导人员有序疏散并正确使用灭火器等工具进行初期灭火。

【即学即练 2-2-1】

在火灾自动报警及联动控制系统中，哪个部分首先感知到火灾的发生？（　　　）

A. 报警控制器　　　　　　　　　　B. 火灾探测器

C. 联动控制装置　　　　　　　　　D. 消防广播系统

【即学即练 2-2-2】

火灾自动报警及联动控制系统中，当火灾探测器检测到火灾信号后，通常会首先执行以下哪项操作？（　　　）

A. 立即启动消防泵进行灭火　　　　B. 发送火警信号到报警控制器

C. 关闭防火卷帘门　　　　　　　　D. 启动消防广播进行疏散通知

2.3　火灾自动报警及联动控制的类型

【岗位情景模拟】

某商业综合体正面临着消防安全升级的挑战。为了确保客户和员工的生命财产安全，安全管理部门召集了一次紧急会议，系统工程师首先展示了当前使用的火灾自动报警及联动控制系统的运作流程和关键技术点，同时也指出了系统在复杂环境下的局限性和潜在的改进空间。安全主管强调了近期行业内发生的几起火灾事故，并指出在这些事故中，自动报警及联动控制系统的关键作用。他提出，对于商业综合体这样的大型建筑，系统必须更加智能化、高效化，以便在火灾发生时能迅速做出反应。

【讨论】如何结合该商业综合体实际情况，选择最适合的火灾自动报警及联动控制系统？

根据不同的分类标准，火灾自动报警及联动控制系统可以分为多种类型。

一、按系统构成分类

1. 区域报警系统

区域报警系统主要由火灾探测器、手动火灾报警器、区域火灾报警控制器或通用报警控制器、火灾警报装置等组成，如图 2-3-1 所示。该系统主要用于完成火灾探测和报警任务，适用于小型建筑对象和防火对象单独使用。在区域报警系统中，火灾探测器负责探测火灾信号，并将信号传输给区域火灾报警控制器。区域火灾报警控制器对接收到的信号进行处理和判断，如果确认是火灾信号，则启动火灾警报装置发出报警声音和光信号，提醒人员疏散并通知消防部门。

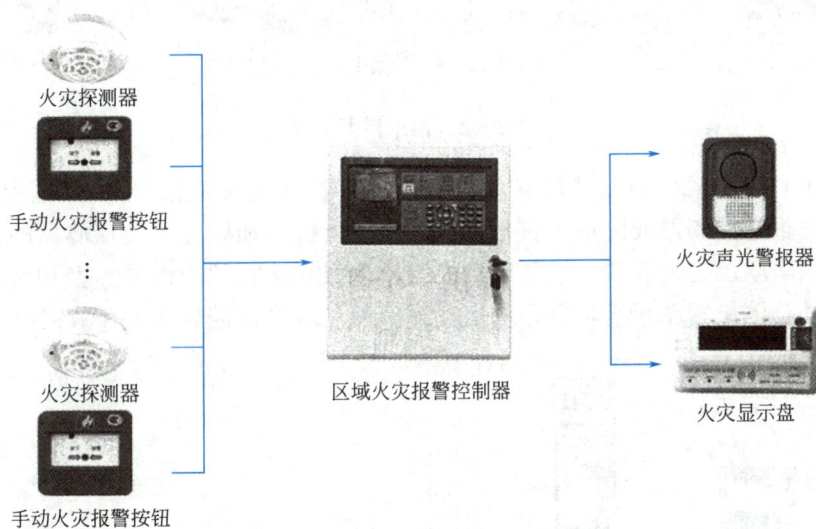

图 2-3-1　区域报警系统

2. 集中报警系统

集中报警系统由火灾探测器、区域火灾报警控制器或用作区域报警的通用火灾报警控制器和集中火灾报警控制器等组成，如图 2-3-2 所示。该系统适用于需要报警且具有联动要求的保护对象，如高层宾馆、写字楼等防火对象。在集中报警系统中，火灾探测器探测到火灾信号后，将信号传输给区域火灾报警控制器。区域火灾报警控制器对信号进行处理和判断，如果确认是火灾信号，则将信号传输给集中火灾报警控制器。集中火灾报警控制器根据接收到的信号类型和位置信息，判断火灾发生的具体位置和程度，并自动启动相应的消防设备，如排烟风机、防火卷帘门、消防泵等，进行灭火和减灾操作。

3. 控制中心报警系统

控制中心报警系统是由设置在消防控制中心（或消防控制室）的消防联动控制设备、集中火灾报警控制器或区域火灾报警控制器和各种火灾探测器等组成，如图 2-3-3 所示。该系统通常用于大型建筑群或需要高度集中管理的场所，如大型购物中心、机场、火车站

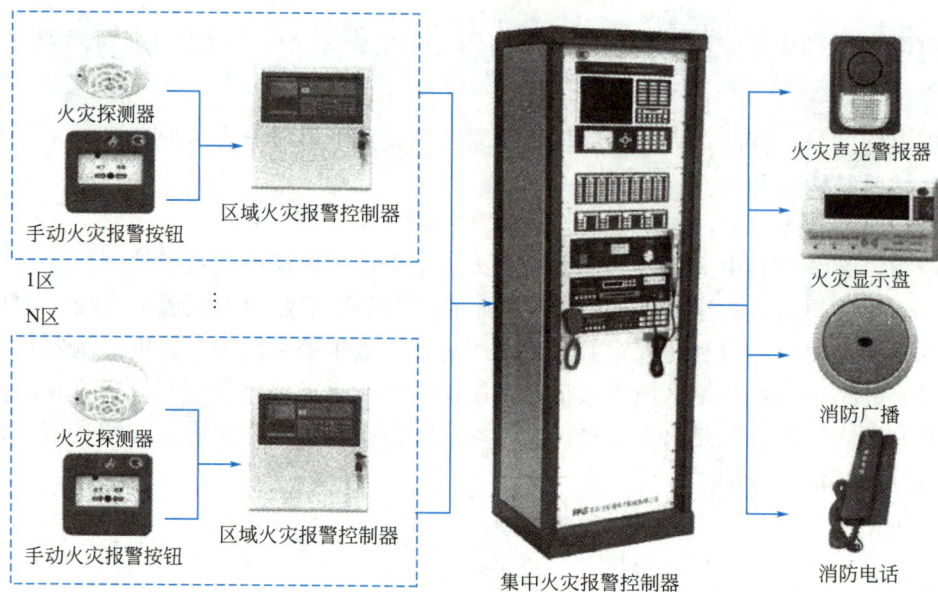

图 2-3-2　集中报警系统

等。在控制中心报警系统中，消防联动控制设备负责接收火灾信号并控制消防设备的运行。集中火灾报警控制器或区域火灾报警控制器负责接收和处理火灾探测器的信号，并将信号传输给消防联动控制装置。消防联动控制设备根据接收到的信号类型和位置信息，判断火灾发生的具体位置和程度，并自动启动相应的消防设备进行灭火和减灾操作。

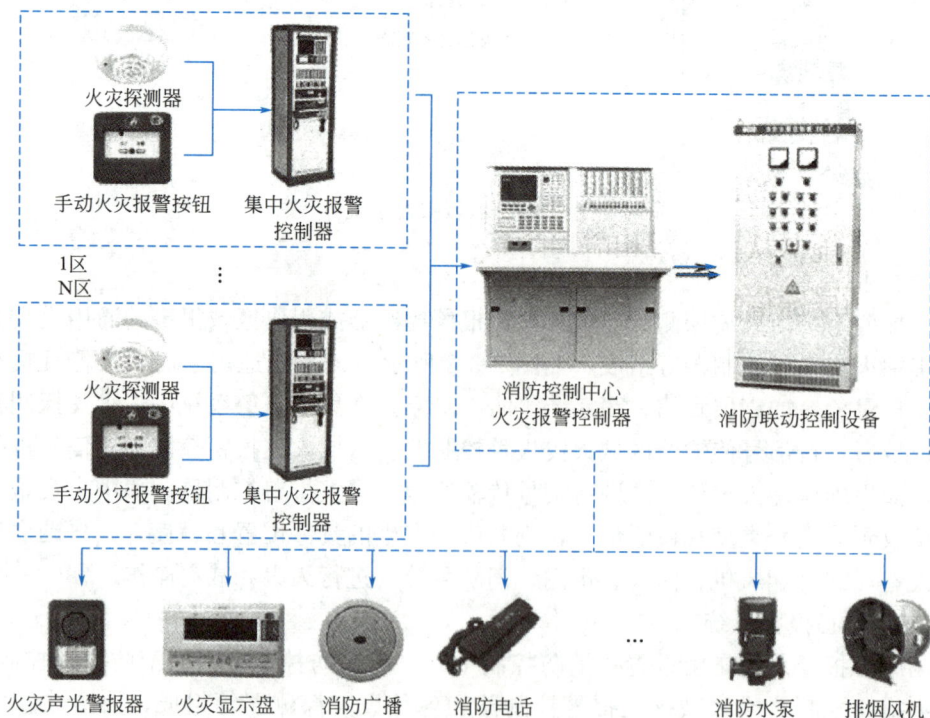

图 2-3-3　控制中心报警系统

二、按系统集成度分类

除了按系统构成分类外，火灾自动报警控制系统还可以按系统集成度进行分类。根据系统集成度的不同，火灾自动报警控制系统可以分为传统型、智能型和综合型三种类型。

1. 传统型

传统型火灾自动报警控制系统是早期应用的火灾自动报警控制系统，主要由火灾探测器、火灾报警控制器和报警装置等组成。该系统采用模拟信号传输方式，具有结构简单、成本低廉的特点。然而，传统型火灾自动报警控制系统的功能相对单一，只具有火灾探测和报警功能，不具备联动控制灭火设备的能力。此外，采用模拟信号传输方式，系统抗干扰能力较差，容易受到环境因素的影响而导致误报或漏报。

2. 智能型

智能型火灾自动报警控制系统是在传统型火灾自动报警控制系统的基础上发展而来的。该系统采用数字信号传输方式，具有智能化程度高、功能齐全的特点。智能型火灾自动报警控制系统能够自动判断火灾信号的来源和类型，并根据预设的逻辑和程序自动启动相应的消防设备进行灭火和减灾操作。此外，智能型火灾自动报警控制系统还具有自学习、自适应和自诊断等功能，能够自动调整工作状态和参数设置，提高系统的可靠性和稳定性。

3. 综合型

综合型火灾自动报警控制系统是近年来发展起来的一种新型火灾自动报警控制系统。该系统将传统型火灾自动报警控制系统和智能型火灾自动报警控制系统的优点相结合，具有高度的集成化和智能化水平。综合型火灾自动报警控制系统不仅具有火灾探测、报警和联动控制灭火设备的功能，还具备视频监控、气体检测、电气监控等多种功能，形成一个综合性的安全管理系统。综合型火灾自动报警控制系统特点如下：

（1）高度集成化

综合型火灾自动报警控制系统采用先进的集成技术，将火灾探测、报警、联动控制、视频监控、气体检测、电气监控等多种功能集成在一个系统中。

（2）智能化程度高

综合型火灾自动报警控制系统采用人工智能、大数据、云计算等先进技术，实现了对火灾信号的智能分析和处理。系统能够自动判断火灾信号的来源和类型，并根据预设的逻辑和程序自动启动相应的消防设备进行灭火和减灾操作。

（3）功能齐全

综合型火灾自动报警控制系统除了具有火灾探测、报警和联动控制灭火设备的功能外，还具备以下功能：

1）视频监控：通过安装视频监控设备，系统能够实时监控建筑内部的火灾情况，为火灾防控提供直观的图像信息。

2）气体检测：系统能够检测建筑内部的可燃气体浓度，当气体浓度超过设定值时，自动发出报警信号，并启动相应的排气或灭火设备。

3）电气监控：系统能够监控建筑内部的电气设备运行状态，及时发现电气故障和火灾隐患，并采取相应的措施进行处理。

（4）灵活性好

综合型火灾自动报警控制系统采用模块化设计，可以根据不同的需求和场所进行灵活配置。用户可以根据实际情况选择需要的功能模块，实现个性化的定制。此外，系统还支持远程监控和管理，用户可以通过手机、电脑等终端设备随时了解建筑内部的火灾情况和系统运行状态。

（5）易于扩展和维护

综合型火灾自动报警控制系统采用开放式的系统架构和标准化的接口设计，易于与其他系统进行集成和扩展。同时，系统采用模块化的设计方式，使得维护和升级更加方便快捷。

火灾自动报警控制系统是保障建筑安全的重要措施之一。其中，综合型火灾自动报警控制系统具有高度的集成化和智能化水平，功能齐全、灵活性好、易于扩展和维护等优点，是未来火灾自动报警控制系统的发展方向。在实际应用中，用户可以根据不同的需求和场所选择适合的火灾自动报警控制系统类型，提高建筑的安全性和可靠性。

【即学即练2-3-1】

火灾自动报警及联动控制系统主要包括哪些部分？（　　　）

A. 火灾探测器　　　　　　　　　　　B. 火灾报警控制器

C. 消防联动控制装置　　　　　　　　D. 灭火设备

【即学即练2-3-2】

火灾自动报警及联动控制系统在火灾发生的哪个阶段发挥着重要作用？（　　　）

A. 火灾前期预防阶段　　　　　　　　B. 火灾初期报警阶段

C. 火灾中期控制阶段　　　　　　　　D. 火灾后期清理阶段

实践实训

项目名称	火灾自动报警及联动控制系统的操作				
学生姓名		班级学号		组别	
同组成员					
任务分工					
完成日期		教师评价			

一、实训目的

1. 使学生全面掌握火灾自动报警及联动控制系统的分类、组成、基本原理及相关规范，熟悉系统中关键器件与设备的功能与特性。

2. 培养学生系统运行监控、调试维护能力以及独立学习、持续学习和团队协作的组织协调能力，为将来的职业发展打下坚实基础。

3. 增强学生的安全意识与责任感，提升面对火灾等紧急情况的自救互救能力，促进学生全面发展，培养良好的社会责任感。

续表

二、实训设备

1. 火灾自动报警系统模拟装置:包括火灾探测器(如烟感、温感)、手动报警按钮、声光警报器、报警控制器等,用于模拟火灾报警流程。

2. 联动控制系统演示平台:集成自动喷水灭火系统、气体灭火系统、排烟风机、防火卷帘门等联动设备的模型,展示火灾发生时的联动响应。

3. 多媒体教学系统:用于播放系统工作原理视频、展示系统结构图、设备布局图等教学资料。

4. 实操工具与测试仪器:如万用表、螺丝刀、接线钳等,用于系统检测与维护实操。

三、实训要求

1. 系统操作:在指导老师的监督下,正确操作火灾报警控制器,模拟火灾报警流程,理解报警信号的传递与处理。

2. 联动控制体验:通过模拟平台,观察并分析不同火灾场景下联动设备的响应情况,理解联动逻辑与控制策略。

3. 故障排查与维护:设置系统故障,要求学生运用所学知识与技能进行故障定位、分析与排除,模拟日常维护流程。

四、实训内容

1. 系统操作与联动控制体验

内容:使用模拟装置,正确操作火灾报警控制器,模拟火灾报警流程,观察并记录从探测器感知火灾信号到联动控制设备响应的全过程。

操作:分组进行,每组轮流操作报警控制器,设置不同类型的火灾场景,观察并记录联动设备的启动情况与响应时间。

2. 系统故障排查与修复实操

内容:模拟系统故障,如探测器故障、线路故障等,要求学生使用测试仪器进行故障定位、分析故障原因、制定修复方案。

操作:分组进行故障排查实操,每组负责一个或多个故障点,记录排查过程与修复结果,最后进行小组分享与讨论。

3. 考核标准

续表

序号	考核点	评分标准	得分
1	系统操作熟练度	(1)操作报警控制器的准确性(10分) (2)操作报警控制器的效率(20分) (3)报警流程模拟的完整性(10分)	
2	联动控制理解	(1)对联动设备响应机制的理解程度(20分) (2)分析火灾场景下的联动策略的能力(20分)	
3	故障排查能力	(1)故障定位的准确性(10分) (2)解决问题的效率及方法(10分)	
4	合计		

五、故障现象及其原因分析,解决方法

六、小组总结

知识链接

资源名称	感烟火灾探测器的发明与发展	火灾自动报警系统的研发和应用	电子监控系统的发明与发展	火灾报警控制器
资源类型	文档	文档	文档	视频
资源二维码				

任务 3　智慧消防技术在火灾自动报警系统中的应用

【思维导图】

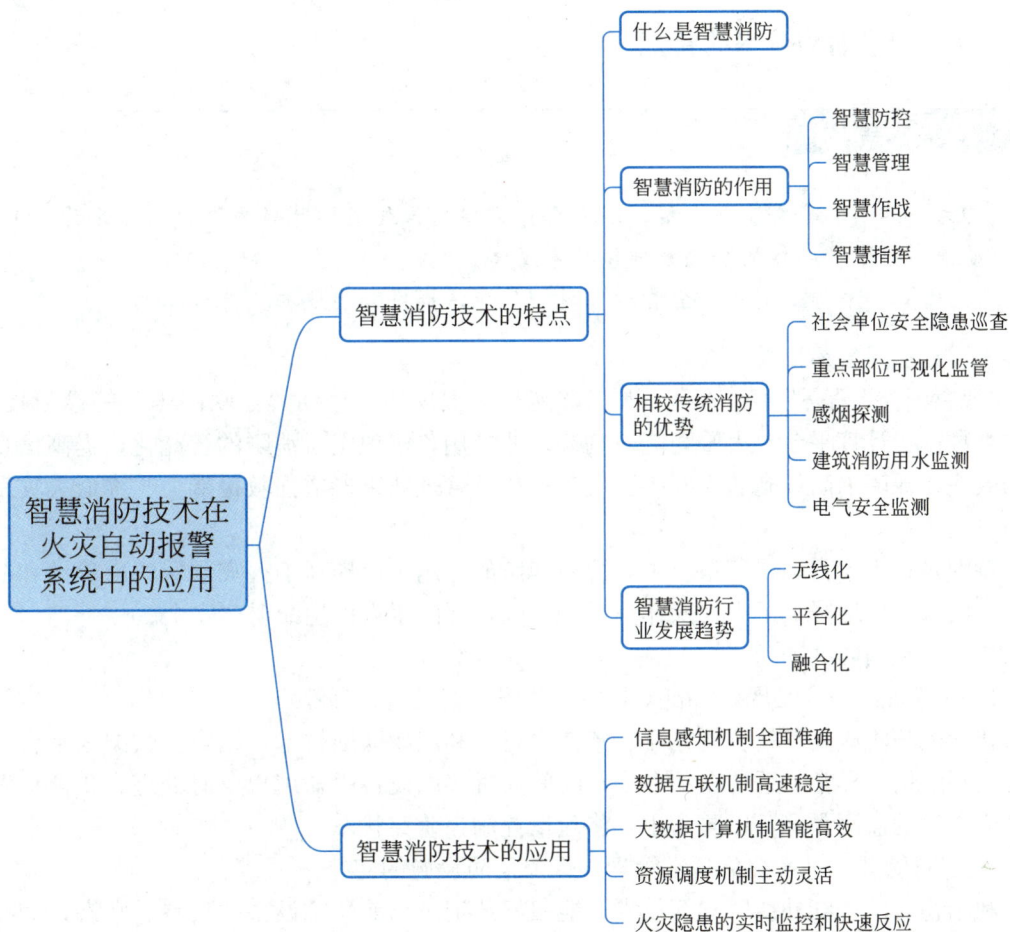

【学习目标】

[知识目标]	熟悉智慧消防技术在火灾自动报警系统中的应用
[能力目标]	使学生具备利用智慧消防技术提高火灾预警的准确性和响应速度的能力
[素质目标]	通过智能化的服务和系统互联共享,大大提升城市防火减灾救灾的能力,为保护人民生命财产安全提供有力的技术支持

【情景导入】

某会展中心火警警铃作响！消防控制室里的电脑屏幕上即时弹出并置顶一张由现场摄像头拍摄的起火点报警图片，现场情况一目了然。醒目的红色边框标注出起火点位置，清晰地显示出报警时间和具体点位。由图片可见，起火点蹿出的火焰并不高，周边没有人员受困，不存在易燃易爆危险品。值班人员立即作出判断，火情可控，场馆工作人员即可扑灭。

3.1 智慧消防技术的特点

【岗位情景模拟】

作为一名消防安全管理人员，现在企业需要从传统消防升级为智慧消防，为火灾预防、监控、报警和救援的全过程提供技术支持。

【讨论】如果你是消防安全管理人员，你应该提供哪些技术支持？

一、什么是智慧消防

"智慧消防"是利用物联网、人工智能、虚拟现实、移动"互联网＋"等最新技术，配合大数据云计算平台、火警智能研判等专业应用，实现城市消防的智能化，提高信息传递的效率、保障消防设施的完好率、改善执法及管理效果、增强救援能力、降低火灾发生及损失。

特别是在火灾自动报警系统中，智慧消防的应用不仅提高了火灾预警的准确性和响应速度，而且有效地降低了人为操作失误的风险，保障了人民生命财产安全。

二、智慧消防的作用

1. 智慧防控——发现异常自动报警，提升信息传递的效率

智慧消防集成高科技智能终端、感知设备，利用物联网技术，结合大数据云平台，一旦检测到险情与异常，系统自动在第一时间通过终端设备通知用户及时处理。化被动发现险情为主动的监测预警，以防为主，将险情控制在萌芽状态。

2. 智慧管理——系统化日常管理，保障消防设施的完好

利用物联网、红外线感知等技术，能很好地记录当前消防设备的位置、状态，如有损坏系统及时报修，能更好地保障消防设施的完好，提供精准的设备信息。

3. 智慧作战——根据实时动态数据，更高效精准地作战

通过视频监控系统、物联网数据等，智慧消防能实现现场人员、地理方位、实景数据等的集成，并实时动态更新，现场作战人员借助这些精细化数据，能实现精准作战，提升救援效率。

4. 智慧指挥——现场可视化动态图像，实现调度智能化

智慧消防现场图像实时传输，一张图链接所有的系统和数据，满足可视化、动态化指挥需求，实现消防救援人员、消防车辆、消防装备、消防水源等各类资源的实时智能化调度，以最快的速度进行火灾扑救，最大化保障人员生命财产安全。

智慧消防就是借助当前最新技术，实现从防控到现场调度的自动化、数据化、精准化和智能化，从消防到安防，给民众全方位、更高效、更智能的安全保障。

三、智慧消防相较传统消防的优势

1. 社会单位安全隐患巡查方面

传统消防：采用纸质检查记录，易造成档案堆叠、信息闭塞，防火巡查不到位、检查记录不真实的状况。

智慧消防优势：通过在单位的消防重点部位及消防设施张贴加密的 NFC 射频标签并建立身份证标识。运用 RFID 技术，手机扫描标签进行每日防火巡查工作，并且系统自动提示各种消防设施及重点部位的检查标准和方法，自动记录巡查人员检查痕迹。

2. 重点部位可视化监管方面

传统消防：监控能力有限，注意力不集中，海量无用视频数据的传输和存储，造成带宽及存储资源的严重浪费，同时，淹没了少量的有用信息，使得有用信息的提取变得困难；图像质量容易受到光照变化、雨雾天气等环境影响，影响目标信息的辨别。

智慧消防优势：可以对所监控的场景进行不间断分析，对异常事件进行检测、报警和录像。有效捕捉异常报警事件，及时发现威胁，降低误报和漏报现象。提示值班人员关注相关监控画面提前做好准备，防止在混乱中由于人为因素而造成的延误。遇到异常事件需要从海量录像中查找时，可以进行智能筛选，大大缩减查找时间。

3. 感烟探测方面

传统消防：传统的独立式感烟火灾探测器使用寿命短；在独立式报警器发生报警时，如果火灾事发现场没有人员，或者室内人员行动不便，报警不会被及时发现，不能达到真正报警的作用。

智慧消防优势：只需 2min 就可以实现手机和火灾探测器的绑定和固定安装。无需布线且信号强，适用于多种火灾多发场所。操作简单，适合多种人群，多个手机账号绑定，及时推送报警信息。电池寿命长达 2 年之久，有低电量报警功能，日常维护方便。

4. 建筑消防用水监测方面

传统消防：人工试水巡查间隔长、工作繁重，消防用水检查难、确认难，难以及时发现水管爆管、接错、漏水等问题。

智慧消防优势：实时监测单位室内消火栓、喷淋末端试水最不利点压力以及消防水箱水池的液位实时情况，水压、液位值实时监测，能够第一时间发现消火栓系统、喷淋系统、水池水箱的异常情况，确保消防用水的健康运行，减少建筑消防缺水、少水带来的安全隐患。实现消防用水可视化管理、提高系统管理便捷性，监控中心一旦收到消防用水报警信息，便发出报警声音，同时实时数据和历史趋势以曲线展示。

5. 电气安全监测方面

传统消防：电气火灾多发，引起电气火灾发生的原因较多，如电线短路、接触不良、电气设备老化、质量差、违规操作、超负荷用电等，是看不见的电气火灾隐患。

智慧消防优势：通过在单位配电柜中加入前端感知设备（电气火灾监控探测器、电流传感器、温度传感器以及剩余电流传感器），实时采集电气线路的剩余电流、导线温度和电流参数。城市物联网消防远程监控系统通过云计算技术实现对电气安全数据多维度、全角度的科学分析及处理，用户可以在线查看电气安全的历史事件，可以查看周报表。

科技不断地进步，技术硬件条件逐渐发展完善、产业规模快速壮大，更重要的是国家政策的有力支持，让智慧消防发展迅速。智慧消防满足了火灾防控"自动化"、灭火救援指挥"智能化"、日常执法工作"系统化"、部队管理"精细化"的实际需求，实现智慧防控、智慧作战、智慧执法、智慧管理，最大限度做到"早预判、早发现、早除患、早扑救"，打造从城市到家庭的"防火墙"。

四、智慧消防行业的发展趋势

随着传统消防逐渐过渡到智慧消防，智慧消防行业的发展趋势主要体现在无线技术的应用（无线化），物联网平台的应用（平台化），行业跨界融合（融合化）等方面。

1. 无线化。随着物联网无线组网技术的发展，无线技术以其部署简单、成本低、功耗低、维护便捷等技术特点，在智慧消防行业得到了普及应用。从2016年LoRa技术的流行，到近年NB-IoT技术的广泛推行，无线组网技术经历了一个热情高涨至客观冷静的市场反应过程。虽然目前无线技术的应用在基站建设、稳定性、功耗等方面还有不少挑战，但其代替有线联网及通信的发展趋势已成定局。

2. 平台化。智慧消防发展早期，各个方案解决商切入市场的最佳方式，就是推出智慧消防平台。按照公安部的规划，智慧消防平台应包含社会化服务平台和应急救援指挥平台等几个部分。早期的平台功能以物联、预警、权限管理为主，而后期的平台功能将以数据分析、风险排查、企业安全征信为主。平台的开发逐渐向AI智能、大数据的方向发展。

3. 融合化。智慧消防行业的大趋势是行业融合，传统的消防厂家、物联网公司、平台开发商、集成商等形成行业产业链，产业链上下游公司的基本状况是相互合作，与此同时，传统消防厂家，如火灾报警厂家，通过开发平台产品，正往智慧消防方向发展，而平台开发商、集成商等，也对接多家厂家的产品，采取硬件采购或者OEM的方式拓展市场，整个行业呈现相互融合的趋势，既相互合作，又相互竞争。

【即学即练3-1-1】

智慧消防系统相较于传统消防系统的优势是什么？（　　　）

A. 无法进行远程监控

B. 不能实时分析数据

C. 可以实现火灾的早期预警

D. 安装维护成本低于传统消防系统

【即学即练3-1-2】

以下哪项是智慧消防系统相对于传统消防系统的一个主要优点？（　　　）

A. 需要更多的人力进行日常检查和维护

B. 不能与现有的安全系统集成

C. 提高了灭火和救援的效率

D. 只能在白天进行监控活动

3.2　智慧消防技术的应用

一、信息感知机制全面准确

相比于传统消防，智慧消防的基础是广泛覆盖的信息感知网络。消防工作涉及百姓日常生活的方方面面，这要求相关人员及时全面地掌握信息。感知网络需要具备采集不同属性、不同形态、不同密度信息的能力，既要满足对火灾风险隐患感知的需求，也要满足对灾情态势深度研判的需求。当然，智慧消防的全面感知并非意味着全方位的信息采集而是应以满足深度研判的需要为导向。

二、数据互联机制高速稳定

智慧消防技术能够保证消防指挥中心相关人员可以远程掌握现场的感知数据，灾难发生时救援人员能够实现与现场指挥中心的信息互联互通，最大限度地提高信息的互通水平。同时，打破相关部门的信息资源保护壁垒，形成统一的资源体系，不再存在"信息孤岛"。

三、大数据计算机制智能高效

智慧消防是以先进的信息和智能技术手段为基础发展而成的综合性消防应急技术体系。其中，作为实现信息识别与数据挖掘的重要技术——大数据，将发挥重要的作用。智慧消防可以依托海量信息开展智能数据统计与决策分析，这种智能化的处理方式会使信息更加有价值。而消防指挥中心的并行处理系统、云计算平台以及雾计算、自组织网络运算等技术为消防救援现场获取的大数据信息处理与计算提供了有效的算力支持，也为真正实现智慧消防的效能提供了有力的技术支持。

四、资源调度机制主动灵活

智能化、信息化技术的应用彻底改变了传统消防与应急行业的工作模式。在智慧消防框架下，实时监控、智能预警、快速响应、现场信息精准获取、资源优化调度以及"一张图"协同指挥等先进的技术方案都被更多地应用于消防安全与灭火救援的全过程中，从而将过去被动的"报警、接警、处警"方式，更新为全新的资源调度机制，有效地减少了中间环节，提高了应急响应速度，为人民生命财产安全以及消防员生命安全提供了巨大的支持和保障。

五、火灾隐患的实时监控和快速反应

智慧消防技术运用先进的传感器技术、物联网通信技术和大数据分析等手段，实现了对火灾隐患的实时监控和快速反应。在火灾自动报警系统中，这些技术通常体现在以下六个方面。

1. 智能烟雾探测技术：通过安装高灵敏度的烟雾探测器，结合图像识别和光谱分析技术，可以准确识别出不同类型和大小的火源，即使在复杂环境中也能实现早期火警的快速发现。

2. 温度感应与分析：利用多点布设的温度传感器，收集环境温度数据，并通过智能算法进行异常温度趋势分析，从而在火灾发生前及时发出预警。

3. 气体检测技术：在火灾自动报警系统中集成多种气体检测器，能够监测到易燃易爆气体的泄漏，为防范爆炸性火灾提供有力的技术支持。

4. 视频监控系统融合：结合现代视频监控技术，通过图像处理和模式识别技术对监

控画面进行实时分析，一旦发现异常情况即可触发报警，并联动其他消防设备进行应急处置。

5. 远程控制与智能调度：通过物联网技术将火灾自动报警系统连接至中央控制室，实现远程监控和管理。在火警情况下，系统可以自动启动应急预案，指挥消防力量迅速到达现场进行灭火救援。

6. 大数据与云平台：收集各类火灾数据，利用大数据分析技术挖掘火灾发生的规律，优化预警模型，同时借助云平台实现数据的高效管理和共享，为决策提供科学依据。

智慧消防技术在火灾自动报警系统中的应用，极大地提升了火灾预警与应急处理的能力，为构建更加安全的社会防火体系奠定了坚实的技术基础。随着技术的不断发展，未来的智慧消防系统将更加智能化、自动化，更好地服务于社会公共安全。

【即学即练 3-2-1】

智慧消防技术在应用中可以实现哪些功能？（   ）

A. 远程监控
B. 仅限于现场手动操作
C. 不支持火情数据分析
D. 不能与警报系统联动

【即学即练 3-2-2】

收集各类火灾数据，利用（   ）挖掘火灾发生的规律，优化预警模型。

A. 图像分析技术
B. 语音识别技术
C. 大数据分析技术
D. 人工手动查询

知识链接

资源名称	智慧消防发展的三个主要阶段	社会单位消防隐患巡查内容	NB-IoT 技术	智能烟雾探测应用场景
资源类型	文档	文档	文档	文档
资源二维码				

模块二　火灾自动报警与联动控制系统

项目2　火灾自动报警系统

任务 4　火灾报警探测器

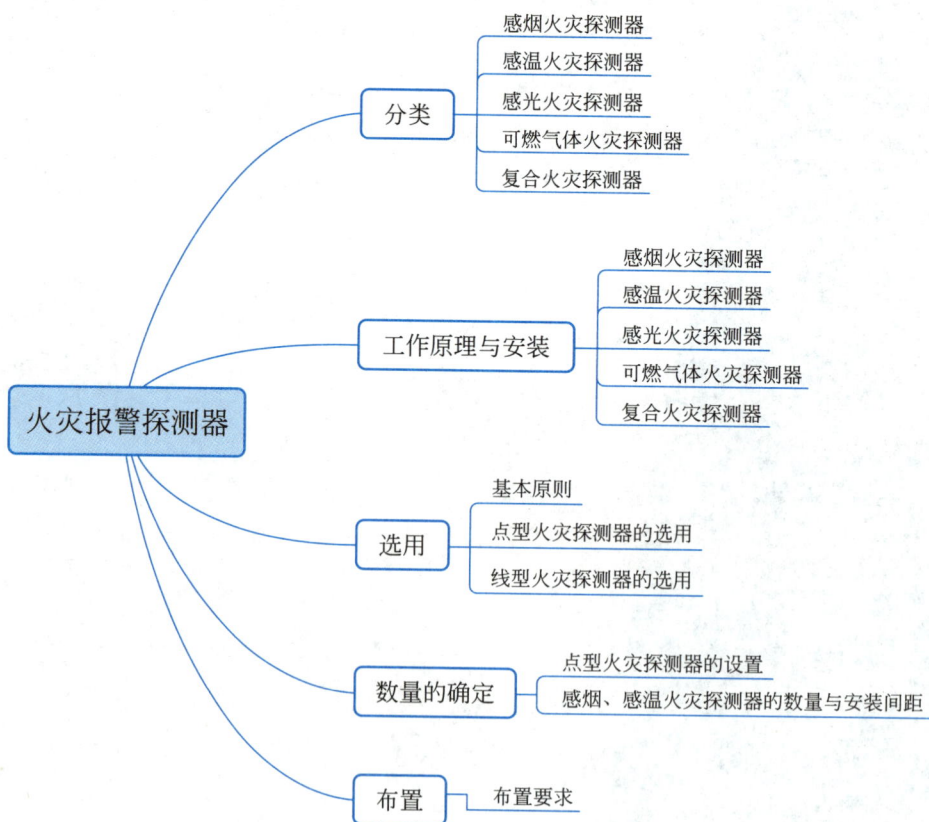

- 火灾报警探测器
  - 分类
    - 感烟火灾探测器
    - 感温火灾探测器
    - 感光火灾探测器
    - 可燃气体火灾探测器
    - 复合火灾探测器
  - 工作原理与安装
    - 感烟火灾探测器
    - 感温火灾探测器
    - 感光火灾探测器
    - 可燃气体火灾探测器
    - 复合火灾探测器
  - 选用
    - 基本原则
    - 点型火灾探测器的选用
    - 线型火灾探测器的选用
  - 数量的确定
    - 点型火灾探测器的设置
    - 感烟、感温火灾探测器的数量与安装间距
  - 布置
    - 布置要求

【学习目标】

[知识目标]	熟悉火灾探测器的类型、功能;掌握火灾探测器的选型与应用
[能力目标]	能够选取合适的火灾探测器;能够进行探测器的安装与接线
[素质目标]	通过学习使学生能够根据需要选择正确的火灾探测器,认识到火灾探测器的重要性,树立诚实守信、一丝不苟的工作态度

【情景导入】

2022 年,某市冰雪大世界发生一起火灾事故,造成严重的人员伤亡与经济损失。事故起因是工人进行消防管道维修时,违章电焊切割作业,熔渣引燃了管道保温材料残片和装饰装修材料。引起火灾蔓延的原因之一是冰雪大世界擅自关闭消防设施,吸气式感烟报警系统处于关闭状态,预作用式自动喷水灭火系统未处于正常状态;室内感烟火灾探测器报警后,值班人员不会处置,导致火灾未能在初期被有效扑灭。这个事故案例表明维持火灾自动报警系统正常运行与正确操作对于保护人民财产安全的重要性。

4.1　火灾探测器的分类

【岗位情景模拟】

火灾探测器对于整个消防系统的有效性至关重要,作为一名设计师,在进行消防系统设计的时候,应该怎样去选择合适的火灾探测器?

【讨论】火灾探测器有哪些分类以及如何选用?

火灾探测器是组成各种火灾自动报警系统的重要组件,其基本功能就是对物质燃烧过程中产生的各种气、烟、热、光(火焰)等表征火灾信号的物理、化学参量做出有效响应,转化为计算机可接收的电信号,并向火灾报警控制器发送信号,是决定整个系统性能好坏的关键元件之一。

火灾探测器根据其监视范围的不同,分为点型火灾探测器和线型火灾探测器。点型火灾探测器外形图如图 4-1-1 所示。

图 4-1-1　点型火灾探测器外形

(a)感烟火灾探测器;(b)感温火灾探测器;(c)感光火灾探测器;(d)可燃气体火灾探测器;(e)复合火灾探测器

线型火灾探测器主要有缆式感温火灾探测器、分布式光纤感温火灾探测器、线型光束感烟火灾探测器等，如图 4-1-2 所示。

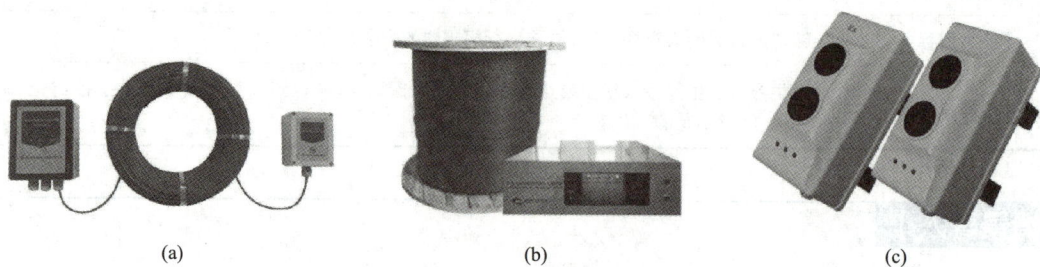

(a)　　　　　　　　　　(b)　　　　　　　　　　(c)

图 4-1-2　线型火灾探测器

（a）缆式感温火灾探测器；（b）分布式光纤感温火灾探测器；（c）线型光束感烟火灾探测器

【即学即练 4-1-1】

下列火灾探测器中，哪个是根据监视范围不同进行的分类？（　　　）

A. 感烟火灾探测器　　　　　　B. 感温火灾探测器

C. 感光火灾探测器　　　　　　D. 点型火灾探测器

【即学即练 4-1-2】

感温火灾探测器是根据火灾探测器（　　　）进行分类。

A. 探测火灾特征参数的不同　　B. 监视范围

C. 是否具有复位（恢复）功能　D. 是否具有可拆卸性

4.2　火灾探测器的工作原理与安装

一、感烟火灾探测器

1. 点型感烟火灾探测器

点型感烟火灾探测器是一种能探测物质燃烧所产生的气溶胶或烟雾粒子浓度的探测器，可分为离子感烟火灾探测器、光电感烟火灾探测器等。

（1）工作原理

1）离子感烟火灾探测器

离子感烟火灾探测器可以在火灾最初发生烟雾阶段发出早期报警。当无烟雾发生，离子室保持一个平衡的离子流，其基准输出点保持一个相对稳定的电位；而当有烟雾发生时，离子室的离子流随烟雾的大小而发生相应的变化，其基准输出点的电位也随之发生变化，这样离子室就将烟雾的物理量的变化转化成一个电量的变化。当离子室基准点电位的变化大于一定值时，即认为是火灾前兆，在点亮报警指示灯的同时，输出一个报警信号到探测主控系统，当主控系统采样到该报警信号并确认后，即刻向值班人员发出火灾预警。离子感烟火灾探测器工作原理如图 4-2-1 所示。

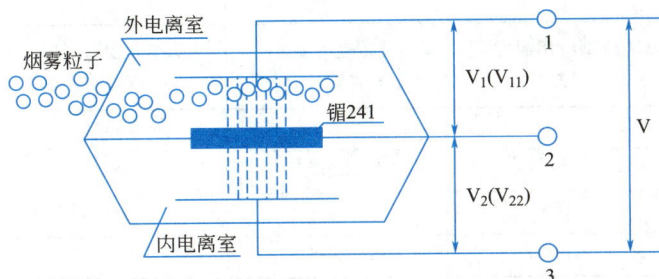

图 4-2-1　离子感烟火灾探测器工作原理

2）光电感烟火灾探测器

光电感烟火灾探测器是利用火灾烟雾对光产生吸收和散射作用来探测火灾的一种装置，分为减光型和散射型两种。

（2）安装接线

探测器底座上有 4 个导体片，片上带接线端子。探测器总线分别接在任意对角的两个接线端子上（不分极性），另一对导体片用来辅助固定探测器。待底座安装牢固后，将探测器底部对正底座，顺时针旋转，即可将探测器安装在底座上。

2. 线型感烟火灾探测器

（1）工作原理

线型光束感烟火灾探测器，利用红外线组成探测源，通过烟雾的扩散性可以探测红外线周围固定范围之内的火灾，线型光束感烟火灾探测器通常是由分开安装的、经调准的红外发光器和收光器配对组成的。

（2）安装接线

将探测器与反射器相对安装在保护空间的两端且在同一水平直线上。

探测器需要与直流 24V 电源线（无极性）及火灾报警控制器信号总线（无极性）连接，直流 24V 电源线接探测器的接线端子 D1、D2 上，总线接探测器的接线端子 Z1、Z2 上，反射器不需接线。

二、感温火灾探测器

感温火灾探测器主要是利用热敏元件来探测火灾的。探测器中的热敏元件发生物理变化，响应异常温度、温度速率、温差，从而将温度信号转变成电信号，并进行报警处理。根据其感热效果和结构型式可分为定温式、差温式及差定温式三种；根据探测器的使用环境温度和动作温度将其划分为 A1、A2、B、C、D、E、F、G 八类，见表 4-2-1。

感温火灾探测器类别　　　　　　　　　　　　　　　　　　表 4-2-1

探测器类别	典型应用温度 （℃）	最高应用温度 （℃）	动作温度下限值 （℃）	动作温度上限值 （℃）
A1	25	50	54	65
A2	25	50	54	70
B	40	65	69	85
C	55	80	84	100

续表

探测器类别	典型应用温度 (℃)	最高应用温度 (℃)	动作温度下限值 (℃)	动作温度上限值 (℃)
D	70	95	99	115
E	85	110	114	130
F	100	125	129	145
G	115	140	144	160

1. 工作原理

定温式探测器是在规定时间内，火灾引起的温度上升超过某个定值时启动报警的火灾探测器。差温式探测器是在规定时间内，火灾引起的温度上升速率超过某个规定值时启动报警的火灾探测器。差定温式探测器结合了定温和差温两种作用原理并将两种探测器结构组合在一起。

2. 安装接线

点型感温火灾探测器接线与点型感烟火灾探测器相同。

缆式线型感温火灾探测器由信号处理单元和终端盒组成，与火灾报警控制系统配套使用时，可通过其输入（监视）模块，将线型感温火灾探测器的报警信号接入系统。JTW-LD-HK3003/105 缆式线型感温火灾探测器电缆系统接线方式如图 4-2-2 所示。

三、感光火灾探测器

1. 工作原理

感光火灾探测器又称火焰探测器，它是用于响应火灾的光特性，即探测火焰燃烧的光照强度和火焰的闪烁频率的一种火灾探测器。根据火焰的光特性，使用的火焰探测器包括紫外火焰探测器、红外火焰探测器和紫外/红外火焰混合探测器。

2. 安装接线

点型紫外火焰探测器外形结构示意图如图 4-2-3 所示，接线与点型感烟火灾探测器相同。

四、可燃气体火灾探测器

1. 工作原理

可燃气体火灾探测器是对单一或多种可燃气体浓度响应的探测器，有催化型、红外光学型、半导体型。

催化型：这类传感器主要由两对电桥组成的两个电桥臂组成，当气体传感器与可燃气体接触以后，电桥内电阻发生变化，引起电桥输出电压变化，输出电压大小与可燃气体浓度成正比例。

红外光学型：这类传感器主要是针对个别气体，运用非色散型的红外光对空气中可燃气体进行检测，利用近红外光谱吸收特点与可燃气体浓度的吸收强度关系来判断气体浓度，具有可识别性，能在复杂的背景气体中准确识别出目标气体的浓度。

半导体型：利用加热回路把半导体器件加热到稳定状态后，当可燃气体接触到传感器，传感器的电导率就会随可燃气体的浓度增大而增大，形成与可燃气体浓度成比例的输出信号。

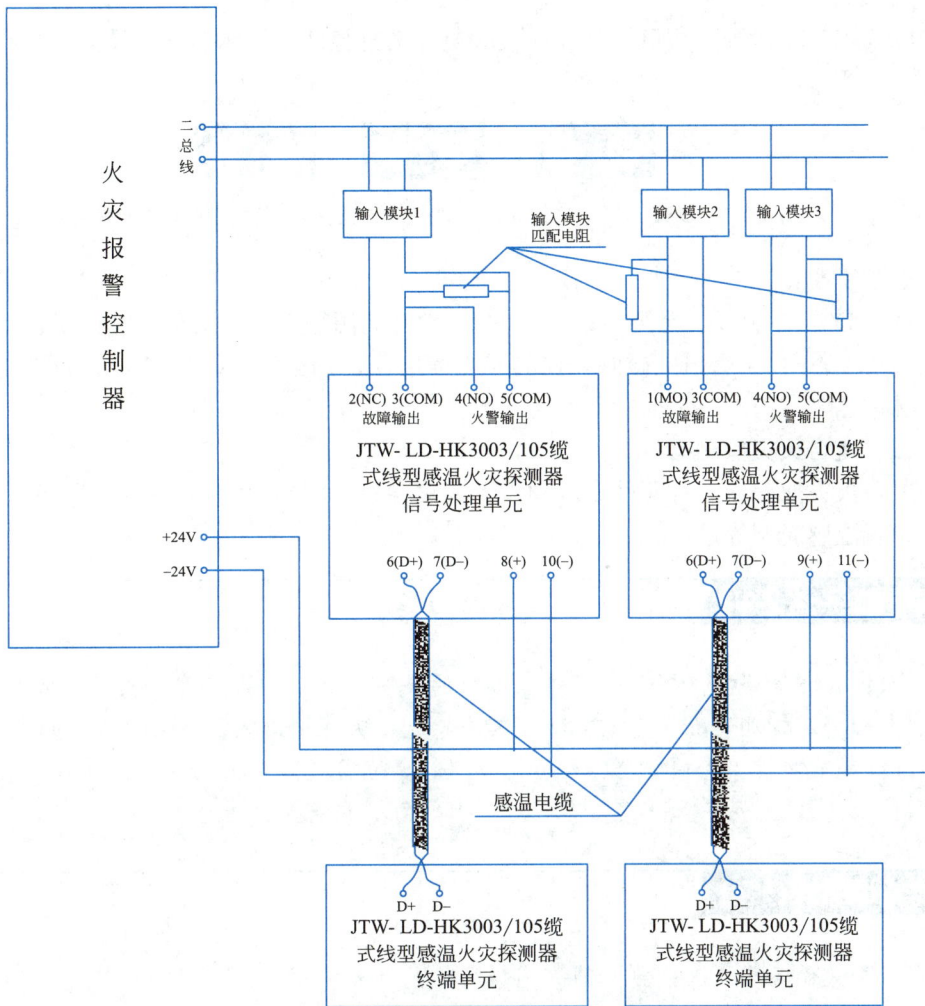

图 4-2-2 JTW-LD-HK3003/105 缆式线型感温火灾探测器电缆系统接线方式

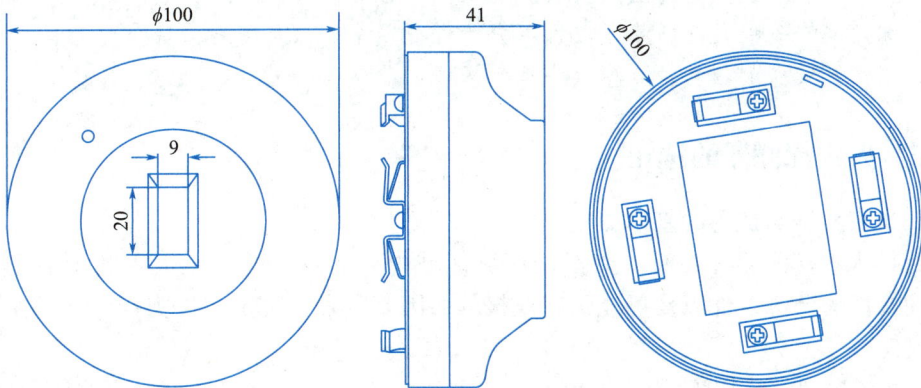

图 4-2-3 点型紫外火焰探测器外形结构示意图

2. 安装接线

GST-BT001F 独立式可燃气体火灾探测器对外接线端子示意图如图 4-2-4 所示。

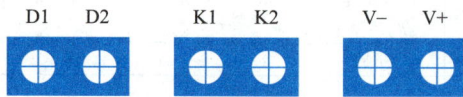

D1　D2　　　K1　K2　　　V−　V+

图 4-2-4　GST-BT001F 独立式可燃气体火灾探测器对外接线端子示意图

端子说明：

D1、D2：电源线，无极性；K1、K2：常开无源触点，在报警时触点闭合。

V+、V−：接管道电磁阀，探测器连续报警 3～7s 后，V+、V− 之间输出一个正向 12V 脉冲。

五、复合火灾探测器

复合火灾探测器是对两种或两种以上火灾参数响应的探测器，有感烟感温型、感烟感光型，感温感光型等。

【即学即练 4-2-1】

火灾探测器根据其探测火灾特征参数的不同，可以分为感烟、感温、感光、可燃气体、复合火灾探测器五种基本类型，其中感光火灾探测器又被称为（　　）。

A. 缆式线性火灾探测器　　　　　B. 火焰探测器

C. 点型火灾探测器　　　　　　　D. 红外火灾探测器

【即学即练 4-2-2】

以下关于各类火灾探测器的描述错误的是（　　）。

A. 感温探测器包括定温式探测器、差温式探测器和差定温式探测器

B. 点型感烟火灾探测器包括离子感烟火灾探测器和光电感烟火灾探测器

C. 感光火灾探测器是响应火灾的光特性，即探测火焰燃烧的光照强度和火焰的闪烁频率的一种火灾探测器，可以分为红外、紫外以及复合式等类型

D. 感烟火灾探测器都是点型火灾探测器

4.3　火灾探测器的选用

一、火灾探测器选用的基本原则

在选择火灾探测器种类时，要根据探测区域内可能发生的初期火灾的形成和发展特征、房间高度、环境条件以及可能引起误报的原因等因素来决定。火灾探测器的选择应符合下列规定：

1. 对火灾初期有阴燃阶段，产生大量的烟和少量的热，很少或没有火焰辐射的场所，应选择感烟火灾探测器。

2. 对火灾发展迅速，可产生大量热、烟和火焰辐射的场所，可选择感温火灾探测器、

感烟火灾探测器、火焰探测器或其组合。

3. 对火灾发展迅速,有强烈的火焰辐射和少量烟、热的场所,应选择火焰探测器。

4. 对火灾初期有阴燃阶段,且需要早期探测的场所,宜增设一氧化碳火灾探测器。

5. 对使用、生产可燃气体或可燃蒸气的场所,应选择可燃气体火灾探测器。

6. 应根据保护场所可能发生火灾的部位和燃烧材料的分析以及火灾探测器的类型、灵敏度和响应时间等选择相应的火灾探测器,对火灾形成特征不可预料的场所,可根据模拟试验的结果选择火灾探测器。

7. 同一探测区域内设置多个火灾探测器时,可选择具有复合判断火灾功能的火灾探测器和火灾报警控制器。

二、点型火灾探测器的选用

对不同高度的房间,可按表 4-3-1 选择点型火灾探测器。

不同高度的房间点型火灾探测器的选择　　　　　　　　　　　　　　表 4-3-1

房间高度 h (m)	点型感烟 火灾探测器	点型感温火灾探测器			火焰探测器
		A1、A2	B	C、D、E、F、G	
12＜h≤20	不适合	不适合	不适合	不适合	适合
8＜h≤12	适合	不适合	不适合	不适合	适合
6＜h≤8	适合	适合	不适合	不适合	适合
4＜h≤6	适合	适合	适合	不适合	适合
h≤4	适合	适合	适合	适合	适合

三、线型火灾探测器的选用

无遮挡的大空间或有特殊要求的房间,宜选择线型光束感烟火灾探测器。

1. 符合下列条件之一的场所,不宜选择线型光束感烟火灾探测器:

(1) 有大量粉尘、水雾滞留。

(2) 可能产生蒸气和油雾。

(3) 在正常情况下有烟滞留。

(4) 固定探测器的建筑结构由于振动等原因会产生较大位移的场所。

2. 下列场所或部位,宜选择缆式感温火灾探测器:

(1) 电缆隧道、电缆竖井、电缆夹层、电缆桥架。

(2) 不易安装点型火灾探测器的夹层、闷顶。

(3) 各种皮带输送装置。

(4) 其他环境恶劣不适合点型火灾探测器安装的场所。

3. 下列场所或部位,宜选择光纤感温火灾探测器:

(1) 除液化石油气外的石油储罐。

(2) 需要设置线型感温火灾探测器的易燃易爆场所。

(3) 需要监测环境温度的地下空间等场所宜设置具有实时温度监测功能的光纤感温火灾探测器。

(4) 公路隧道、敷设动力电缆的铁路隧道和城市地铁隧道等。

4. 线型定温式探测器的选择，应保证其不动作温度符合设置场所的最高环境温度的要求。

【即学即练 4-3-1】

下列关于火灾探测器的选择正确的是（　　　）。
A. 对使用、生产可燃气体或可燃蒸气的场所，应选择可燃气体火灾探测器
B. 对火灾初期有阴燃阶段，产生大量的烟和少量的热，很少或没有火焰辐射的场所，应选择感温火灾探测器
C. 饭店、旅馆宜选择点型感温火灾探测器
D. 可能产生腐蚀性气体的场所，应选择点型离子感烟火灾探测器

【即学即练 4-3-2】

下列场所中，宜选择线型光束感烟火灾探测器的是（　　　）。
A. 有大量粉尘、水雾滞留的场所
B. 可能会产生大量蒸气的场所
C. 建筑高度大于 12m 高大空间场所
D. 固定探测器的建筑结构由于振动会产生较大位移的场所

4.4　火灾探测器数量的确定

一、点型火灾探测器的设置

1. 探测区域的每个房间应至少设置一只火灾探测器。

2. 感烟火灾探测器和 A1、A2、B 型感温火灾探测器的保护面积和保护半径，应按表 4-4-1 确定；C、D、E、F、G 型感温探测器的保护面积和保护半径，应根据生产厂家设计说明书确定，但应符合相关规范的要求。

感烟火灾探测器和 A1、A2、B 型感温火灾探测器的保护面积和保护半径　　表 4-4-1

火灾探测器的种类	地面面积 $S(m^2)$	房间高度 $h(m)$	一只探测器的保护面积 A 和保护半径 R					
			屋顶坡度 θ					
			$\theta \leqslant 15°$		$15° < \theta \leqslant 30°$		$\theta > 30°$	
			$A(m^2)$	$R(m)$	$A(m^2)$	$R(m)$	$A(m^2)$	$R(m)$
感烟火灾探测器	$S \leqslant 80$	$h \leqslant 12$	80	6.7	80	7.2	80	8.0
	$S > 80$	$6 < h \leqslant 12$	80	6.7	100	8.0	120	9.9
		$h \leqslant 6$	60	5.8	80	7.2	100	9.0
感温火灾探测器	$S \leqslant 30$	$h \leqslant 8$	30	4.4	30	4.9	30	5.5
	$S > 30$	$h \leqslant 8$	20	3.6	30	4.9	40	6.3

注：建筑高度不超过 14m 的封闭探测空间，且火灾初期会产生大量的烟时，可设置点型感烟火灾探测器。

二、感烟、感温火灾探测器的数量与安装间距

感烟火灾探测器、感温火灾探测器的安装间距，应根据探测器的保护面积 A 和保护半径 R 确定，并不应超过图 4-4-1 中探测器安装间距的极限曲线 $D_1 \sim D_{11}$（含 D'_9）规定的范围。

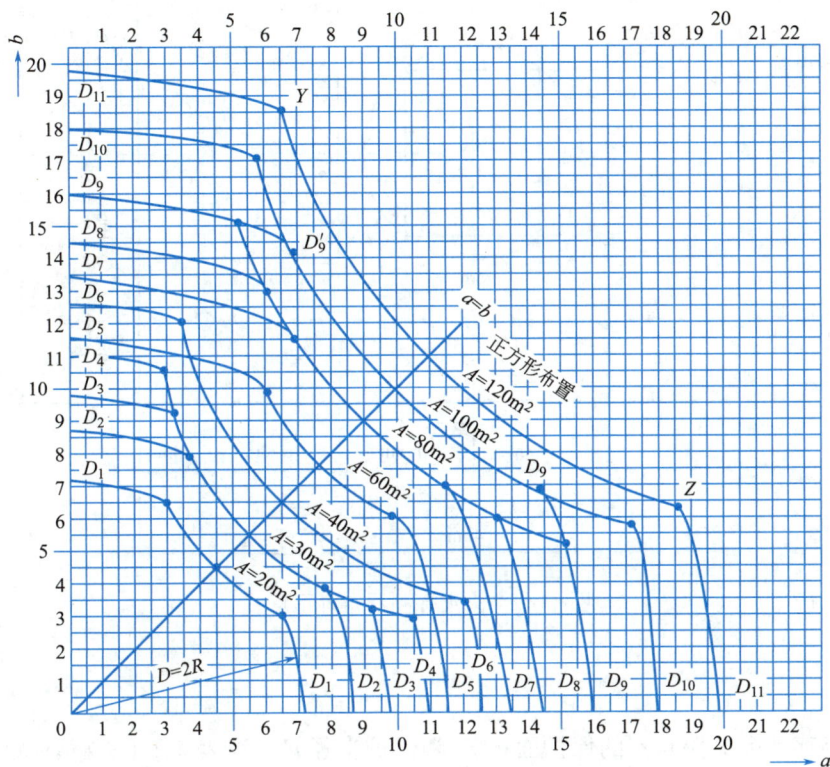

图 4-4-1 探测器安装间距的极限曲线

一只探测区域内所需设置的探测器数量，不应小于公式（4.4.1）的计算值：

$$N = \frac{S}{K \cdot A} \tag{4.4.1}$$

式中：

N——探测器数量（只），N 应取整数；

S——该探测区域面积（m²）；

K——修正系数，容纳人数超过 10000 人的公共场所宜取 0.7～0.8；容纳人数为 2000～10000 人的公共场所宜取 0.8～0.9；容纳人数为 500～2000 人的公共场所宜取 0.9～1.0；其他场所可取 1.0；

A——探测器的保护面积（m²）。

注意：感烟火灾探测器、感温火灾探测器的安装间距 a、b 是指图 4-4-2 中 1# 探测器和 2#～5# 相邻探测器之间的距离，不是 1# 探测器与 6#～9# 探测器之间的距离。

【例】一个地面面积为 30m×40m 的生产车间，其屋顶坡度为 15°，房间高度为 8m，使用点型感烟火灾探测器保护。试问，应设多少只感烟火灾探测器？应如何布置这些探

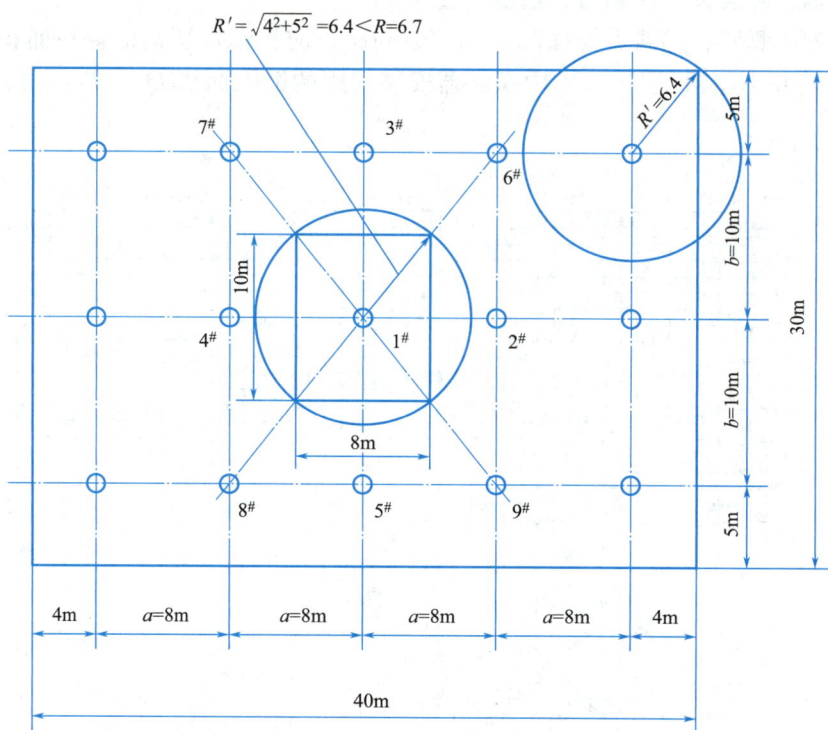

图 4-4-2　火灾探测器布置示意图

测器？

【解】

1. 确定感烟火灾探测器的保护面积 A 和保护半径 R。查表 4-4-1 得感烟火灾探测器保护面积为 $A=80m^2$，保护半径 $R=6.7m$。

2. 计算所需探测器设置数量。

选取 $K=1.0$，按公式（4.4.1）有 $N=\dfrac{S}{K \cdot A}=\dfrac{1200}{1.0 \times 80}=15$（只）。

3. 确定探测器的安装间距 a、b。由保护半径 R，确定保护直径 $D=2R=2 \times 6.7=13.4$（m），由图 4-4-1 可确定 $D_i=D7$，应利用 $D7$ 极限曲线确定 a 和 b 值。根据现场实际，选取 $a=8m$（极限曲线两端点间值），得 $b=10m$，其布置方式如图 4-4-2 所示。

4. 校核按安装间距 $a=8m$、$b=10m$ 布置后，探测器到最远点水平距离 R' 是否符合保护半径要求，按公式（4.4.2）计算：

$$R'=\sqrt{\left(\frac{a}{2}\right)^2+\left(\frac{b}{2}\right)^2} \tag{4.4.2}$$

即 $R'=6.4m<R=6.7m$，在保护半径之内。

【即学即练 4-4-1】

探测区域的每个房间应至少设置（　　）只火灾探测器。

A. 1　　　　　　　　B. 2　　　　　　　　C. 3　　　　　　　　D. 4

【即学即练 4-4-2】

一个地面面积为 20m×30m 的生产车间，其屋顶坡度为 15°，房间高度为 6m，使用点型感烟火灾探测器保护。感烟火灾探测器的保护面积 A 和保护半径 R 分别为（　）m。

A. 80，6.7 　　　B. 60，5.8 　　　C. 30，4.4 　　　D. 20，3.6

4.5　火灾探测器的布置

火灾探测器的布置要求：

1. 在火灾自动报警系统平面中布置火灾探测器时，需要确定安装间距，还要考虑梁的影响及特殊场所探测器安装要求。

在有梁的顶棚上设置点型感烟火灾探测器、感温火灾探测器时，应符合下列规定：

（1）当梁突出顶棚的高度小于 200mm 时，可不计梁对探测器保护面积的影响。

（2）当梁突出顶棚的高度为 200～600mm 时，应符合图 4-5-1 和表 4-5-1 的要求。

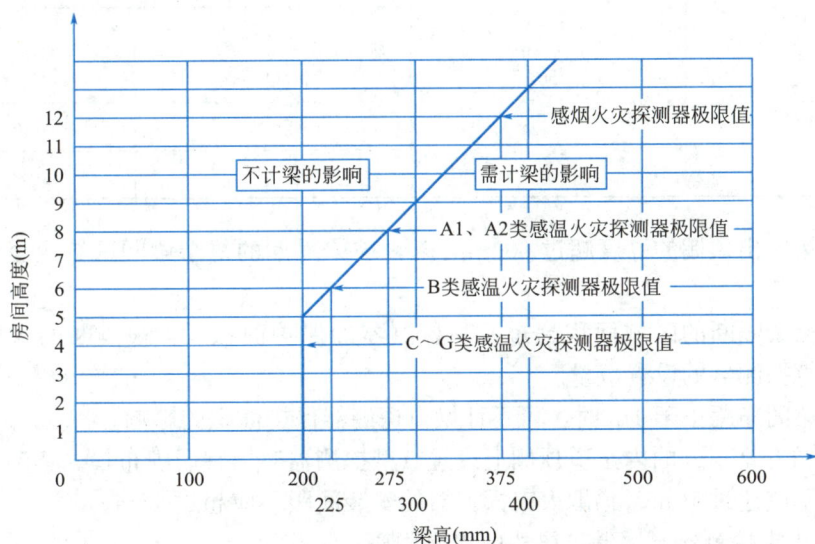

图 4-5-1　不同高度的房间梁对探测器设置的影响

按梁间区域面积确定一只探测器保护的梁间区域的个数　　　　表 4-5-1

探测器的保护面积 A（m²）		梁隔断的梁间区域面积 Q（m²）	一只探测器保护的梁间区域的个数（个）
感温火灾探测器	20	$Q>12$	1
		$8<Q\leqslant12$	2
		$6<Q\leqslant8$	3
		$4<Q\leqslant6$	4
		$Q\leqslant4$	5

续表

探测器的保护面积 A（m²）		梁隔断的梁间区域面积 Q（m²）	一只探测器保护的梁间区域的个数（个）
感温火灾探测器	30	Q>18	1
		12<Q≤18	2
		9<Q≤12	3
		6<Q≤9	4
		Q≤6	5
感烟火灾探测器	60	Q>36	1
		24<Q≤36	2
		18<Q≤24	3
		12<Q≤18	4
		Q≤12	5
	80	Q>48	1
		32<Q≤48	2
		24<Q≤32	3
		16<Q≤24	4
		Q≤16	5

（3）当梁突出顶棚的高度超过 600mm 时，被梁隔断的每个梁间区域应至少设置一只探测器。

（4）当被梁隔断的区域面积超过一只探测器的保护面积时，被隔断的区域应按公式（4.4.1）计算探测器的设置数量。

（5）当梁间净距小于 1m 时，可不计梁对探测器保护面积的影响。

2. 在宽度小于 3m 的内走道顶棚上设置点型探测器时，宜居中布置。感温火灾探测器的安装间距不应超过 10m；感烟火灾探测器的安装间距不应超过 15m。

3. 点型火灾探测器至墙壁、梁边的水平距离，不应小于 0.5m。

4. 点型火灾探测器周围 0.5m 内，不应有遮挡物。

5. 点型火灾探测器至空调送风口边的水平距离不应小于 1.5m，并宜接近回风口安装。

6. 房间被书架、设备或隔断等分隔，其顶部至顶棚或梁的距离小于房间净高的 5% 时，每个被隔开的部分应至少安装一只点型火灾探测器。

7. 当屋顶有热屏障时，点型感烟火灾探测器下表面至顶棚或屋顶的距离，应符合表 4-5-2 的规定。

8. 锯齿形屋顶和坡度大于 15°的人字形屋顶，应在每个屋脊处设置一排点型火灾探测器。

9. 点型火灾探测器宜水平安装。当倾斜安装时，倾斜角不应大于 45°。

10. 在电梯井、升降机井设置点型火灾探测器时，其位置宜在井道上方的机房顶棚上。

点型感烟火灾探测器下表面至顶棚或屋顶的距离　　　　　表 4-5-2

探测器的安装高度 h(m)	点型感烟火灾探测器下表面至顶棚或屋顶的距离 d(mm)					
	顶棚或屋顶坡度 θ					
	θ≤15°		15°<θ≤30°		θ>30°	
	最小	最大	最小	最大	最小	最大
h≤6	30	200	200	300	300	500
6<h≤8	70	250	250	400	400	600
8<h≤10	100	300	300	500	500	700
10<h≤12	150	350	350	600	600	800

【即学即练 4-5-1】

点型火灾探测器在宽度小于（　　　）m 的内走道顶棚上宜居中布置。

A. 3　　　　　　B. 4　　　　　　C. 5　　　　　　D. 6

【即学即练 4-5-2】

火灾探测器布置时，当梁突出顶棚的高度超过（　　　）mm 时，被梁隔断的每个梁间区域至少应设置一只探测器。

A. 300　　　　　B. 400　　　　　C. 500　　　　　D. 600

实践实训

项目名称	更换点型感温火灾探测器及功能测试				
学生姓名		班级学号		组别	
同组成员					
任务分工					
完成日期		教师评价			

一、实训目的
1. 熟悉火灾探测器的分类和工作原理。
2. 能够更换点型感温火灾探测器。
3. 能够进行设备调试。
4. 能够进行功能测试。

二、实训设备
1. 火灾自动报警及消防联动控制系统。
2. 点型感温火灾探测器、产品使用说明书、设计手册。
3. 常用工具:剥线钳、绝缘胶带、螺丝刀、万用表、编码器、模拟火警测试专业工具等。

三、实训要求
1. 能拆除原点型感温火灾探测器;能更换新的点型感温火灾探测器。
2. 能模拟测试点型感温火灾探测器的火灾报警功能。
3. 能够检查点型感温火灾探测器工作状态。
4. 能够对点型感温火灾探测器进行报警功能测试;能够进行系统复位。

四、实训内容

1. 更换点型感温火灾探测器

(1)关闭探测器电源。

(2)拆除线路并标记。

(3)将相同或兼容型号的探测器安装固定。

(4)根据说明书重新接线。

(5)重启系统后,根据产品说明书要求进行调试。

2. 点型感温火灾探测器功能测试

(1)根据报警灯判断其工作状态。

(2)将点型感温火灾探测器从底座上拆除,检查火灾报警控制器发出故障报警情况。

(3)核查控制器显示故障部件地址注释信息是否正确。

(4)将点型感温火灾探测器安回底座,待故障报警自动消除,用电吹风机持续对探测器加温,直至报警确认灯亮,检查火灾报警控制器发出火灾报警情况,核查控制器显示火警部件地址注释信息是否正确。

(5)待点型感温探测器周边温度恢复正常,按下火灾报警控制器复位按钮,检查火灾报警控制器是否恢复正常监视状态,检查点型感温探测器是否恢复正常监视状态。

3. 考核标准

(1)更换点型感温火灾探测器

序号	考核点	评分标准	得分
1	拆除原点型感温火灾探测器	(1)关闭探测器电源,得 20 分; (2)拆除线路并标记,得 20 分	
2	更换新的点型感温火灾探测器	(1)将相同或兼容型号的探测器安装固定,得 20 分; (2)根据说明书重新接线,得 20 分	
3	设备调试	重启系统后,根据产品说明书要求进行调试,得 20 分	
4	合计		

(2) 点型感温火灾探测器功能测试

序号	考核点	评分标准	得分
1	检查工作状态	能够根据报警灯判断其工作状态,得 20 分	
2	点型感温火灾探测器故障报警功能测试	(1) 将点型感温火灾探测器从底座上拆除,得 10 分; (2) 检查火灾报警控制器发出故障报警情况,核查控制器显示故障部件地址注释信息是否正确,得 10 分	
3	点型感温火灾探测器火灾报警功能测试	(1) 将点型感温火灾探测器安回底座,得 10 分; (2) 待故障报警自动消除,用电吹风机持续对探测器加温,直至报警确认灯亮,得 10 分; (3) 检查火灾报警控制器发出火灾报警情况,核查控制器显示火警部件地址注释信息是否正确,得 20 分	
4	系统复位	待点型感温火灾探测器周边温度恢复正常,按下火灾报警控制器复位按钮,检查火灾报警控制器是否恢复正常监视状态,检查点型感温火灾探测器是否恢复正常监视状态,得 20 分	
5	合计		

续表

五、故障现象及其原因分析，解决方法
六、小组总结

知识链接

资源名称	为什么点型感烟火灾探测器是应用最广泛的火灾探测器	为什么高海拔地区宜选择离子感烟火灾探测器	什么是热屏障
资源类型	文档	文档	文档
资源二维码			

任务 5　系统组件及功能模块

【思维导图】

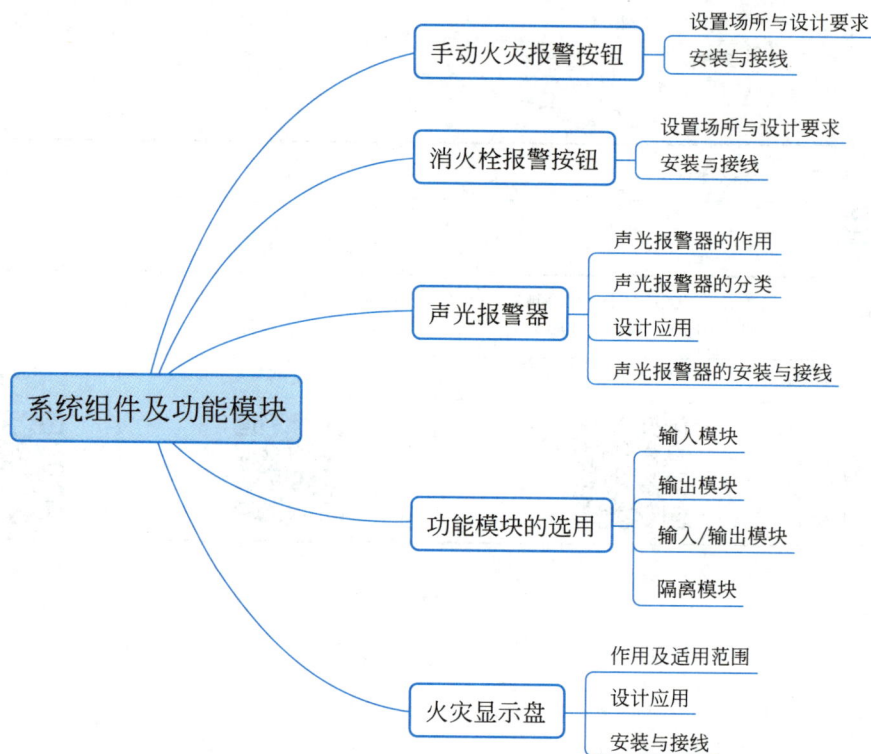

系统组件及功能模块
- 手动火灾报警按钮
  - 设置场所与设计要求
  - 安装与接线
- 消火栓报警按钮
  - 设置场所与设计要求
  - 安装与接线
- 声光报警器
  - 声光报警器的作用
  - 声光报警器的分类
  - 设计应用
  - 声光报警器的安装与接线
- 功能模块的选用
  - 输入模块
  - 输出模块
  - 输入/输出模块
  - 隔离模块
- 火灾显示盘
  - 作用及适用范围
  - 设计应用
  - 安装与接线

【学习目标】

[知识目标]	掌握系统组件及功能模块的类型与功能；熟悉组件及功能模块的应用
[能力目标]	能够根据功能要求选择合适的组件及功能模块；能够进行组件及功能模块的安装接线
[素质目标]	通过学习系统组件及功能模块的基本知识，培养学生发现问题和解决问题的能力，在掌握扎实的专业知识和技能的同时，为创新创业打下良好的基础

【情景导入】

　　我们发现在楼道里会有一些红色的消防按钮、声光警报器，消火栓箱里也有消火栓按钮等，当发生火灾时，这些消防设备有什么作用？我们应该怎样正确地使用它们呢？

5.1　手动火灾报警按钮

【岗位情景模拟】

　　作为一名消防设施维保人员，你根据公司安排对某写字楼进行消防设施维保，按下手动火灾报警按键后，控制器上未显示手动火灾报警，故障原因是手动火灾报警按钮损坏，经过更换新的手动火灾报警按钮并写入正确地址后恢复正常。

　　【讨论】手动火灾报警按钮常见故障有哪些，该如何处理？

　　手动火灾报警按钮是火灾报警系统中的一个设备类型，当人员发现火灾时，在火灾探测器没有探测到火灾的时候人员手动按下手动火灾报警按钮，报告火灾信号。其外形及符号如图 5-1-1 所示。

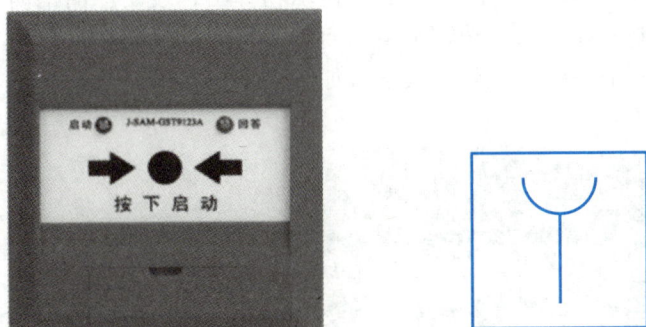

图 5-1-1　手动火灾报警按钮外形及符号

一、设置场所及设计要求

　　1. 手动火灾报警按钮设置在出入口处有利于人们在发现火灾时及时按下。每个防火分区应至少设置一只手动火灾报警按钮。

　　2. 从一个防火分区内的任何位置到最邻近的手动火灾报警按钮的步行距离不应大于 30m。

　　3. 手动火灾报警按钮宜设置在疏散通道或出入口处。

二、安装与接线

　　手动火灾报警按钮应设置在明显和便于操作的部位。当采用壁挂方式安装时，其底边距地高度宜为 1.3～1.5m，且应有明显的标志。

　　作为手动火灾报警按钮使用时，将报警按钮的 Z1、Z2 端子直接接入火灾报警控制器总线上即可。

【即学即练 5-1-1】

　　从一个防火分区内的任何位置到最邻近的手动火灾报警按钮的步行距离不应大于（　　）m。

A. 10　　　　　　　B. 20　　　　　　　C. 30　　　　　　D. 40

【即学即练 5-1-2】

下列关于手动报警按钮安装的说法中，错误的是（　　　　）。

A. 手动火灾报警按钮应安装牢固，不应倾斜

B. 手动火灾报警按钮的连接导线应留有不小于 150mm 的余量，且在其端部应有明显标志

C. 手动火灾报警按钮应安装在明显和便于操作的部位

D. 手动火灾报警按钮安装在墙上时，其底边距地（楼）面高度宜为 1.5～1.8m

5.2　消火栓报警按钮

消火栓按钮安装在消火栓箱内，当发生火灾启用消火栓时，可直接按下消火栓按钮，此时消火栓按钮的红色启动指示灯亮，黄色警示物弹出，表明已向消防控制室发出了报警信息，火灾报警控制器在确认了消防水泵已启动运行后，就向消火栓按钮发出命令信号点亮绿色回答指示灯。消火栓按钮外形及符号如图 5-2-1 所示。

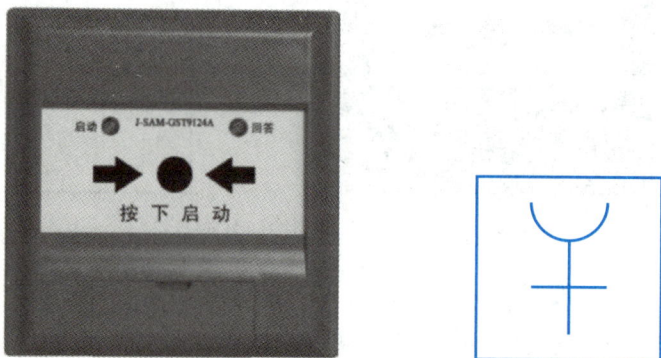

图 5-2-1　消火栓按钮外形及符号

一、设置场所及设计要求

当建筑物内设有火灾自动报警系统时，消火栓按钮的动作信号作为火灾报警系统和消火栓系统的联动触发信号，由消防联动控制器联动控制消防泵启动，消防泵的动作信号作为系统的联动反馈信号应反馈至消防控制室，并在消防联动控制器上显示。

当建筑物内无火灾自动报警系统时，消火栓按钮用导线直接引至消防泵控制箱（柜），启动消防泵。

二、安装与接线

安装前应首先检查外壳是否完好无损，标识是否齐全。消火栓按钮端子示意如图 5-2-2 所示。

端子说明：

Z1、Z2：接控制器二总线，无极性；

K1、K2：无源常开触点，用于直接启动外部设备。

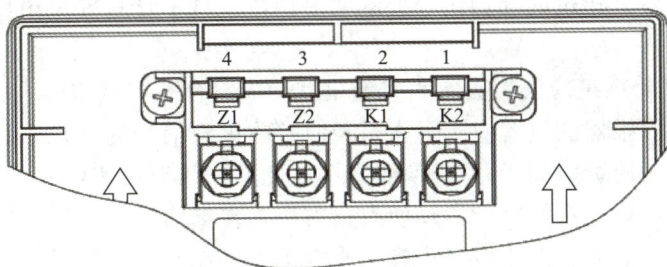

图 5-2-2　消火栓按钮端子示意

【即学即练 5-2-1】

下列符号中哪个属于消火栓报警按钮？（　　　）

A. 　　B. 　　C. 　　D. MR

【即学即练 5-2-2】

下列关于消火栓报警按钮的说法中，错误的是（　　　）。

A. 消火栓报警按钮经联动控制器启动消防泵的可以减少布线量和线缆使用量，提高整个消火栓系统的可靠性

B. 消火栓报警按钮与手动火灾报警按钮功能相似，可以互相替代

C. 稳高压系统中，消火栓报警按钮也是不能省略的

D. 当建筑物内无火灾自动报警系统时，消火栓报警按钮用导线直接引至消防泵控制箱（柜），启动消防泵

5.3　声光警报器

一、声光警报器的作用

声光警报器是一种安装在现场的声光报警设备，当现场发生火灾并被确认后，启动警报器发出强烈的声光信号，以达到提醒现场人员注意的目的。可由消防控制中心的火灾报警控制器启动，也可通过安装在现场的手动报警按钮直接启动。

二、声光警报器的分类

警报器按用途分为火灾声警报器、火灾光警报器、火灾声光警报器、气体释放警报器。

按使用场所分为室内型、室外型。

按是否编码分为编码型和非编码型。其外形及符号如图 5-3-1 所示。

三、设计应用

1. 火灾光警报器应设置在每个楼层的楼

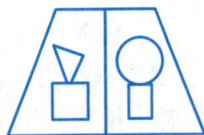

图 5-3-1　声光警报器外形及符号

梯口、消防电梯前室、建筑内部拐角等处的明显部位，且不宜与安全出口指示标志灯具设置在同一面墙上。

2. 火灾自动报警系统应设置火灾声光警报器，应符合下列规定：

（1）火灾声光警报器的设置应满足人员及时接收火警信号的要求，每个报警区域内的火灾声光警报器的声压级应高于背景噪声15dB，且不应低于60dB。

（2）在确认火灾后，系统应能启动所有火灾声光警报器。

（3）系统应同时启动、停止所有火灾声光警报器工作。

（4）具有语音提示功能的火灾声光警报器应具有语音同步的功能。

四、声光警报器的安装与接线

当火灾声光警报器采用壁挂方式安装时，其底边距地面高度应大于2.2m。

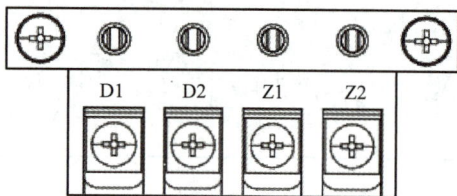

安装前应首先检查外壳是否完好无损，标识是否齐全。声光警报器底壳与警报器之间采用插接方式，安装时为明装，可安装在86H50型标准预埋盒上。声光警报器底座接线端子示意如图5-3-2所示。

端子说明：

D1、D2：接DC24V电源，无极性；

Z1、Z2：接控制器信号总线，无极性。

图5-3-2　声光警报器底座接线端子示意

【即学即练5-3-1】

火灾声光警报器采用壁挂方式安装时，其底边距地面高度应大于（　　　）m。

A. 1.8　　　　B. 2.0　　　　C. 2.2　　　　D. 2.5

【即学即练5-3-2】

每个报警区域内的火灾声光警报器的声压级应高于背景噪声15dB，且不应低于（　　　）dB。

A. 50　　　　B. 60　　　　C. 70　　　　D. 80

5.4　功能模块的选用

消防模块又叫消防控制模块，是火灾报警联动系统中的重要组成部分，通过信号传输起到控制的作用。消防模块按其功能不同可分为：输入模块、输出模块、输入/输出模块、隔离模块等。

一、输入模块

1. 输入模块的作用

输入模块，用于接收消防联动设备输入的常开或常闭开关量信号，并将联动信息传回火灾报警控制器（联动型）。主要用于配接现场各种主动型设备，如水流指示器、压力开关、位置开关、信号阀及能够送回开关信号的外部联动设备等。输入模块外形及符号如

图 5-4-1 所示。

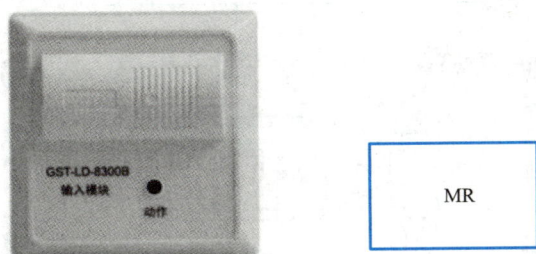

图 5-4-1　输入模块外形及符号

2. 安装与接线

输入模块接线端子示意如图 5-4-2 所示。

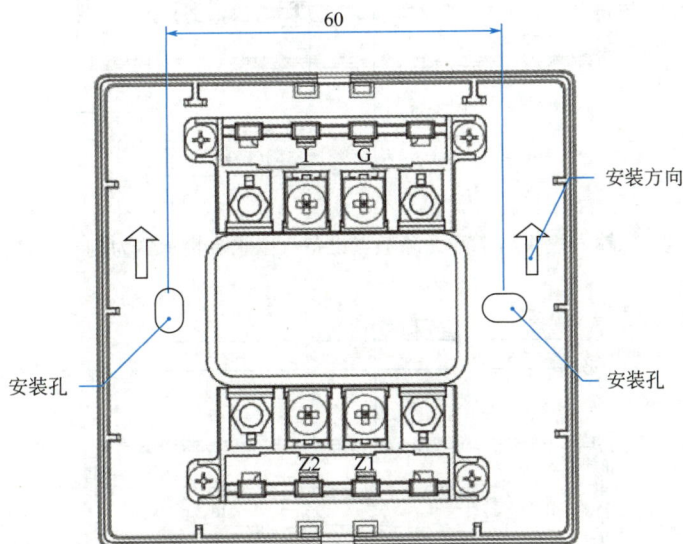

图 5-4-2　输入模块接线端子示意

端子说明：

Z1、Z2：接控制器二总线，无极性；

I、G：与设备的无源常开触点连接；也可通过电子编码器设置为常闭输入。

输入模块与现场设备接线示意如下：

输入模块与具有常开无源触点设备（以水流指示器为例）连接示意如图 5-4-3 所示；

输入模块与具有常闭无源触点设备（以信号阀为例）连接示意如图 5-4-4 所示。

二、输出模块

1. 输出模块的作用

输出模块用于控制某些设备的启停或者切换，不接收信号输入，一般用于控制无信号反馈的设备，比如广播、声光警报器、警铃等设备。输出模块外形及符号如图 5-4-5 所示。

2. 安装与接线

输出模块接线端子示意如图 5-4-6 所示。

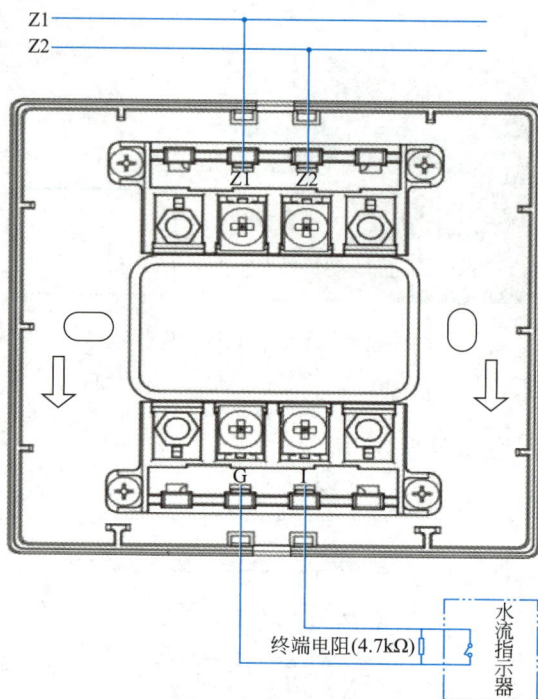

图 5-4-3　输入模块与常开无源触点设备（以水流指示器为例）连接示意

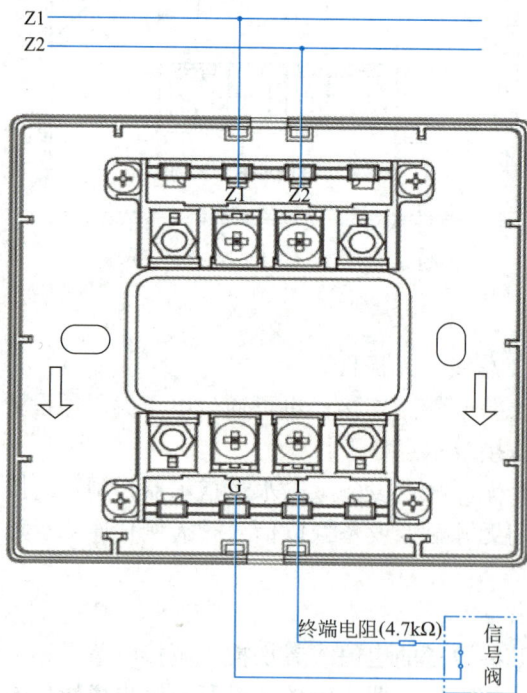

图 5-4-4　输入模块与常闭无源触点设备（以信号阀为例）连接示意

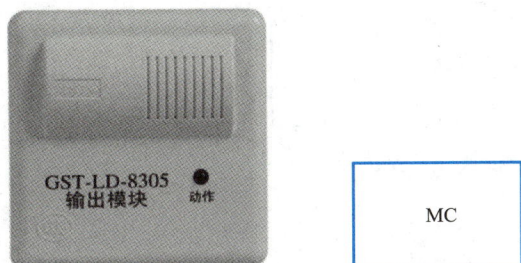

图 5-4-5　输出模块外形及符号

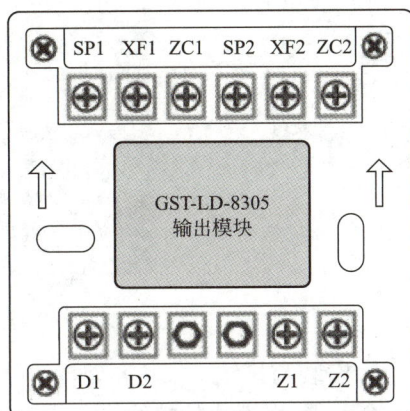

图 5-4-6　输出模块接线端子示意

端子说明：

Z1、Z2：接控制器二总线，无极性；

D1、D2：DC24V 电源输入端子，无极性；

ZC1、ZC2：正常广播线输入端子；

XF1、XF2：消防广播线输入端子。

输出模块与现场设备的接线示意如图 5-4-7 所示。

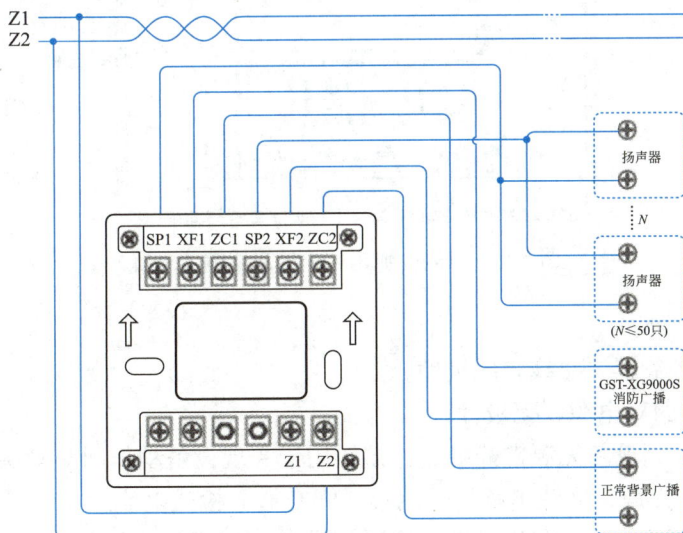

图 5-4-7　输出模块与现场设备的接线示意

三、输入/输出模块

1. 输入/输出模块的作用

输入/输出模块，主要用于双动作消防联动设备的控制，同时可接收联动设备动作后的回答信号。例如，可完成对二步降防火卷帘门、水泵、排烟风机等双动作设备的控制。输入/输出模块外形及符号如图 5-4-8 所示。

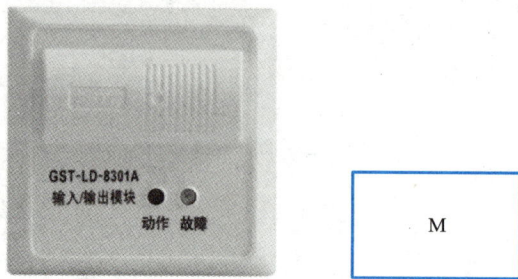

图 5-4-8　输入/输出模块外形及符号

2. 安装与接线

输入/输出模块的接线端子示意如图 5-4-9 所示。

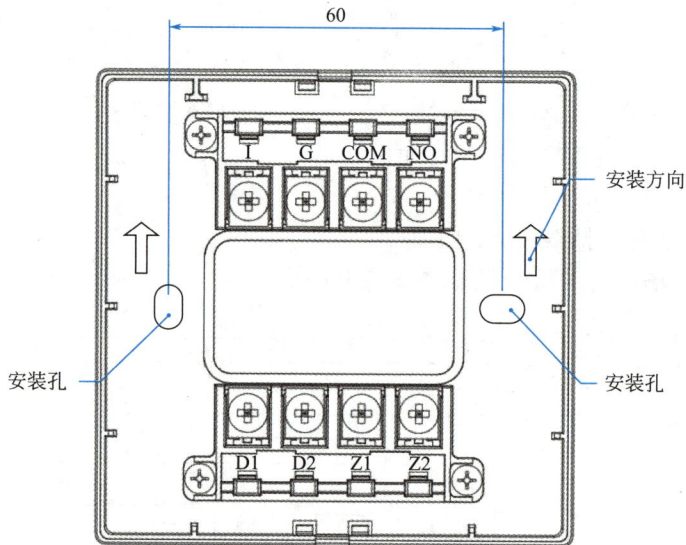

图 5-4-9　输入/输出模块的接线端子示意

端子说明：

Z1、Z2：接控制器二总线，无极性；

D1、D2：DC24V 电源，无极性；

I、G：与被控制设备无源常开触点连接，用于实现设备动作回答确认；

COM、NO：无源常开输出端子（此端子间有微弱检线电流）。

输出控制电压可由被控设备提供，若被控设备不能提供，可从模块 DC24V 电源侧取电。输入常开检线和输入常闭检线分别如图 5-4-10 和图 5-4-11 所示。

四、隔离模块

1. 隔离模块的作用

隔离模块又称为短路隔离器，其作用是当总线发生故障时，将发生故障的总线部分与整个系统隔离开来，以保证系统的其他部分能够正常工作，同时便于确定发生故障的总线部位。当故障部分的总线修复后，隔离器可自行恢复工作，将被隔离出去的部分重新纳入

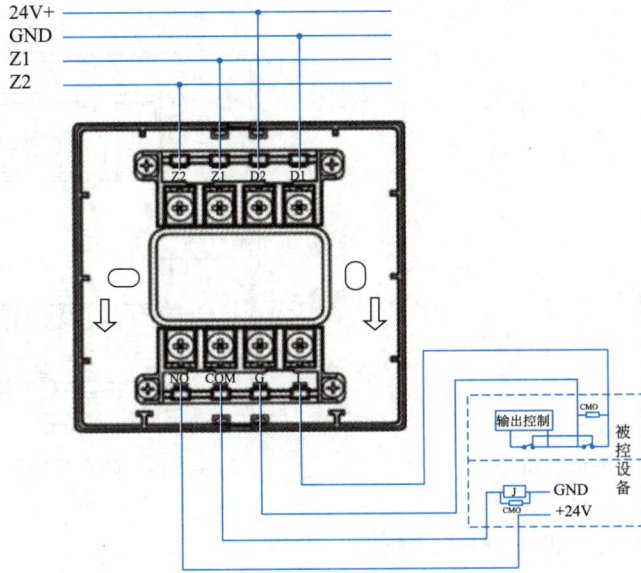

图 5-4-10　输入常开检线

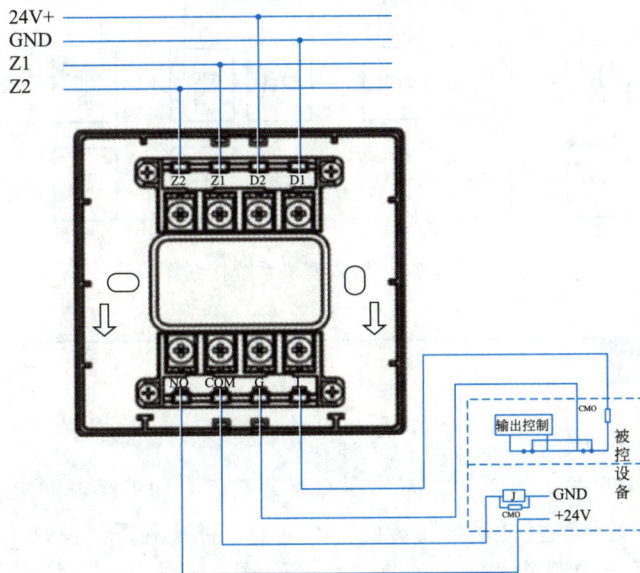

图 5-4-11　输入常闭检线

系统。

隔离模块外形及符号如图 5-4-12 所示。

2. 安装与接线

隔离模块的接线端子示意如图 5-4-13 所示。

端子说明：

Z1、Z2：输入信号总线，无极性；

ZO1、ZO2：输出信号总线，无极性。

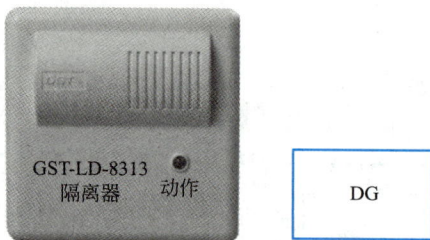

图 5-4-12　隔离模块外形及符号

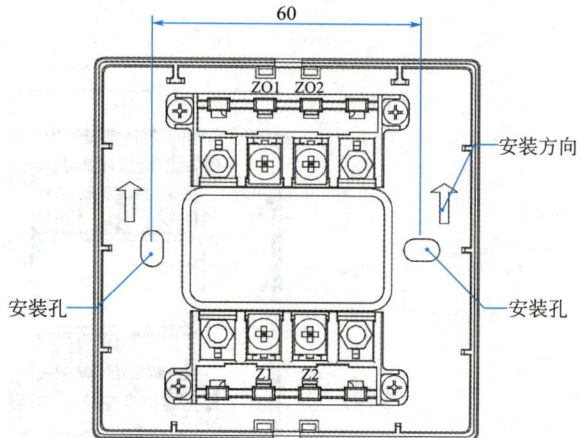

图 5-4-13　隔离模块接线端子示意

隔离模块系统接线图如图 5-4-14 所示。

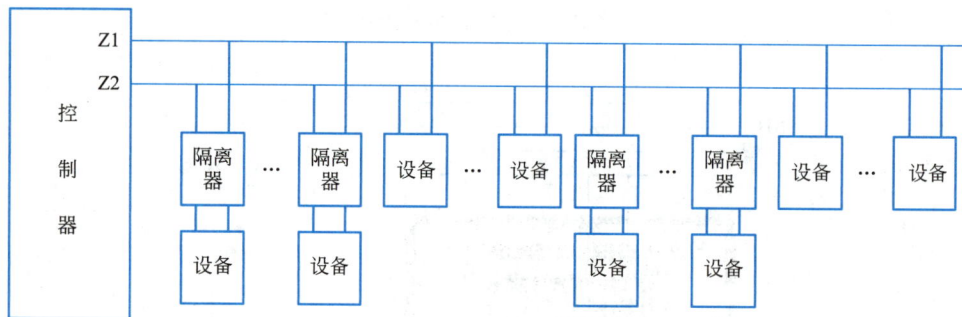

图 5-4-14　隔离模块系统接线图

【即学即练 5-4-1】

下列说法中错误的是（　　　）。

A. 输入模块用于接收消防联动设备输入的常开或常闭开关量信号

B. 当故障部分的总线修复后，隔离模块不能自行将被隔离出去的部分重新纳入系统

C. 输出模块用于控制某些设备的启停或者切换，不接收信号输入

D. 输入/输出模块主要用于双动作消防联动设备的控制，同时可接收联动设备动作后的回答信号

【即学即练 5-4-2】

下列符号中哪个属于输入模块？（　　　）

A. MR　　　B. DG　　　C. M　　　D. MC

5.5 火灾显示盘

一、作用及适用范围

火灾显示盘是可以安装在楼层或独立防火区内的火灾报警显示装置，用于显示本楼层或分区内的火警情况。火灾显示盘外形及符号如图 5-5-1 所示。

二、设计应用

1. 每个报警区域宜设置 1 台区域显示器（火灾显示盘）；宾馆、饭店等场所应在每个报警区域设置 1 台区域显示器。当一个报警区域包括多个楼层时，宜在每个楼层设置 1 台仅显示本楼层的区域显示器。

2. 火灾显示盘应设置在出入口等明显和便于操作的部位。当采用壁挂方式安装时，其底边距地高度宜为 1.3～1.5m。

三、安装与接线

火灾显示盘为壁挂式，接线端子示意如图 5-5-2 所示。

端子说明：

Z1、Z2：与火灾报警控制器连接的通信总线，不分极性；

D1、D2：电源供电线，不分极性。

图 5-5-1 火灾显示盘外形及符号　　　　　图 5-5-2 火灾显示盘接线端子示意

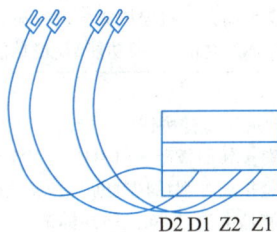

【即学即练 5-5-1】

火灾显示盘应设置在出入口等明显和便于操作的部位。当采用壁挂方式安装时，其底边距地高度宜为（　　）m。

A. 1.0～1.5　　　　　　　　　B. 1.3～1.8

C. 1.1～1.3　　　　　　　　　D. 1.3～1.5

【即学即练 5-5-2】

每个报警区域宜设置（　　）台区域显示器（火灾显示盘）。

A. 1　　　　　　　　　　　　B. 2

C. 3　　　　　　　　　　　　D. 4

实践实训

项目名称		更换手动火灾报警按钮及功能测试			
学生姓名		班级学号		组别	
同组成员					
任务分工					
完成日期		教师评价			

一、实训目的
1. 熟悉手动火灾报警按钮的功能和工作原理；
2. 能够更换手动火灾报警按钮；
3. 能够进行设备调试；
4. 能够进行功能测试。

二、实训设备
1. 火灾自动报警及消防联动控制系统；
2. 手动火灾报警按钮、产品使用说明书、设计手册；
3. 常用工具：剥线钳、绝缘胶带、螺丝刀、万用表、编码器等。

三、实训要求
1. 能够识别手动火灾报警按钮工作状态和类型；
2. 能够更换手动火灾报警按钮并进行设备调试；
3. 能够进行离线功能、报警功能、复位功能测试。

四、实训内容
1. 更换手动火灾报警按钮
(1)根据报警按钮面板报警灯判断其工作状态；
(2)通过报警按钮外观结构判断其是玻璃破碎型或者可复位型；
(3)关闭探测器电源，拆除线路并标记；
(4)将相同或兼容型号的探测器安装固定，根据说明书重新接线，进行正确编码。
2. 手动火灾报警按钮功能测试
(1)进行离线故障报警功能测试；
(2)进行火灾报警功能测试；
(3)进行复位功能测试。
3. 考核标准

序号	考核点	考核要求	评分标准	得分
1	手动报警按钮工作状态和类型识别	能够识别手动报警按钮工作状态和类型	能够根据报警按钮面板报警灯判断其工作状态，得10分； 能够通过报警按钮外观结构判断其是玻璃破碎型或者可复位型，得10分	
2	拆除手动火灾报警按钮	能拆除原手动火灾报警按钮	关闭探测器电源，得10分； 拆除线路并标记，得10分	
3	更换新的手动火灾报警按钮	能更换新的手动火灾报警按钮	将相同或兼容型号的探测器安装固定，得10分； 能够进行正确编码，得10分； 根据说明书重新接线，得10分	
4	火灾报警功能测试	能测试手动报警按钮报警、复位功能	进行离线故障报警功能测试，得10分； 进行火灾报警功能测试，得10分； 进行复位功能测试，得10分	
5			合计	

五、故障现象及其原因分析,解决方法

六、小组总结

知识链接

资源名称	消防模块中常说的信号有源输出和无源输出代表的含义	模块或模块箱的安装要求	消防"四个能力""三懂三会""四懂四会"
资源类型	文档	文档	文档
资源二维码			

任务 6　火灾报警控制器

【思维导图】

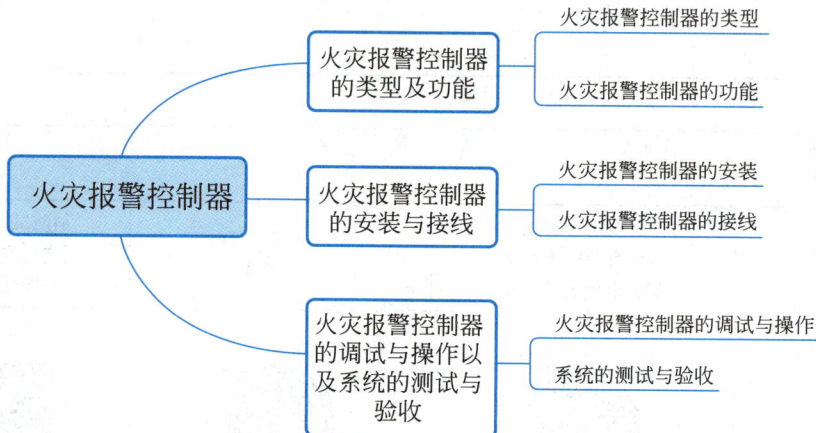

【学习目标】

[知识目标]	了解火灾报警控制器的分类;熟悉火灾报警控制器的功能
[能力目标]	能够进行火灾报警控制器的安装接线与调试
[素质目标]	通过学习火灾自动报警控制器的基本理论、操作等方面的知识,认识到火灾自动报警系统的重要性,培养学生在工作中能够坚守岗位,爱岗敬业的精神

【情景导入】

　　2017 年某市娱乐场所发生一起重大火灾事故,起火原因是施工人员在切割金属扶手时,引燃了废弃的沙发。造成人员伤亡的原因之一是火灾自动报警主机处于"自动禁止"状态,虽然收到多条感烟火灾探测器发送的报警信息,但是无法自动发出联动信号开启排烟系统,最终酿成多人伤亡的惨烈后果。这个案例表明,正确操作火灾自动报警控制器的重要性,也告诉我们在工作中要做到坚守岗位、爱岗敬业。

6.1　火灾报警控制器类型及功能

【岗位情景模拟】

　　消防维保单位维保技术员在对某高层商业写字楼进行维保时,发现火灾报警控制器发出故障报警、备用电源故障灯亮,打印机备电故障。经检测后发现是备用电源电压不足，开机充电 24h 后，备电仍报故障，经更换备用蓄电池后问题解决。

【讨论】火灾自动报警系统常见故障处理思路和方法。

一、火灾报警控制器的类型

火灾报警控制器是火灾自动报警系统的心脏，可向探测器供电，火灾探测器将现场火灾信息（烟、温度、光）转换成电气信号传送至火灾报警控制器，火灾报警控制器将接收到的火灾信号经过处理、运算和判断后认定火灾，输出指令信号。一方面启动火灾报警装置，如声、光报警等；另一方面启动消防联动装置和连锁减灾系统，用以驱动各种灭火设备和减灾设备。

火灾报警控制器按其用途不同，可分为区域火灾报警控制器、集中火灾报警控制器和通用火灾报警控制器三种基本类型。

1. 区域火灾报警控制器直接连接火灾探测器，处理各种报警信号，是组成自动报警系统最常用的设备之一。

2. 集中火灾报警控制器一般不与火灾探测器相连，而与区域火灾报警控制器相连，处理区域级火灾报警控制器送来信号，常使用在较大型系统中。

3. 通用火灾报警控制器兼有区域、集中两级火灾报警控制器的特点。通过设置或修改某些参数（可以是硬件或者是软件方面）既可作区域级使用，连接探测器；又可作集中级使用，连接区域火灾报警控制器。

二、火灾报警控制器的功能

火灾报警控制器的基本功能包括：主电/备电自动转换、备用电源充电功能，电源故障监测功能，电源工作状态指示功能，为探测器回路供电功能，探测器或系统故障声、光报警，火灾声、光报警，火灾报警记忆功能，时钟单元功能，火灾报警优先功能，声报警音响消音及再次声响报警功能。

【即学即练 6-1-1】

下列火灾报警控制器的类型中非按其用途不同进行分类的是（　　）。

A. 区域火灾报警控制器

B. 集中火灾报警控制器

C. 通用火灾报警控制器

D. 多线式火灾报警控制器

【即学即练 6-1-2】

下列说法中错误的是（　　）。

A. 区域火灾报警控制器可直接连接火灾探测器，处理各种报警信号

B. 集中火灾报警控制器一般不与区域火灾报警控制器相连

C. 多线式火灾报警控制器适用于小型火灾报警控制器系统

D. 总线式火灾报警控制器适用于大型火灾报警控制器系统

6.2 火灾报警控制器的安装与接线

一、火灾报警控制器的安装

以 JB-QB-GST200 火灾报警控制器（联动型）为例，其典型配置包括：主控制器、显示操作盘、智能手动操作盘等。集报警、联动于一体，通过总线、多线的控制可完成探测报警及消防设备的启/停控制等功能，其外观示意如图 6-2-1 所示。

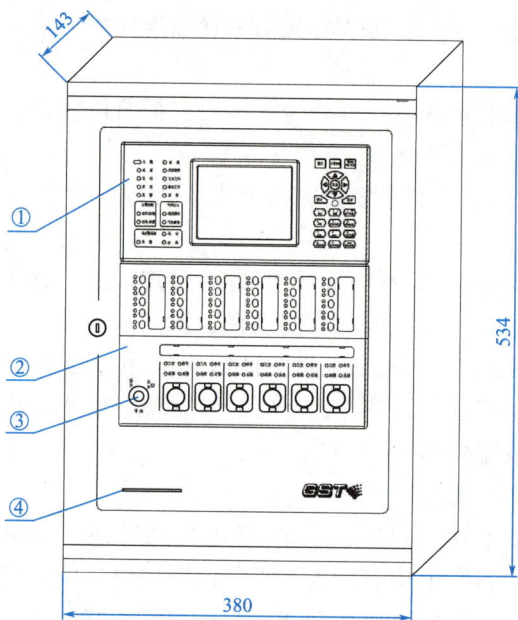

图 6-2-1　JB-QB-GST200 火灾报警控制器（联动型）外观示意
①显示操作盘；②智能手动操作盘；③多线制锁；④打印机

二、火灾报警控制器的接线

JB-QB-GST200 火灾报警控制器外接线端子示意如图 6-2-2 所示。

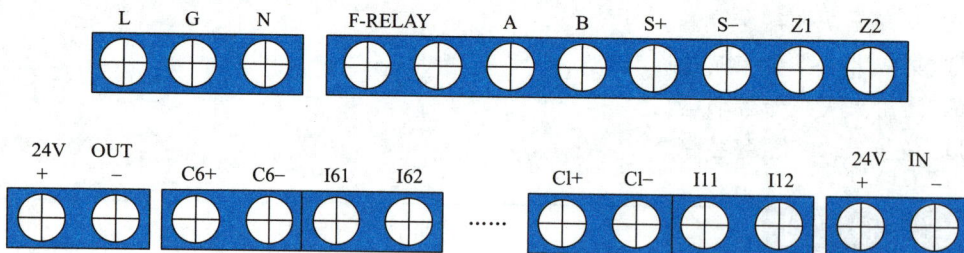

图 6-2-2　JB-QB-GST200 火灾报警控制器外接线端子示意

端子说明：

L、G、N：交流 220V 接线端子及交流接地端子；

F-RELAY：故障输出端子，当主板上 NC 短接时，为常闭无源输出；当 NO 短接时，为常开无源输出；

A、B：连接火灾显示盘的通信总线端子；

S+、S-：警报器输出，带检线功能，终端需要接 0.25W 的 4.7kΩ 电阻，输出时有 DC24V/0.15A 的电源输出；

Z1、Z2：无极性信号二总线端子；

24V IN（+、-）：外部 DC24V 输入端子，可为直接控制输出和辅助电源输出提供电源；

24V OUT（+、-）：辅助电源输出端子，可为外部设备提供 DC24V 电源，当采用内部 DC24V 供电时，最大输出容量为 DC24V/0.3A，当采用外部 DC24V 供电时，最大输出容量为 DC24V/2A；

Cn+、Cn-（n=1~6）：直接控制输出端子，当采用内部 DC24V 供电时，输出容量为 DC24V/100mA，当采用外部 DC24V 供电时，输出容量为 DC24V/1A。带检线功能，需接 0.25W、4.7kΩ 终端电阻；

In1、In2（n=1~6）：无源反馈输入端子。带检线功能，需接 0.25W、4.7kΩ 终端电阻。

6.3　火灾报警控制器的调试与操作以及系统的测试与验收

一、火灾报警控制器的调试与操作

系统调试可参照以下步骤：

1. 检查线路

火灾自动报警系统导线敷设后，在安装现场设备之前，应对每回路的导线用 500V 的兆欧表（摇表）测量绝缘电阻，其对地绝缘电阻值不应小于 20MΩ。接好设备后，用万用表的欧姆档检查线间是否短路，阻值是否正常（大于 1KΩ），线路是否接地（大于 20MΩ）。有以上故障应及时处理。

（1）初步调试（在未接任何外部设备的情况下）

主、备电检测：检查主电供电电压是否在规定范围内（AC187~242V 之间），检查各备电电压是否正常（单节蓄电池电压在 DC12~13V）。主机电源部分（电源盒、电源盘等）检查：有无输出、输出电压是否稳定、主备电切换是否正常。自检指示灯、数码管（液晶屏）、键盘、声音、时钟、打印及表头指示是否正常，是否有故障显示。

（2）接线

检查线路没有问题后，安装现场设备，将线路接入到控制器对应的接线端子上。

（3）开机注册

开机，通过"设备注册"菜单，注册外部设备，进入"设备检查"菜单，对照系统图和平面图，查看各回路设备的注册情况，记录未注册的设备号；分析丢点原因，修复线路或更换损坏设备后，重新注册，重复上述步骤，直至设备完全注册。

2. 设备定义

控制器所接的可编址外部设备均需进行编码设定，每个设备对应一个原始编码（一次码）和一个用户编码（二次码），设备定义就是对用户编码进行设定（图 6-3-1）。被定义的设备既可以是已经注册在控制器上的，也可以是未注册在控制器上的。JB-QB-GST200 火灾报警控制器外部设备类型见表 6-3-1。

008　　　　　011008　　　　03

原始编码:
用编码器写入
范围1~242。

用户编码:
人为定义用来体
现该设备所在的
位置的六位数。

设备类型:
代表现场设备类型的
数值(见表6-3-1)。

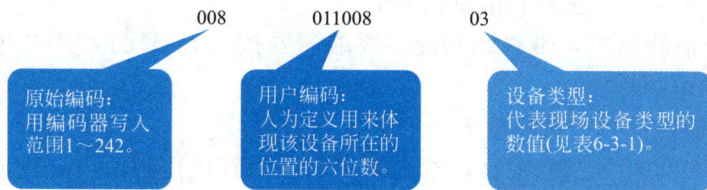

图 6-3-1　JB-QB-GST200 火灾报警控制器设备编码

JB-QB-GST200 火灾报警控制器外部设备类型　　　　　表 6-3-1

代码	设备类型	代码	设备类型	代码	设备类型
00	—	30	水流指示	60	空压机
01	光栅测温	31	电梯	61	联动电源
02	点型感温	32	空调机组	62	电话插孔
03	点型感烟	33	柴油发电	63	部分设备
04	报警接口	34	照明配电	64	雨淋阀
05	复合火焰	35	动力配电	65	感温棒
06	光束感烟	36	水幕电磁	66	故障输出
07	紫外火焰	37	气体启动	67	手动允许
08	线型感温	38	气体停动	68	自动允许
09	吸气感烟	39	消防从机	69	可燃气体
10	复合探测	40	火灾显示盘	70	备用指示
11	手动按钮	41	闸阀	71	门灯
12	消防广播	42	干粉灭火	72	备用工作
13	讯响器	43	泡沫泵	73	设备故障
14	消防电话	44	消防电源	74	紧急求助
15	消火栓	45	紧急照明	75	时钟电源
16	消火栓泵	46	疏导指示	76	警报输出
17	喷淋泵	47	喷洒指示	77	报警传输
18	稳压泵	48	防盗模块	78	环路开关
19	排烟机	49	信号碟阀	79	消火栓
20	送风机	50	防烟排烟阀	80	缆式感温
21	新风机	51	水幕泵	81	吸气感烟
22	防火阀	52	层号灯	82	吸气火警
23	排烟阀	53	设备停动	83	吸气预警
24	送风阀	54	泵故障	84	探测器脏
25	电磁阀	55	急启按钮	85	多线制盘
26	卷帘门中	56	急停按钮	86	模拟感温
27	卷帘门下	57	雨淋泵	87	漏电报警
28	防火门	58	上位机	88	总线
29	压力开关	59	回路		

设备定义的常用编码方法：

第一、二位对应设备所在的楼层号，取值范围为 0～99。为方便建筑物地下部分设备的定义，建议地下一层为 99，地下二层为 98，依此类推，第三位对应设备所在的区号，取值范围为 0～9。如楼栋号、单元号、防火分区等。第四、五、六位通常对应总线控制设备的原始编码，或者其他可以标识其特征的编码。

3. 编写联动公式

联动公式是用来定义系统中报警信息与被控设备间联动关系的逻辑表达式。

联动公式的编写应参照自动联动编程要求，并且符合《火灾自动报警系统设计规范》GB 50116—2013 及相关施工验收规范的要求，符合当地有关的消防法规。在满足以上条件的情况下，开始编辑联动公式。

编辑方法：

联动公式通常由等号分成前后两部分，前面为条件，由用户编码、设备类型及关系运算符组成；后面为被联动的设备，由用户编码、设备类型及延时启动时间组成。

例如：01100103＋01100202＝0110031300，含义：用户编码为 011001 的烟感或用户编码为 011002 的温感报火警，将联动启动用户编码为 011003 的讯响器，无延时。

关系符号有"与""或"两种，其中"＋"代表"或""×"代表"与"。等号后面的联动设备的延时时间为 0～99s，不可缺省，若无延时，需输入"00"来表示。联动公式中允许有通配符，用"*"表示，可代替 0～9 之间的任何数字。联动公式中允许有因果一致通配符"&"（200 控制器无此通配符，9000 控制器为"♯"），可代替 0～9 之间的任何数字。通配符既可出现在公式的条件部分，也可出现在联动部分。联动公式中，设备类型禁止使用通配符。

例如：&&&***03＋&&&***02＝&&&***1300，含义：任一烟感或温感报火警，将联动启动前三位用户编码与其相同的所有讯响器，延时时间为 0。

现场设备注册完毕，设备定义也做好以后，须将控制器的工作方式设置在"监控状态"，这样既可以跳过控制器重启后的重新注册（会导致一些故障点位丢失），又可以防止设备定义的误修改。

联动公式手动输入在各控制器"联动编程"菜单下进行联动公式的新建、修改、删除操作。编写联动公式时，联动设备与延时之间需用空格分隔。

二、系统的测试与验收

1. 系统测试

（1）测试时注意设备点编码及位置是否与实际对应。

（2）探测器类设备进行报警试验。

（3）联动类设备进行手动启动和自动启动试验。

注意：做自动联动试验时，应清楚该点报警以后会启动哪些联动设备以及联动设备动作后所造成的后果，以免造成不必要的损失。

2. 配合消防检测及验收

（1）确认是否满足检测、验收条件。

（2）检查控制器打印机的打印纸是否充足，各类复位钥匙、工具是否准备齐全。

3. 整理资料

（1）收集、整理工程资料（纸质文档和电子文档），通常包括系统调试情况记录表、系统设备配置表、自动联动编程记录表、消控室设备布置图、工程调试维修记录表、培训记录表。

（2）保存工程调试数据库及 CRT 图形配置文件，若将来现场出现问题导致数据丢失时，可依靠备份数据恢复。

（3）分析、解决发生的问题。

实践实训

项目名称		调整集中火灾报警控制器的工作状态			
学生姓名		班级学号		组别	
同组成员					
任务分工					
完成日期		教师评价			

一、实训目的
1. 熟悉火灾报警控制器的分类和工作原理。
2. 能够正确识别火灾报警控制器的工作状态。
3. 能够调整集中火灾报警控制器的工作状态。
4. 能够进行功能测试。

二、实训设备
火灾自动报警及消防联动控制系统。

三、实训要求
1. 能在正常工作状态下切换集中火灾报警控制器、消防联动控制器的工作状态。
2. 能在火警状态下切换集中火灾报警控制器、消防联动控制器的工作状态。

四、实训内容
1. 调整集中火灾报警控制器的工作状态
(1) 判断当前的工作状态(手动或自动)。
(2) 切换控制器的工作状态(手动转自动、自动转手动)。
(3) 指出对应的特征变化(显示屏、指示灯)。
(4) 手动状态下,模拟产生火警信号,将控制器切换为自动状态。
(5) 指出对应的特征变化(显示屏、指示灯)。
(6) 将系统恢复到正常的工作状态。
2. 考核标准

序号	考核要求	评分标准	得分
1	判断当前的工作状态(手动或自动)	10 分	
2	切换控制器的工作状态(手动转自动、自动转手动)	20 分	
3	指出对应的特征变化(显示屏、指示灯)	20 分	
4	手动状态下,模拟产生火警信号,将控制器切换为自动状态	20 分	
5	指出对应的特征变化(显示屏、指示灯)	20 分	
6	将系统恢复到正常的工作状态	10 分	
7	合计		

续表

五、故障现象及其原因分析,解决方法
六、小组总结

知识链接

资源名称	火灾自动报警系统在灭火后的处置操作方法	消防主机复位的作用	消防控制室值班人员职责
资源类型	文档	文档	文档
资源二维码			

项目3　水灭火系统联动控制

任务 7　水灭火系统的分类及工作原理认知

【思维导图】

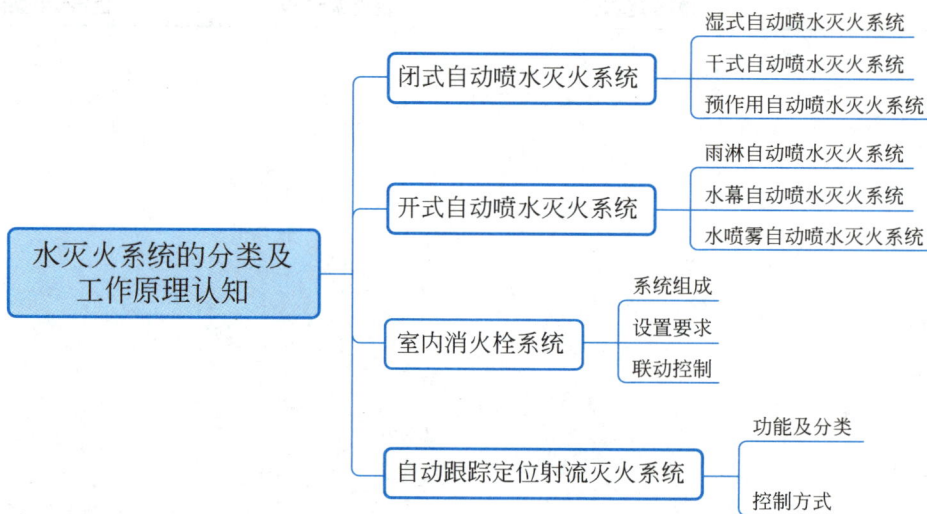

【学习目标】

[知识目标]	掌握水灭火系统的分类、组成；掌握重要系统部件的结构与功能；掌握自动喷水灭火系统的工作原理
[能力目标]	能够识别不同场所适用的水灭火系统；具备自动喷水灭火系统安装施工能力；在紧急情况下会正确操作水灭火系统进行灭火
[素质目标]	认识各种水灭火系统的工作原理，理解其功能，充分体会消防安全的重要性，增强从事消防技术行业的职业使命感和荣誉感

【情景导入】

2022 年，某市一家商贸公司发生一起特别重大火灾事故。经调查发现，事故原因是该公司工作人员在仓库内违法违规进行电焊作业，掉落的高温焊渣引燃了周边大量可燃物，使燃烧快速蔓延，并产生大量高温有毒浓烟，最终造成大量人员伤亡和财产损失。事故调查组一致认定，火灾发生后，该公司仓库部分水灭火系统设施缺失或被人为关停失效，导致扑灭初起火灾失败，是造成大量员工伤亡的重要原因。该事故教训惨痛，引人警醒，再一次以血的事实警示我们，水灭火系统是建筑物消防安全的"守护神"，维护其功能始终完整有效，不能心存任何侥幸。

7.1　闭式自动喷水灭火系统

【岗位情景模拟】

小王是某消防检测维保公司技术人员，其公司负责某商场消防系统的维护保养。按照工作安排，公司指派小王作为负责人带领其他几名同事到商场开展故障喷头的更换。

【讨论】如果你是小王，请思考应如何开展故障喷头更换的工作？

一、湿式自动喷水灭火系统

1. 系统组成及工作原理

湿式自动喷水灭火系统是工程中使用最多的一种灭火系统。系统管网在准工作状态充满了有压水，当火灾发生时，可以在第一时间喷水灭火。它由消防水池、消防水泵、湿式报警阀组、水泵接合器、末端试水装置、信号阀、水流指示器、流量开关、闭式洒水喷头、高位消防水箱、消防水泵控制柜、供配水管道、火灾报警控制器以及其他附件等构成，湿式自动喷水灭火系统如图 7-1-1 所示。

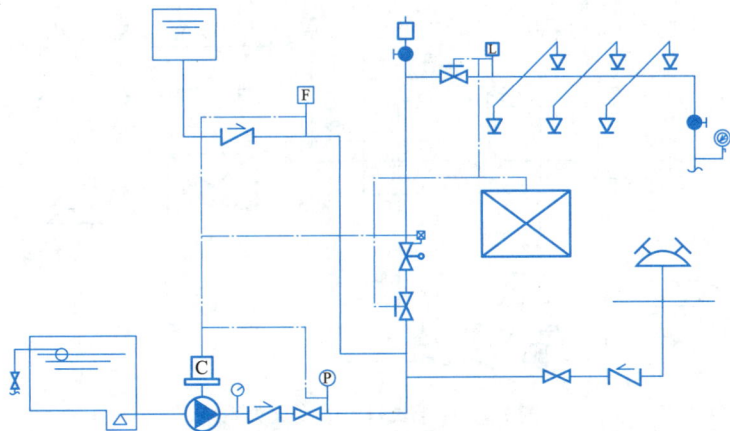

图 7-1-1　湿式自动喷水灭火系统

湿式自动喷水灭火系统施工完成后，需要对配水管道进行充水。系统处于准工作状态时，供水侧和配水侧管道水压维持平衡，湿式报警阀处于关闭状态。当火灾发生时，洒水喷头在火灾高温作用下爆裂，配水侧管道原有的有压水从破裂洒水喷头处喷洒，压力得到释放，在湿式报警阀处，阀瓣两端原来的压力平衡被打破，在压差作用下，湿式报警阀开启，供水侧水源通过消防水泵源源不断地向配水侧输送，持续通过破裂的洒水喷头喷出灭火。

在湿式自动喷水灭火系统中，湿式报警阀组是一个关键设备。其阀体由阀瓣分成两个腔，上腔与配水侧管道相连，下腔与供水侧管道连接。在阀体上分布着报警管路、试警管路和放水管路。在报警管路中安装有延迟器、压力开关、水力警铃等重要设备，用于火灾发生时启动消防水泵和报警。试警管路安装于供水侧，用于在非火灾情况下试验报警阀组的报警功能是否正常。放水管路安装于配水侧，用于设备检修时将管路中的水排空。

2. 系统特点

相比于其他自动喷水灭火系统，湿式系统结构简单、施工维护方便，发生火情时系统响应时间短、灭火效率高、适用范围广。但因系统管道在准工作状态时充有压力水，当管道密封有缺陷发生泄漏时，易造成被保护场所产生水渍等危害，带来不必要的损失。

二、干式自动喷水灭火系统

1. 系统组成及工作原理

湿式系统应用广泛，但在气温长期低于 4℃ 或高于 70℃ 的场所，液态水会发生相变，出现无法克服的弊端。为克服这类场所中湿式系统的缺陷，并适应一些特殊场所要求，满足配水管道平时不能充水的情况，在湿式系统基础上发展出了干式自动喷水灭火系统。

在干式系统中，有消防水池、消防水泵、水泵接合器、末端试水装置、信号阀、水流指示器、流量开关、闭式洒水喷头、高位消防水箱、消防水泵控制柜、供配水管道、火灾报警控制器以及其他附件等。相比于湿式系统，干式系统中的报警阀组为干式报警阀组，并且增加了充气设备（空气压缩机和充气管路）和排气设备（排气阀和电动阀）。干式自动喷水灭火系统如图 7-1-2 所示。

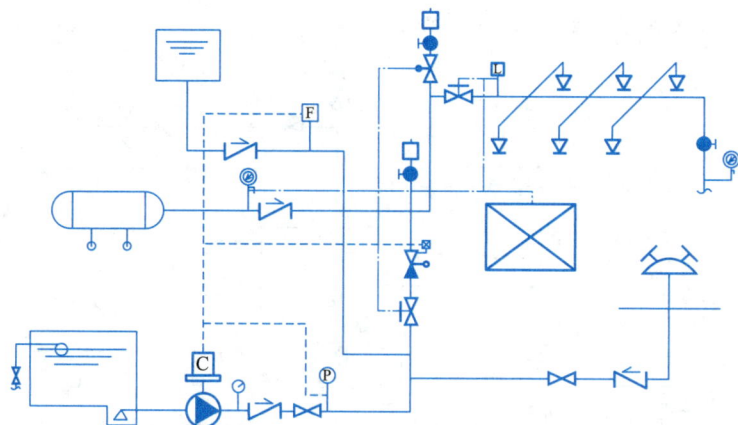

图 7-1-2　干式自动喷水灭火系统

干式报警阀组以阀瓣为界也分为两个腔。下腔与供水侧相连，平常充满有压水。上腔与系统侧相通，平常充有有压气体。在准工作状态时，为确保系统侧有压气体不泄露，需要通过阀体上的注水漏斗往上腔室注入水（水深约 5～10cm），以在阀瓣处形成水密封。

阀瓣处由于上下面压力平衡，报警阀不能开启。

当火灾发生时，由于热力作用，闭式洒水喷头热敏封堵元件破裂，系统侧管道内的有压气体从破裂喷头处释放，系统侧压力骤降，导致供水侧压力大于系统侧压力，在压差作用下，阀瓣向上开启，供水侧有压水进入系统侧管道，并从破裂喷头处喷出灭火。系统侧压力下降时，设置在系统侧充气管道上的压力开关会动作，并联动控制排气阀前电动阀打开加速排气，便于系统侧管道充水。在报警阀打开后，另有一路水流会通过报警管路，先后触发压力开关和水力警铃，从而连锁启动消防水泵并发出报警信号。

2. 系统特点

干式系统是在湿式系统的基础上发展出来的一种自动喷水灭火系统，其系统侧管道在准工作状态时没有充水，而是充满了有压气体，克服了湿式系统管网泄漏时会导致的水渍问题。并且对存在低温冻结或高温汽化的环境，其由于系统侧无水，有很强的适应性。

但是干式系统在工作时，存在先排气后充水的过程，这延缓了系统喷水灭火的速度，灭火效率比湿式系统低。而且干式系统需要使用专用干式下垂型或直立型喷头，并增加了一套充气设备，系统一次性投资较高。干式系统管理复杂、维护费用也较高。

三、预作用自动喷水灭火系统

1. 系统组成及工作原理

预作用系统由预作用阀组、充气设备、闭式喷头、火灾探测器、手动快开阀、火灾自动报警控制器、水泵接合器、消防水泵、末端试水装置、供水设备以及管道、附件等构成。预作用自动喷水灭火系统如图 7-1-3 所示。

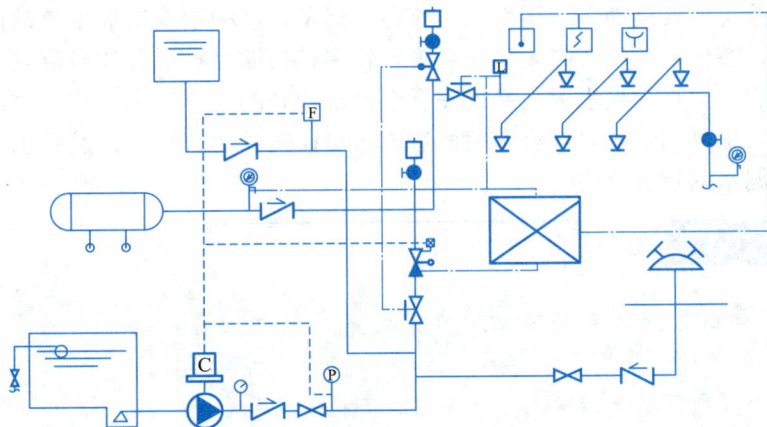

图 7-1-3　预作用自动喷水灭火系统

在预作用系统中，预作用阀组控制着系统中灭火所用水流的通断。它由雨淋报警阀和湿式报警阀由下而上串联组成。湿式报警阀上腔与系统侧相连，下腔与雨淋报警阀系统侧腔室连通。雨淋报警阀不同于湿式报警阀和干式报警阀，其腔室分为三部分。以隔膜式雨淋报警阀为例，其上腔室与系统侧相连，下腔室与供水侧对接，在上下腔室之间，是由橡胶膜构成的控制腔，由它控制着上下腔室的连通。

平时系统侧管道充满低压气体，并由压力维持装置保持气压稳定。管道中充气能够监测管路是否存在损伤、泄漏等故障。为确保湿式报警阀阀瓣处气体不泄漏，从供水侧引水注满，使腔室膨胀，封堵在预作用阀的上、下两个腔室之间。

火灾发生时，为使预作用阀组能快速开启，在预作用系统中加入了火灾自动探测系统，作为预作用阀组开启的触发方式之一。发生火情后，火灾探测器探测到烟气发出报警信号，火灾自动报警控制器接收到信号后，联动控制系统侧管道电动阀打开排气；同时控制预作用阀控制腔放水管路上的电磁阀打开，通过放出控制腔中的水，使控制腔容积缩小，从而使预作用阀上下腔室连通，供水侧的有压水快速通过预作用阀进入系统侧。同时另一路有压水通过报警管路先后触发压力开关和水力警铃，启动消防水泵，发出火灾报警信号，此时系统侧管道充满了有压水，整个系统转换为湿式系统，为灭火做好准备。当火势进一步发展，环境温度升高，将使闭式喷头热敏封堵元件破裂，管道中有压水会源源不断地从破裂喷头处喷出灭火。

如果火灾探测器故障，预作用阀组仍然可以自动开启。这种情况下，闭式喷头由于火灾高温作用而破裂，系统侧管道气压下降，促使管道上设置的压力开关动作，使预作用阀组开启。

根据预作用阀组开启的触发条件不同，可以将预作用系统细分为单连锁预作用系统和双连锁预作用系统。单连锁预作用系统仅需火灾探测器或充气管道压力开关触发；双连锁预作用系统需要火灾探测器和充气管道压力开关都动作后才能触发。单连锁系统一般用在严禁误喷的场所，而双连锁系统通常用在准工作状态下，禁止管道充水的场所。

2. 系统特点

预作用系统吸收了湿式和干式系统的优点，兼有火灾响应速度快和环境适应性广的特点，并且还具备早期报警和自动监测功能，避免了管道充水情况下因密封问题导致的水渍隐患，提升了系统的安全性、适用性和可靠性。但是，这种系统增加了自动探测报警以及自动控制设备，整体复杂度较高，一次性投资较多，后期维护保养比较麻烦。所以，预作用系统适合应用于对自动喷水灭火系统安全性要求较高的建筑物内，或冬季结冰、不能供暖的建筑物内，也可用于不允许有误喷而造成水渍损失的建筑物中以及系统处于准工作状态时严禁管网漏水的建筑物中。

【即学即练 7-1-1】

湿式报警阀组是湿式自动喷水灭火系统中的核心设备，下列不属于其功能的有（   ）。

A. 通断灭火所用的水流   B. 控制稳压泵启停

C. 火灾发生时发出报警信号   D. 启动喷淋泵

【即学即练 7-1-2】

关于闭式自动喷水灭火系统，下列说法错误的是（   ）。

A. 闭式自动喷水灭火系统所用喷头均是闭式喷头

B. 准工作状态下，闭式自动喷水灭火系统中系统侧管道均处于充水状态

C. 预作用系统中的预作用阀包含了湿式报警阀

D. 在闭式自动喷水灭火系统中，报警阀上压力开关均能启动消防水泵

7.2 开式自动喷水灭火系统

【岗位情景模拟】

> 李工是某消防工程单位设计人员,其公司中标某油气储存仓库消防系统设计工程,公司指派小王作为负责人带领其他几名同事完成该设计工作。在确定系统设计方案时,他们需要全面了解该工程的情况,包括仓库整体结构、具体用途等,以找到最适合的方案。
>
> **【讨论】**该仓库为易燃易爆场所,按照规范应选择雨淋自动喷水灭火系统,但该类场所内要避免带电设备运行,那应该怎么实现火灾早期的探测报警呢?

闭式自动喷水灭火系统虽然使用广泛,但对于像油漆生产车间、大型摄影棚等场所,一旦发生火灾,火势蔓延速度极快,如果采用闭式系统,闭式洒水喷头只有破裂才能喷水灭火,其响应速度无法与之匹配,对于这种类型火灾,就需要一种能够使喷头同时喷水的自动灭火系统,这就是开式自动喷水灭火系统。

开式自动喷水灭火系统采用开式洒水喷头,平时系统侧管道通过开式喷头与大气连通。当火灾发生时,系统开启后,供水侧压力水会通过同一防护区的所有开式喷头同时喷出灭火,以大范围的覆盖迅速压制住火势发展。按照喷水形式不同,开式自动喷水灭火系统可以分为雨淋自动喷水灭火系统、水幕自动喷水灭火系统和水喷雾自动喷水灭火系统。

一、雨淋自动喷水灭火系统

1. 系统组成及工作原理

雨淋自动喷水灭火系统在工作时,其整个保护区内喷头喷出的水为雨花状,形似下雨。整个系统由火灾探测传动控制系统和自动喷水系统两部分组成。火灾探测传动控制系统按探测方式不同分为火灾自动探测器报警传动控制系统【图 7-2-1 (a)】和充液(气)传动系统【图 7-2-1 (b)】。火灾自动探测器报警传动控制系统主要由火灾探测器(感温、感烟)、传动管路上的电磁阀、火灾自动报警控制器等组成。充液(气)传动系统主要由闭式洒水喷头、管道等组成。

雨淋自动喷水灭火系统主要由雨淋阀组、消防水源、消防水泵、高位消防水箱、开式喷头、流量开关、火灾自动报警控制器以及其他附件等组成。其中雨淋阀组控制着整个系统水流的通断,它是一个单向开关,其开和关由阀体上的控制腔控制,而控制腔受火灾探测传动控制系统控制。

在准工作状态时,雨淋阀控制腔充满了压力水,封堵在其上、下腔室之间,使阀关闭。系统侧管道与大气连通,处于空管状态。供水侧与水源连接,充满有压水。发生火灾时,由火灾探测器探测到烟气或温度等特征信号后,立即向火灾自动报警控制器发出报警信号,火灾自动报警控制器确认火情后发出声、光报警信号,同时控制雨淋阀控制腔放水管路上的电磁阀开启,控制腔内有压水快速排出,使雨淋阀打开,供水侧有压水通过雨淋阀进入配水管道,从系统所有开式喷头同时喷出灭火。同时,有水流会流向雨淋阀组报警管路,使水力警铃发出报警声;在水压作用下,接通压力开关,启动消防水泵。

(a)

(b)

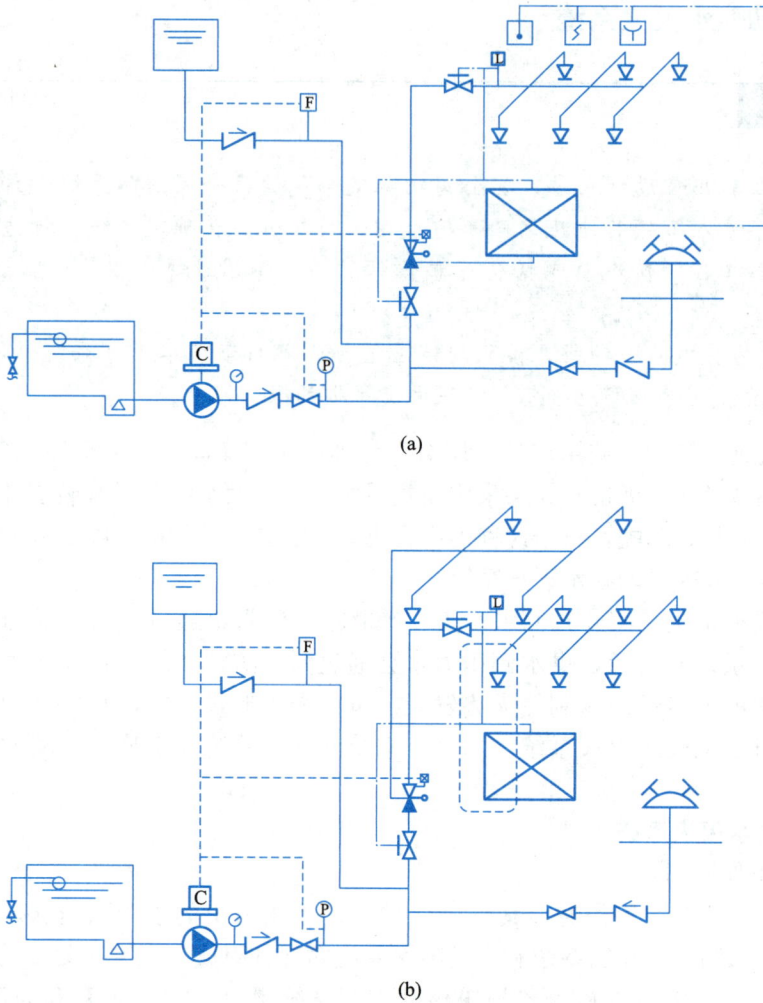

图 7-2-1　雨淋自动喷水灭火系统

（a）火灾自动探测器报警传动控制系统示意；（b）充液（气）传动系统示意

2. 系统特点

雨淋自动喷水灭火系统工作时，作用面积广、出水速度快、灭火效率高，能迅速控制住火情，遏制火灾蔓延。平时系统侧管道处于空管状态，有效避免了管道泄漏导致的水渍问题。但该系统控制复杂，对自动控制系统的可靠性要求高，且其工作时，喷水面积过大，整个系统控制区域内未发生火灾的位置也会喷水，可能会造成极大的水渍损失，所以该系统一般应用于特殊场所。《消防设施通用规范》GB 55036—2022 规定，具有下列情况之一的场所或部位应采用雨淋系统：

（1）火灾的水平蔓延速度快、闭式喷头的开放不能及时使喷水有效覆盖着火区域的高度危险的场所或部位。

（2）设置场所的净空高度超过相关规定，且必须迅速扑救初期火灾的场所。

（3）火灾危险等级为严重危险级 Ⅱ 级的场所。

二、水幕自动喷水灭火系统

1. 系统组成及工作原理

水幕自动喷水灭火系统由开式洒水喷头或水幕喷头、雨淋报警阀组或感温雨淋阀以及水流报警装置（水流指示器或压力开关）、供水设备、火灾探测控制装置、管道附件等组成。其主要作用不是直接喷洒灭火，而是阻火分隔和防护冷却，按照用途不同，可以分为防火分隔水幕系统和防护冷却水幕系统两类。防火分隔水幕系统利用工作时密集喷洒形成的水墙或水帘，封堵防火分区处的孔洞，阻挡火势和烟气蔓延，防止火焰穿过开口部位。防护冷却水幕系统在工作时，利用喷水在物体表面形成的水膜，控制防火分区处分隔物的温度，维持分隔物的完整性和隔热性，提高其耐火性能。水幕自动喷水灭火系统示意如图 7-2-2 所示。

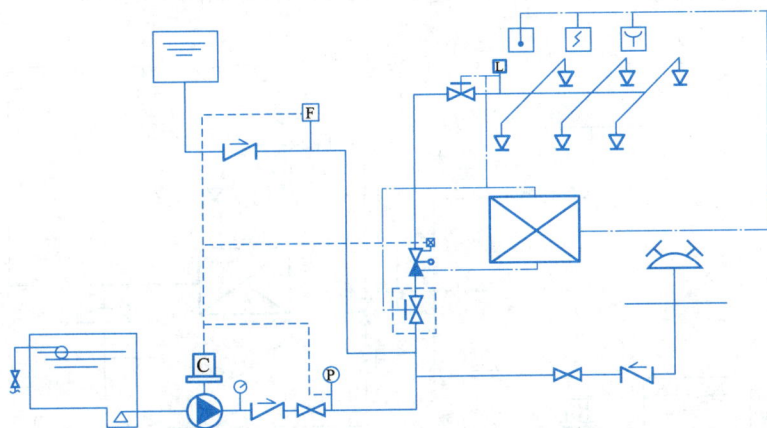

图 7-2-2　水幕自动喷水灭火系统示意

水幕自动喷水灭火系统工作原理与雨淋自动喷水灭火系统基本相同，只是水幕自动喷水灭火系统喷洒出来的水为水帘状，而雨淋自动喷水灭火系统喷出的水为开花射流。水幕系统中的雨淋阀开启也是由与控制腔连通的火灾探测传动控制系统控制。

2. 系统特点

水幕自动喷水灭火系统作为开式自动喷水灭火系统，与雨淋自动喷水灭火系统有很多相似之处，但其采用的洒水喷头比较独特，能形成水墙或水帘一样的洒水效果，可以更好适配系统的功能。这种系统的主要特点有：

（1）该系统主要功能不是洒水灭火，而是利用喷头洒水形成的水墙或水帘，形成防火分隔水幕，阻挡火灾火焰、烟气蔓延，或配合防火卷帘、防火墙、防火玻璃等分隔物，利用水的冷却作用，保持分隔物在火灾中的耐火性能。

（2）系统以水帘为防火分隔物时，没有形成物理硬性分隔，不会影响火灾区域内人员向外疏散逃生，也不会对消防人员进入火灾区域灭火形成阻挡。

（3）系统利用幕状水流吸收火灾产生的热量，并阻止火舌卷流和烟气扩散，同时吸附烟气中的烟粒子和有害气体。

由于这些特点，水幕自动喷水灭火系统一般应用于化工生产装置，火灾危险性大的大型厂房、仓库，大型剧院、会堂、礼堂的舞台口，建筑物的门、窗、洞口等部位以及与防火幕、防火卷帘配合使用的场所或部位。

三、水喷雾自动喷水灭火系统

1. 系统组成及工作原理

在自动喷水灭火系统中，水喷雾系统是唯一既有灭火功能，又有冷却功能的固定式自动灭火系统。同样作为开式自动喷水灭火系统，其与雨淋系统、水幕系统工作过程相似，最大的区别是水喷雾系统利用水雾喷头在较高压力作用下，将水流分离成0.2～1mm的细小水雾滴，喷向保护对象，从而达到灭火或冷却的目的。它可以扑救固体火灾，还可以扑救液体和电气火灾。

水喷雾自动喷水灭火系统由雨淋阀组（或电动控制阀、气动控制阀）、水雾喷头、过滤器、火灾探测器、火灾自动报警控制器、消防水泵、消防水源、高位消防水箱、水泵接合器以及其他附件等构成。水喷雾自动喷水灭火系统示意如图7-2-3所示。

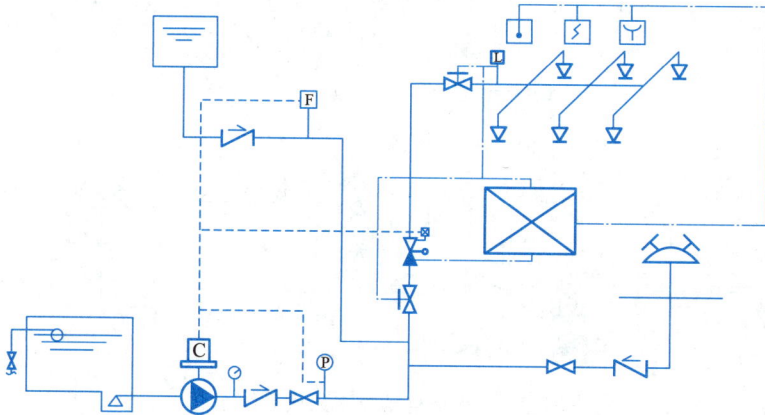

图7-2-3　水喷雾自动喷水灭火系统示意

水喷雾系统中的雨淋阀开启同样是由与控制腔连通的火灾探测传动控制系统控制。火灾发生时，火灾探测器探测到火情后，向火灾自动报警控制器发出报警信号，火灾自动报警控制器确认后联动控制传动管路上的电磁阀动作，从而通过控制腔泄压打开雨淋报警阀，使整个系统开启，同时供水侧有压水通过报警管路冲击压力开关和水力警铃，启动消防水泵和水力警铃。

2. 系统灭火原理

水喷雾自动喷水灭火系统是以喷射水雾的形式实现灭火和冷却的，其灭火原理与其他系统不同，主要体现为四类：冷却、窒息、冲击乳化和稀释。

3. 系统特点

水喷雾自动喷水灭火系统具有独立的火灾探测系统，可以及早发现火情、快速启动系统。而且水雾喷头能够喷射形成细小水雾滴，在防护区域内能大面积覆盖着火点位，防止火势蔓延发展，灭火效率高，效果显著。其用于灭火时，主要扑救固体火灾、闪点高于60℃的液体火灾和电气火灾；用于防护冷却时，主要适用于可燃气体和甲、乙、丙类液体的生产、储存装置或装卸设施的防护冷却。

【即学即练 7-2-1】

下列自动喷水灭火系统中，既有直接灭火功能又有防护冷却作用的是（　　）。
A. 干式自动喷水灭火系统 　　　　B. 水幕自动喷水灭火系统
C. 雨淋自动喷水灭火系统 　　　　D. 水喷雾自动喷水灭火系统

【即学即练 7-2-2】

下列自动喷水灭火系统中，报警阀组没有使用雨淋阀的是（　　）。
A. 干式自动喷水灭火系统 　　　　B. 水幕自动喷水灭火系统
C. 预作用自动喷水灭火系统 　　　D. 水喷雾自动喷水灭火系统

7.3 室内消火栓系统

【岗位情景模拟】

小王是某消防维保公司员工，作为独立的第三方，其公司中标某单位消防系统年度检测维保项目。身为公司消防工程师，小王负责该项目室内消火栓系统的检测维保工作。在入场开展工作前，他需要带领团队制定检测维保方案，确定检测内容和标准。

【讨论】作为消火栓系统的检测维保负责人，他应该将哪些设备设施确定为检测维保对象？

室内消火栓系统是安装设置于建筑物内部的一种固定式水灭火系统，主要用于扑救建筑物内部的初期火灾。不同于自动喷水灭火系统，室内消火栓系统不能自动喷水灭火，它需要人为操作开启阀门才能出水灭火，所以它是一种被动式的水灭火系统。

一、室内消火栓系统组成

室内消火栓系统主要由消防水池、消防水泵、高位消防水箱、配水管道、消火栓箱、试验消火栓及其他附件构成。室内消火栓系统示意如图 7-3-1 所示。

在消火栓箱内主要设置有消火栓、水枪、水带、消火栓按钮等设备。消火栓是火灾时室内消防给水管网向火灾现场供水的阀门，水带一端可以连接在阀门上，另一端连接水枪，消火栓阀门打开后，管网中的有压水即可通过水枪喷出灭火。火灾发生时，按下消火栓按钮可以向火灾自动报警控制器发出报警信号，并联动启动消防水泵向管网充水加压。

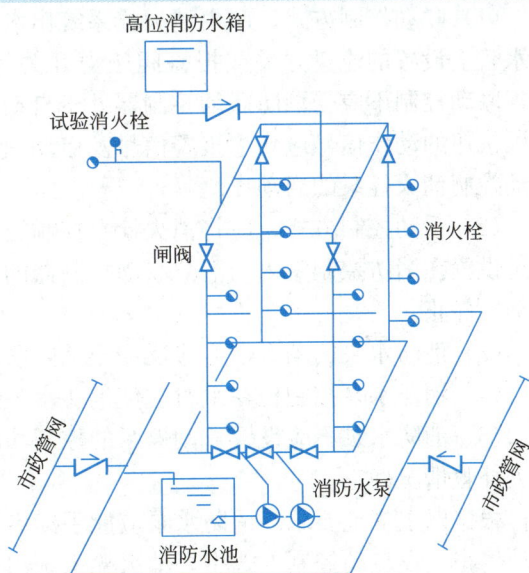

图 7-3-1 室内消火栓系统示意

二、室内消火栓系统设置要求

根据《消防给水及消火栓系统技术规范》GB 50974—2014 的规定，室内消火栓的设置应符合以下要求：

（1）设置室内消火栓的建筑，包括设备层在内的各层均应设置消火栓。

（2）屋顶设有直升机停机坪的建筑，应在停机坪出入口处或非电器设备机房处设置消火栓，且距停机坪机位边缘的距离不应小于 5m。

（3）消防电梯前室应设置室内消火栓，并应计入消火栓使用数量。

（4）室内消火栓的布置应满足同一平面有 2 支消防水枪的 2 股充实水柱同时达到任何部位的要求，且楼梯间及其休息平台等安全区域可仅与一层视为同一平面。但当建筑高度小于等于 24m 且体积小于等于 5000m³ 的多层仓库，可采用 1 支水枪充实水柱到达室内任何部位。

（5）建筑室内消火栓栓口的安装高度应便于消防水带的连接和使用，其距地面高度宜为 1.1m；其出水方向应便于消防水带的敷设，并宜与设置消火栓的墙面成 90°或向下。

（6）消火栓栓口动压力不应大于 0.50MPa，但当大于 0.7MPa 时应设置减压装置。

（7）高层建筑、厂房、库房和室内净空高度超过 8m 的民用建筑等场所的消火栓栓口动压不应小于 0.35MPa，且消防水枪充实水柱应按 13m 计算；其他场所的消火栓栓口动压不应小于 0.25MPa，且消防水枪充实水柱应按 10m 计算。

（8）消火栓按 2 支消防水枪的 2 股充实水柱布置的高层建筑、高架仓库、甲类和乙类工业厂房等场所，消火栓的布置间距不应大于 30m；消火栓按 1 支消防水枪的 1 股充实水柱布置的建筑物，消火栓的布置间距不应大于 50m。

三、室内消火栓系统联动控制

室内消火栓系统联动控制主要指消防水泵的联动控制，应包括自动控制和手动控制两种方式。根据《火灾自动报警系统设计规范》GB 50116—2013 和《消防给水及消火栓系统技术规范》GB 50974—2014 的规定，室内消火栓系统联动控制应符合以下要求：

（1）联动控制方式，应由消火栓系统出水干管上设置的低压压力开关、高位消防水箱出水管上设置的流量开关或报警阀压力开关等信号作为触发信号，直接控制启动消防水泵，联动控制不应受消防联动控制器处于自动或手动状态影响。当设置消火栓按钮时，消火栓按钮的动作信号应作为报警信号及启动消火栓泵的联动触发信号，由消防联动控制器联动控制消火栓泵的启动。

（2）手动控制方式，应将消火栓泵控制箱（柜）的启动、停止按钮用专用线路直接连接至设置在消防控制室内的消防联动控制器的手动控制盘，并应直接手动控制消火栓泵的启动、停止。

（3）消防水泵的动作信号应反馈至消防联动控制器。

（4）消防水泵控制柜在平时应使消防水泵处于自动启泵状态。

（5）消防水泵不应设置自动停泵的控制功能，停泵应由具有管理权限的工作人员根据火灾扑救情况确定。

根据以上规范要求，消防水泵应能手动启动、停止，自动状态下只能联动启动，不能联动停止。在自动控制方式中，消火栓系统出水干管上设置的低压压力开关、高位消防水箱出水管上设置的流量开关或报警阀压力开关，这三种控制方式为连锁控制，不需要经过联动控制器直接可以控制消防水泵。根据最新规范要求，设置有消火栓按钮时，其不宜作为直接启泵信号，可作为报警信号。

【即学即练 7-3-1】

室内消火栓在安装时，其栓口宜离地面多高？（　　）
A. 1.0m　　　　B. 1.1m　　　　C. 1.3m　　　　D. 1.5m

【即学即练 7-3-2】

下列消防设备中，不能启动室内消火栓系统的是？（　　）
A. 低压压力开关　　　　　　　B. 流量开关
C. 试验消火栓　　　　　　　　D. 报警阀压力开关

7.4　自动跟踪定位射流灭火系统

【岗位情景模拟】

某市地处山区，交通受地形限制，经济发展乏力，为改善交通状况，提升人员、货物流通便利条件，斥资兴建了一座飞机场。

【讨论】 现在需要为机场航站楼选用一种适宜的自动消防灭火系统，作为该项目的技术负责人，你应该怎么入手？

自动跟踪定位射流灭火系统是一种先进的智能型自主喷水灭火系统。它综合运用了传感器技术、计算机技术、信号处理和通信技术等，能够自主探测火灾，自动调整定位系统设备跟踪捕捉火灾准确位置，并迅速开启整个系统定点扑灭火灾。它主要由火灾探测系统、自动跟踪定位系统、灭火装置三部分构成。系统中主要设备有电动控制阀、手动控制阀、水流指示器、消防炮、火灾探测器、现场手动控制箱、控制主机、消防水泵、消防水池、高位消防水箱、模拟末端试水装置、水泵接合器等。

火灾发生时，由探测器探测到火情后将火警信号传输给控制主机或直接传输给现场控制系统，控制主机或现场控制箱控制系统水平和垂直定位装置动作，捕捉定位火源点准确位置，并将消防炮对准火源点，然后联动控制管道上的电动控制阀开启供水灭火。检测到火灾扑灭后，控制主机发出联动控制命令，自动关闭电动控制阀，终止灭火，并自动重复巡视一周，确认无着火点后，待机监视，如果火情复发，系统将重新自动启动，开启灭火程序。自动跟踪定位射流系统中的消防炮实物图如图 7-4-1 所示。

图 7-4-1　自动跟踪定位射流系统中的消防炮实物图

一、自动跟踪定位射流灭火系统功能及分类

自动跟踪定位射流灭火系统以电动控制阀为界限，阀前为湿式管路，阀后为干式管路，一般用于扑救民用建筑和丙类生产车间、丙类库房中，火灾类别为 A 类的净空高度大于 12m 的高大空间场所；净空高度大于 8m 且不大于 12m，难以设置自动喷水灭火系统的高大空间场所。但不适于设置自动喷水灭火系统的大空间场所火灾，如体育场馆、机场、火车站、展览馆、大型商场、物流仓库等。

按照系统工作时的射流流量或方式不同，自动跟踪定位射流灭火系统可以分为自动消防炮灭火系统、喷射型自动射流灭火系统、喷洒型自动射流灭火系统三种类型。自动消防炮灭火系统的射流流量为 16L/s 以上；喷射型自动射流灭火系统的射流流量在 5～16L/s，其射流方式为喷射型；喷洒型自动射流灭火系统的射流流量也在 5～16L/s，其射流方式为喷洒型。

二、自动跟踪定位射流灭火系统控制方式

根据《自动跟踪定位射流灭火系统技术标准》GB 51427—2021 的要求，自动跟踪定位射流灭火系统应具备自动控制、消防控制室手动控制和现场手动控制三种控制方式，消防控制室手动控制和现场手动控制优先级高于自动控制。

自动控制方式下，对于自动消防炮灭火系统和喷射型自动射流灭火系统，当探测器探测到火源后，应至少有 2 台灭火装置对火源进行扫描定位，并应至少有 1 台且最多 2 台灭火装置自动开启射流，其射流应能到达火源进行灭火；对于喷洒型射流灭火系统，发现火源的探测装置对应的灭火装置应自动开启射流，且其中应至少有 1 组灭火装置的射流能到达火源进行灭火。

【即学即练 7-4-1】

自动跟踪定位射流灭火系统可以分为哪些类型？（　　　）
A. 自动消防炮灭火系统
B. 喷射型自动射流灭火系统
C. 喷洒型自动射流灭火系统
D. 以上都是

【即学即练 7-4-2】

下列哪个消防设备不属于自动跟踪定位射流灭火系统？（　　　）
A. 自动控制阀
B. 模拟末端试水装置
C. 雨淋阀
D. 消防炮

实践实训

项目名称		湿式自动喷水灭火系统的安装与调试			
学生姓名		班级学号		组别	
同组成员					
任务分工					
完成日期		教师评价			

一、实训目的

1. 掌握湿式自动喷水灭火系统的组成和工作原理。
2. 掌握湿式报警阀组结构及工作原理。
3. 学习并掌握系统管道加工及安装工艺。
4. 掌握系统密闭性检测调试方法和标准。

二、实训设备

1. 消防喷淋实训系统1台、湿式报警阀组(DN100)1台、消防水池一个、稳压装置1套、末端试水装置1套。
2. 闭式喷头(DN15)3个、消防水泵(离心泵)2台、水流指示器(DN50)1个、信号蝶阀(DN50)1个、Y形铜过滤器(DN40)2个、压力表(0~1.6MPa)1块、流量开关(DN25)1个、止回阀(DN25)2个、铜球阀(DN20)若干、管道及附件若干。
3. 管钳(12寸、24寸)各1把、活动扳手(12寸)2把、活动扳手(8寸)1把、套丝机1台、卷尺1把、手动试压泵1台、生料带若干、螺丝刀(一字,3×100/6×100)2把、螺丝刀(十字,3×100/6×100)2把、不锈钢丝刷1把、台虎钳1台。

三、实训要求

按照图1~图3,对系统进行组装和调试。

工艺要求:

1. 系统部件严格按照施工图组装,安装位置正确,尺寸误差不超过1mm。
2. 管道或部件连接规范,连接处外漏丝扣1~3丝,且生料带清理干净。
3. 管道或部件连接可靠,充水加压后不能出现漏水,在设定工作压力1.4MPa下,保压30min压力降不应大于0.05MPa。

四、实训内容

1. 根据图1~图3完成湿式自动喷水灭火系统的安装。

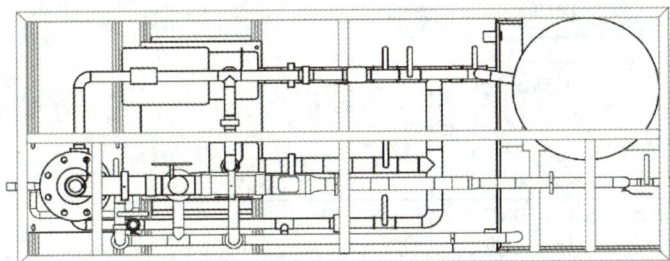

图1　湿式自动喷水灭火系统平面布置示意图

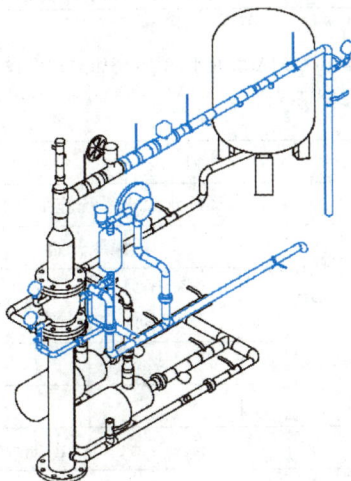

图2　湿式自动喷水灭火系统示意图

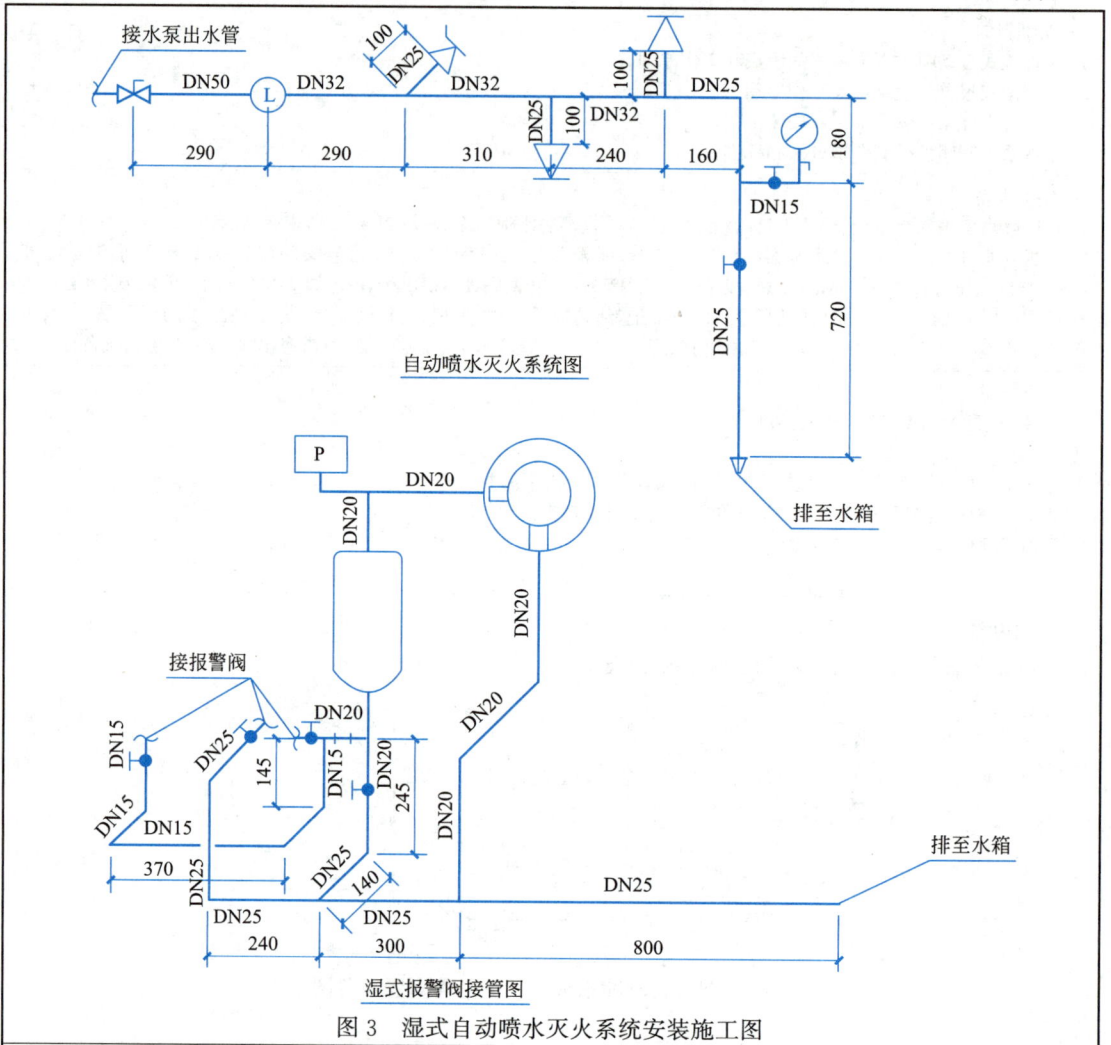

自动喷水灭火系统图

湿式报警阀接管图

图3 湿式自动喷水灭火系统安装施工图

2. 按要求完成系统试压调试：

（1）关闭末端试水阀及相关阀门，用手动试压泵向系统充水加压，待压力达到设定工作压力后停止。

（2）等待30min，然后观察系统各连接点渗漏情况。

组别		学生姓名				
执行标准名称及编号		《自动喷水灭火系统施工及验收规范》GB 50261—2017				
测试内容	次数	工作压力（MPa）	保压开始		保压结束	
			试验压力（MPa）	时间	试验压力（MPa）	时间
自动喷水灭火系统水压试验	第一次					
	第二次					
安装结果检查	压降（MPa）			泄漏点（处）		
湿式报警阀连接管路	漏水点数量（处）					

续表

五、故障及其原因分析,解决方法
六、小组总结

知识链接

资源名称	玻璃球洒水喷头 公称动作温度及 其对应色标
资源类型	文档
资源二维码	

任务8　自动喷水灭火系统的控制

【思维导图】

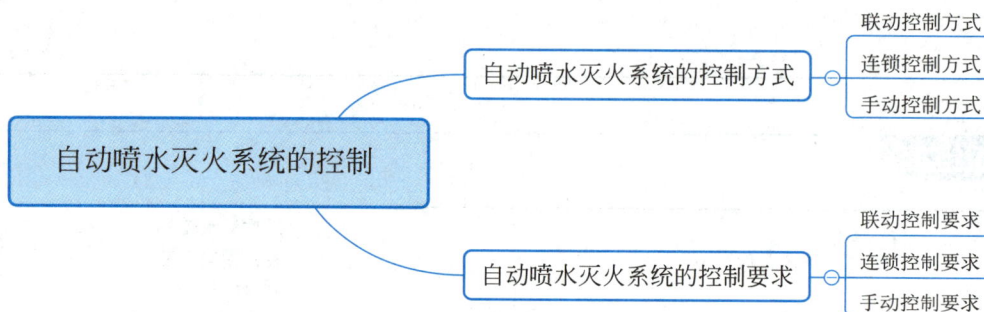

自动喷水灭火系统的控制
- 自动喷水灭火系统的控制方式
  - 联动控制方式
  - 连锁控制方式
  - 手动控制方式
- 自动喷水灭火系统的控制要求
  - 联动控制要求
  - 连锁控制要求
  - 手动控制要求

【学习目标】

[知识目标]	掌握不同类型自动喷水灭火系统的控制方式、控制条件；熟练掌握自动喷水灭火系统的控制要求
[能力目标]	能根据自动喷水灭火系统的类型确定其控制逻辑；具有识读系统控制原理图的能力；具备自动喷水灭火系统联动控制调试的能力
[素质目标]	通过对自动喷水灭火系统控制方式及要求的学习，深化对消防系统的全面理解，加深对消防行业的职业认识

【情景导入】

　　2018年，某市一公司仓库发生一起重大火灾事故，造成直接经济损失近九千万元。经调查发现，事故直接原因为该仓库一处视频监控系统电气线路故障，导致产生高温电弧引燃周边可燃易燃材料，并蔓延成灾。事故调查组认定，火灾发生后该仓库自动消防设施设置为手动控制模式，消防控制室值班人员未将手动模式转换为自动模式，导致自动喷水灭火系统未启动，是致使火灾蔓延扩大的原因之一。该事故虽未造成人员伤亡，但经济损失重大，影响较大，事故相关责任人员及管理部门受到了严肃处理。

　　自动喷水灭火系统在火灾发生时能根据火灾探测器的报警信号，自动响应，并快速喷水灭火。在系统自动响应开启的过程中，信号检测和处理装置起着关键作用，如报警阀报警管路上的压力开关、烟气（温度）探测器等能够检测火情并发出报警信号；联动控制器、现场控制箱等能根据现场火情信号发出联动控制命令，使相应消防设备动作。喷水灭火系统的自动控制方式影响着整个系统的可靠性、适用性和有效性，选用什么类型的控制方式需要根据系统所设置场所的火灾特性来确定。

8.1 自动喷水灭火系统的控制方式

【岗位情景模拟】

某消防技术公司负责一新建小区消防系统施工项目，小李作为弱电技术人员，负责系统火灾自动报警及联动控制部分的施工。施工完毕，在系统联调时，发现喷淋泵始终不能自动启动导致无法交付，作为技术人员他很苦恼。

【讨论】请思考如何帮助小李找到喷淋泵无法自动启动的原因？

在自动喷水灭火系统中，火灾时需要控制动作的设备主要有消防水泵、电动（磁）阀，它们承担着向系统充水灭火和开启报警阀或快速排气的作用，对整个系统快速高效扑灭火灾至关重要。根据控制方式不同，自动喷水灭火系统有联动控制、连锁控制和手动控制三种控制方式。

一、联动控制方式

联动控制是一种自动控制方式，它由火灾探测报警设备、火灾报警联动控制器、联动设备一起完成联动控制过程。火灾探测报警设备探测到火灾信号后，向火灾报警联动控制器发送报警信号，控制器接收到信号后会对信号进行逻辑判断，当满足设定的逻辑条件时，再向联动设备发送动作控制命令，使联动设备按设定条件动作。

在自动喷水灭火系统中，使用到联动控制方式的系统主要是设置有雨淋阀的预作用系统、雨淋系统、水幕系统和水喷雾系统。

二、连锁控制方式

与联动控制相同，连锁控制也是一种自动控制方式。不同于联动控制，在连锁控制过程中，没有火灾报警联动控制器的参与，它是由连锁条件设备和动作设备两部分组成，控制信号由连锁条件设备点对点传送到动作设备，只要连锁条件设备触发，动作设备就会自动产生响应。在湿式系统和干式系统中，消防水泵的控制就是连锁控制方式。

三、手动控制方式

为确保火灾发生时，系统能可靠启动，《自动喷水灭火系统设计规范》GB 50084—2017、《火灾自动报警系统设计规范》GB 50116—2013、《消防给水及消火栓系统技术规范》GB 50974—2014、《水喷雾灭火系统技术规范》GB 50219—2014 均规定，消防水泵或电动阀需设置手动控制方式，以防设备故障导致自动控制失效。手动控制包括了远程手动控制、现场手动控制和现场应急机械操作三种形式。图 8-1-1 为湿式自动喷水灭火系统电气控制原理图。

【即学即练 8-1-1】

（多选）自动喷水灭火系统的控制方式有哪些？（   ）

A. 联动控制   B. 连锁控制
C. 手动控制   D. 机械应急控制

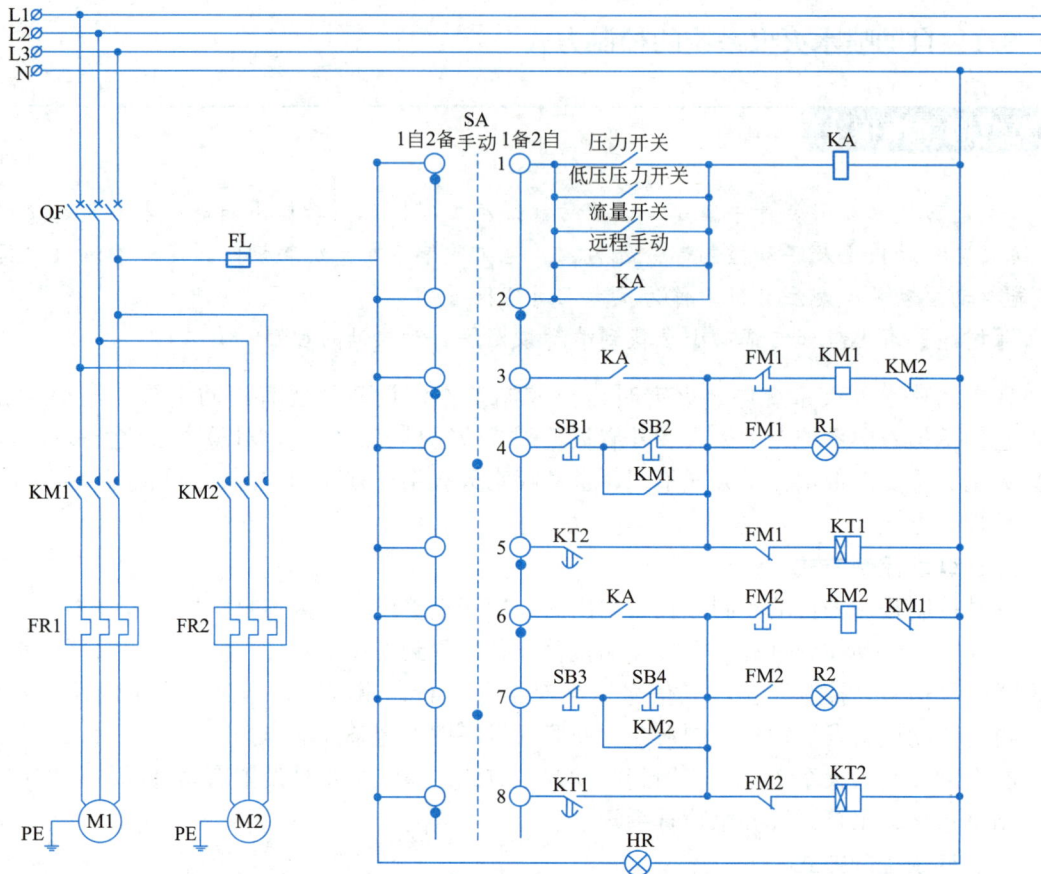

图 8-1-1 湿式自动喷水灭火系统电气控制原理图

【即学即练 8-1-2】

自动喷水灭火系统的连锁控制方式中，控制命令是由联动控制器发送的（　　　）。

A. 正确　　　　　　　B. 错误

8.2 自动喷水灭火系统的控制要求

【岗位情景模拟】

小王是某高校消防技术专业大三学生，为提高自己的专业能力，他应聘到一家消防专业技术公司开展专业实习，主要从事消防系统设计。在跟班学习了三个月后，公司交给其一个小型室内场所湿式自动喷水灭火系统联动控制部分的设计任务，他一时没了头绪。

【讨论】湿式自动喷水灭火系统的启动主要是消防水泵在火灾时能及时开启，为此小王需要了解系统的控制方式，并梳理这种控制方式有什么样的控制要求，这样才能有的放矢，使设计的联动控制能满足系统的需要。那么湿式自动喷水灭火系统有哪些控制要求呢？

一、联动控制要求

根据《自动喷水灭火系统设计规范》GB 50084—2017、《火灾自动报警系统设计规范》GB 50116—2013、《消防给水及消火栓系统技术规范》GB 50974—2014、《水喷雾灭火系统技术规范》GB 50219—2014 的相关规定，对于湿式自动喷水灭火系统和干式自动喷水灭火系统，其系统的启动不受火灾探测报警系统控制。

对于预作用自动喷水灭火系统，应由同一报警区域内两只及以上独立的感烟火灾探测器或一只感烟火灾探测器与一只手动火灾报警按钮的报警信号联动触发并由消防联动控制器控制预作用阀组开启，使系统转为湿式系统；当系统设有快速排气装置时，应联动控制排气阀前的电动阀开启。

对于雨淋自动喷水灭火系统，应由同一报警区域内两只及以上独立的感温火灾探测器或一只感温火灾探测器与一只手动火灾报警按钮的报警信号，作为雨淋阀组开启的联动触发信号，并应由消防联动控制器控制雨淋阀组的开启。

对于自动控制的水幕系统，当其用于防火卷帘的保护时，应由防火卷帘下落到楼板面的动作信号与本报警区域内任一火灾探测器或手动火灾报警按钮的报警信号作为水幕阀组启动的联动触发信号，并由消防联动控制器控制水幕自动喷水灭火系统相关控制阀启动；若用水幕自动喷水灭火系统作为防火分隔，应由该报警区域内两只独立的感温火灾探测器的火灾报警信号作为水幕阀组启动的联动触发信号，并由消防联动控制器控制水幕自动喷水灭火系统相关控制阀启动。

对于水喷雾自动喷水灭火系统，当系统误动作会对保护对象造成不利影响时，应采用两个独立火灾探测器的报警信号进行联动控制；当保护油浸电力变压器的水喷雾自动喷水灭火系统采用两路相同的火灾探测器时，系统宜采用火灾探测器的报警信号和变压器的断路器信号进行联动控制。

二、连锁控制要求

相关规范中，对自动喷水灭火系统的连锁控制方式也提出了相应的要求。对于湿式、干式、预作用、雨淋、水幕、水喷雾六种自动喷水灭火系统中的消防水泵，要求应由报警阀组压力开关、消防水泵出水干管上设置的压力开关和高位消防水箱出水管上的流量开关连锁启动。

三、手动控制要求

对于手动控制方式，相关规范要求，应将喷淋泵控制箱（柜）的启动、停止按钮用专用线路直接连接至设置在消防控制室内的消防联动控制器的手动控制盘上，直接手动控制喷淋泵的启动、停止以及相关阀组的开启。

《消防设施通用规范》GB 55036—2022 规定，消防水泵应确保在火灾时能及时启动；停泵应由人工控制，不应自动停泵。且消防水泵在应急机械启动时，泵应能在接收火警后 5min 内进入正常运行状态。

【即学即练 8-2-1】

在自动喷水灭火系统中，规范要求具备联动控制方式的系统有？（　　　）

A. 湿式自动喷水灭火系统　　　　B. 干式自动喷水灭火系统

C. 预作用自动喷水灭火系统　　　D. 以上都是

【即学即练 8-2-2】

按照规范要求，自动喷水灭火系统中消防水泵的停止信号应由（   ）产生？

A. 火灾探测器   B. 低压压力开关

C. 流量开关   D. 手动按压停泵按钮

实践实训

项目名称		湿式自动喷水灭火系统的联动控制调试			
学生姓名		班级学号		组别	
同组成员					
任务分工					
完成日期		教师评价			

一、实训目的

1. 掌握湿式自动喷水灭火系统联动控制方式、控制要求、控制逻辑。
2. 掌握湿式自动喷水灭火系统联动控制接线。
3. 掌握湿式自动喷水灭火系统联动控制调试方法。

二、实训设备

1. 湿式自动喷水灭火实训系统 1 套、消防泵控制柜 1 台、火灾自动报警控制器 1 台。
2. 8313B 短路隔离器 1 个、8300B 输入模块 4 个、ZD-02 直控盘终端器 2 个、强电弱电导线若干、接线端子若干、KBG(25)穿线管若干、波纹软管若干、接线盒及配件若干。
3. 剥线钳 1 把、压线钳 1 把、万用表 1 台、卷尺 1 把、绝缘胶带若干、螺丝刀(一字,3×100/6×100)各 1 把、螺丝刀(十字,3×100/6×100)各 1 把、绝缘手套 1 双。

三、实训要求

根据图 1～图 2 对湿式自动喷水灭火系统联动控制进行接线并完成联动功能调试。

工艺要求:

1. 部件按照图纸安装正确,不得错接。
2. 线路插针压接质量可靠、规范,线路使用保护得当;线路使用号码管,且号码管标注正确、规范。
3. 模块地址编码正确、规范,在火灾自动报警控制器中能正常注册、定义,并能查询到。
4. 手动启动消防水泵在 55s 内投入正常运行,备用泵切换启动,消防水泵应在 1～2min 内投入正常运行。
5. 打开末端试水装置,水泵应立即启动,并在火灾自动报警控制器上看到水泵、信号蝶阀、压力开关、水流指示器、流量开关、低压压力开关状态反馈信息。

四、实训内容

1. 根据图 1～图 2 对湿式自动喷水灭火系统联动控制进行接线。
2. 按要求完成系统联动控制调试:

(1)查看火灾自动报警控制器中注册设备状态,检查压力开关、水流指示器、信号蝶阀和水泵运行模块等是否正常。

(2)检查手动控制功能。操作火灾自动报警控制器直控盘,按下 1 号泵启动按钮,1 号泵应立即投入运行;按下 2 号泵启动按钮,2 号泵应立即投入运行。

(3)调试连锁控制功能。水泵控制柜设置为"自动"控制方式,开启末端试水装置,查看末端试水装置压力表,待压力表指针稳定后,数值不低于 0.05MPa;检查水流指示器、压力开关、信号阀和消防水泵的动作情况及反馈信号;测试自开启末端试水装置至消防水泵投入运行的时间。测试完成后恢复系统正常。

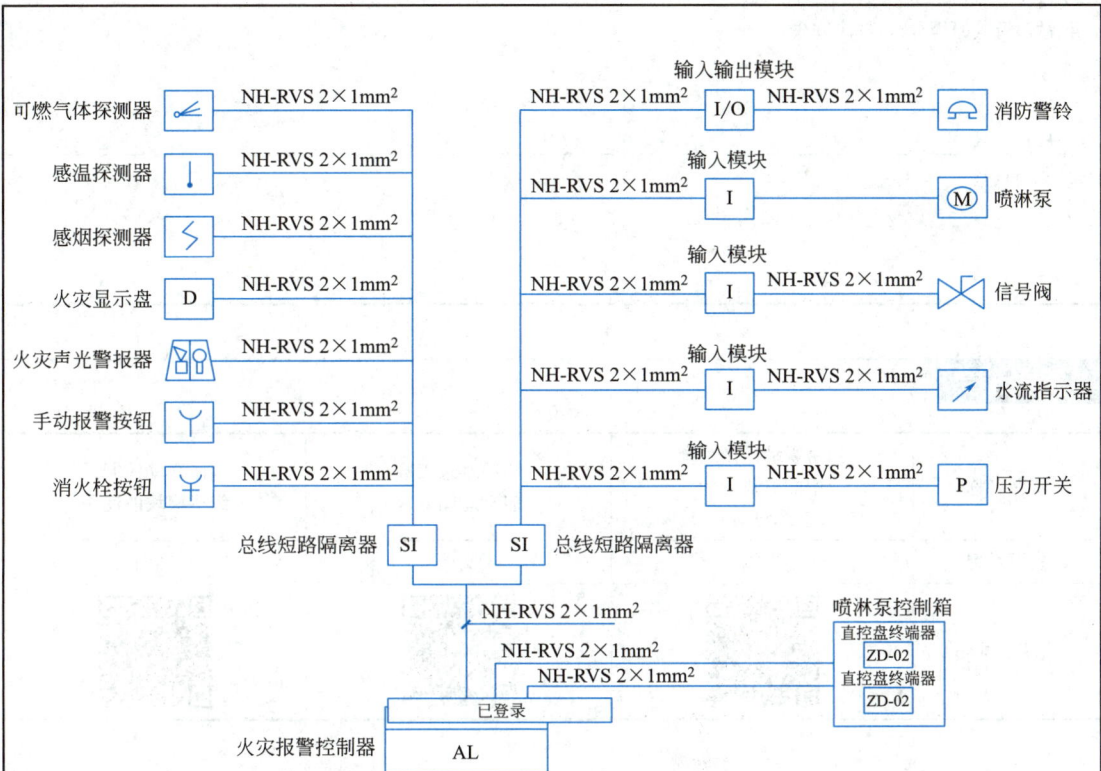

图1 火灾自动报警系统联动系统图

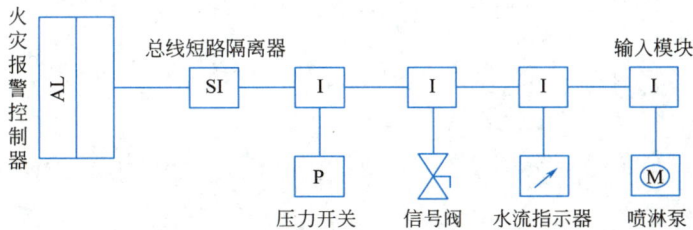

图2 火灾自动报警系统原理图

组别		学生姓名	
执行标准名称及编号	《自动喷水灭火系统施工及验收规范》GB 50261—2017		
测试内容	测试项目		
功能模块	工作状态		
消防水泵	备用泵切换启动时长(s)		手动启动时长(s)
水力警铃	触发响应时间(s)		泄漏点
信号反馈	水流指示器		压力开关

续表

五、故障及其原因分析，解决方法
六、小组总结

知识链接

资源名称	消防联动控制系统中的总线盘和多线盘简介	消防水泵工频启动时间要求	消防联动控制系统中模块的使用
资源类型	文档	文档	文档
资源二维码			

项目4 特殊灭火系统的联动控制

任务 9 泡沫灭火系统的联动控制

【思维导图】

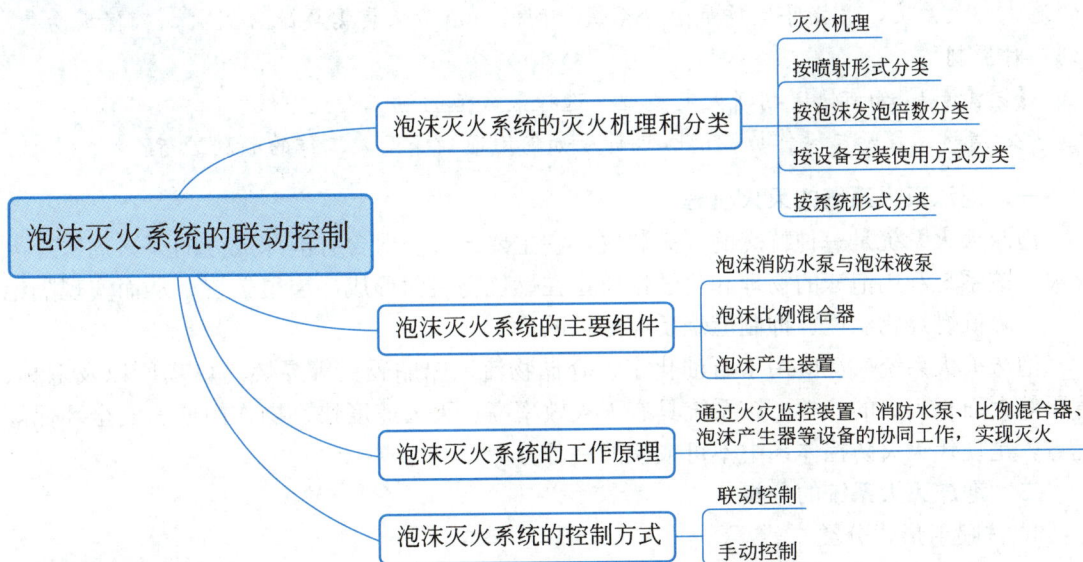

【学习目标】

[知识目标]	认识泡沫灭火系统灭火机理、分类;熟悉泡沫灭火系统的主要组件、功能及其适用场所;掌握泡沫灭火系统与其他安全系统的联动控制机制;了解泡沫灭火系统相关的安全规范、标准和法律法规
[能力目标]	能够正确选用泡沫灭火系统相关组件并能正确分析其控制过程,解决实际工程问题
[素质目标]	泡沫灭火系统涉及特殊建筑,通过对泡沫灭火系统的联动控制学习,保证该系统的完好有效性,培养学生工匠精神,立足基层,应用所学知识,回馈社会

2010年7月16日晚18时左右，辽宁省大连市某输油管线爆炸，引发原油泄漏入海，同时火势急速蔓延逼近旁边的油罐区。交通运输部立即组织专家组连夜赶赴大连，开展消防、清污工作，协助地方政府开展海上油污应急处置。在本次应急救援中，主力采用的是泡沫灭火系统。本事件中的油罐泄漏，在很短的时间内就形成了十几米的流淌火，形势之严峻，我们可以想象。由此可见泡沫灭火系统在此次事件中发挥着极其重要的作用。

9.1 泡沫灭火系统的灭火机理和分类

【岗位情景模拟】

假设某大型工业园区内，包含多个不同功能区域的厂房，如化学原料仓库、机械加工车间、电子设备生产车间等。园区内为确保消防安全，配备了多种类型的泡沫灭火系统。某天化学原料仓库储罐区发生火灾，消防工程师需要迅速判断火灾类型，选择合适的泡沫灭火系统，并指导操作员启动系统。同时，消防队员需要配合灭火，确保火势得到及时控制。

【讨论】1. 如何快速判断火灾类型并选择最合适的泡沫灭火系统？

2. 消防工程师与操作员、消防队员应如何沟通确保灭火工作的顺利进行？

一、泡沫灭火系统的灭火机理

泡沫灭火系统是一种特殊的灭火装置，它主要通过喷射含有泡沫成分的灭火剂来扑灭火灾。该系统利用泡沫的物理和化学性质，在燃烧物表面形成一层覆盖层，从而实现隔绝空气、降低燃烧物温度、抑制燃烧反应的目的。

泡沫灭火系统广泛应用于石油化工、仓储物流、船舶码头等易燃易爆场所以及森林、草原等大面积火灾的扑救。该系统具有灭火效率高、灭火速度快、操作简便、安全环保等优点，是现代火灾防控体系中不可或缺的一部分。

二、泡沫灭火系统的分类

1. 按喷射形式分类

（1）液上喷射系统

液上喷射系统是指将泡沫产生装置产生的泡沫在导流装置的作用下，从燃烧液体上方施加到燃烧液体表面实现灭火的系统。液上喷射系统结构如图9-1-1所示。

（2）液下喷射系统

液下喷射系统指泡沫从液面下喷入被保护的储罐内，系统中高背压泡沫产生器产生的泡沫，发泡倍数不应小于2，且不应大于4。液下喷射系统结构如图9-1-2所示。

2. 按泡沫发泡倍数分类

（1）低倍数泡沫灭火系统

低倍数泡沫是指泡沫混合液吸入空气后，体积膨胀小于20倍的泡沫，主要用于扑救原油、汽油、煤油、柴油、甲醇、丙酮等 B 类火灾，适用于炼油厂、化工厂、油田、油库以及为铁路油槽车装卸油的鹤管栈桥、码头、飞机库、机场等。一般民用建筑泡沫消防系统等常采用低倍数泡沫消防系统。低倍数泡沫液有普通蛋白泡沫液、氟蛋白泡沫液、水成膜泡沫液（轻水泡沫液）、成膜氟蛋白泡沫液及抗溶性泡沫液等类型。

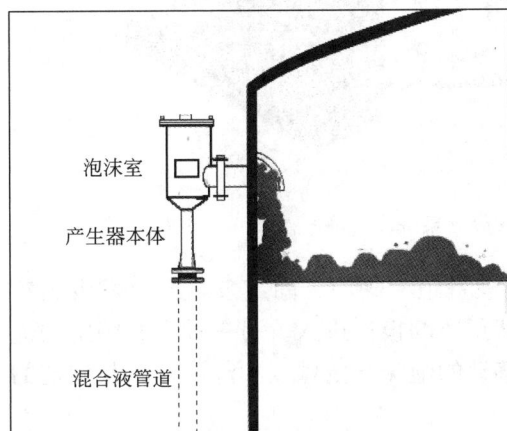

图 9-1-1　液上喷射系统结构

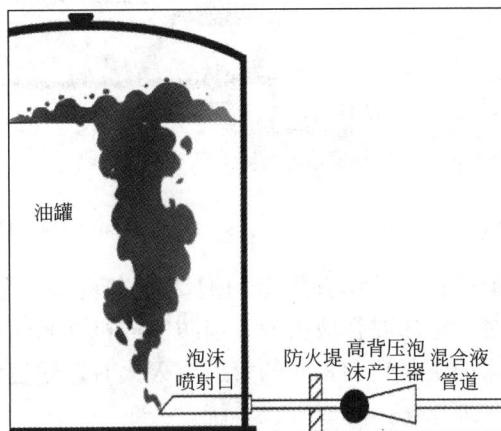

图 9-1-2　液下喷射系统结构

（2）中倍数泡沫灭火系统

发泡倍数在 21～200 的称为中倍数泡沫，一般用于控制或扑灭易燃、可燃液体、固体表面火灾及固体深位阴燃火灾。其稳定性较低倍数泡沫灭火系统差，在一定程度上会受风的影响，抗复燃能力较低，因此使用时需要增加供给的强度。

（3）高倍数泡沫灭火系统

发泡倍数在 201～1000 称为高倍数泡沫。高倍数泡沫灭火系统在灭火时，能迅速以全淹没或覆盖方式充满防护空间灭火，并不受防护面积和容积大小的限制，可用以扑救 A 类火灾和 B 类火灾。高倍数泡沫绝热性能好、无毒、有消烟、可排除有毒气体、形成防火隔离层并对在火场灭火人员无害。高倍数泡沫灭火剂的用量和水的用量仅为低倍数泡沫灭火用量的 1/20，水渍损失小，灭火效率高，灭火后泡沫易于清除。

高倍泡沫灭火系统一般可设置在固体物资仓库、易燃液体仓库、有贵重仪器设备和物品的建筑、地下建筑、有火灾危险的工业厂房等。但不能用于扑救立式油罐内的火灾、未封闭的带电设备及在无空气的环境中仍能迅速氧化的强氧化剂和化学物质的火灾（如硝化纤维、炸药等）。

3. 按设备安装使用方式分类

（1）固定式泡沫灭火系统

固定式泡沫灭火系统如图 9-1-3 所示，由固定的泡沫消防泵、泡沫液储罐、比例混合器、泡沫混合液的输送管道及泡沫产生（器）装置等组成，并与给水系统连成一体。当发生火灾时，先启动消防泵、打开相关阀门，系统即可实施灭火。

（2）半固定式泡沫灭火系统

半固定式泡沫灭火系统有一部分设备为固定式，可及时启动；另一部分是不固定的，发生火灾时，进入现场与固定设备组成灭火系统灭火。根据固定安装的设备不同，有两种

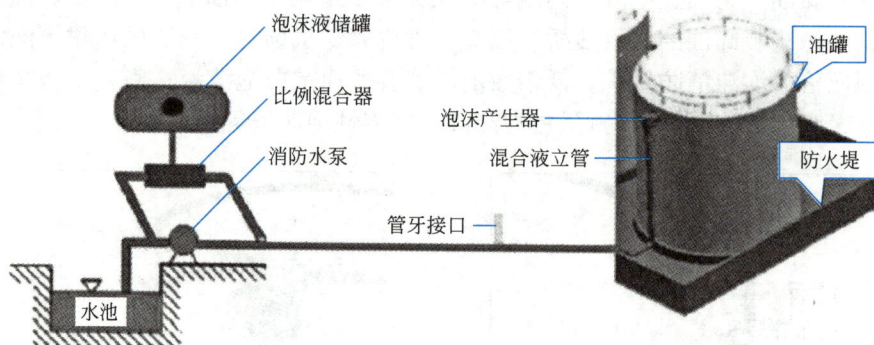

图 9-1-3　固定式泡沫灭火系统

形式：一种设有固定的泡沫产生装置，泡沫混合液管道、阀门、固定泵站，当发生火灾时，泡沫混合液由泡沫消防车或机动泵通过水带从预留的接口进入。另一种设有固定的泡沫消防泵站和相应的管道，灭火时，通过水带将移动的泡沫产生器（如泡沫枪）与固定的管道相连，组成灭火系统。

半固定式泡沫灭火系统适用于具有较强的机动消防设施的甲、乙、丙类液体的贮罐区、单罐容量较大的场所以及石油化工生产装置区内易发生火灾的局部场所。半固定式泡沫灭火系统如图 9-1-4 所示。

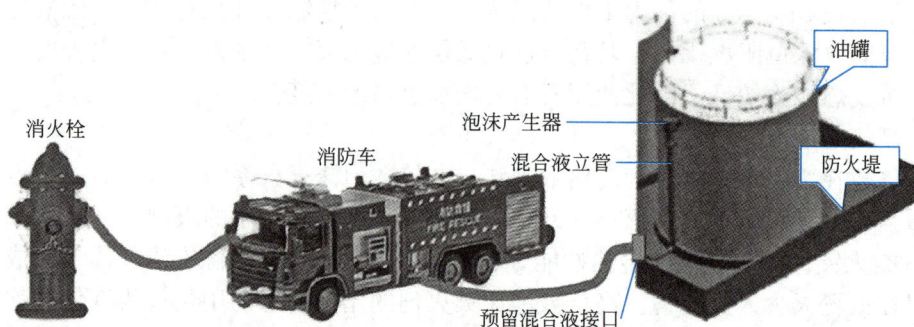

图 9-1-4　半固定式泡沫灭火系统

（3）移动式泡沫灭火系统

移动式泡沫灭火系统一般由水源（室外消火栓、消防水池或天然水源）、泡沫消防车或机动消防泵、移动式泡沫产生装置、水带、泡沫枪、比例混合器等组成。当发生火灾时，所有移动设施进入现场通过管道、水带连接组成灭火系统。

该系统具有使用灵活、不受初期燃烧爆炸的影响的优势。但由于是在发生火灾后应用，因此扑救不如固定式泡沫灭火系统及时，同时由于灭火设备受风力等外界因素影响较大，造成泡沫的损失量大，需要供给的泡沫量和强度都较大。

4. 按系统形式分类

（1）全淹没系统：泡沫能够完全覆盖并淹没整个保护区域的泡沫灭火系统。

（2）局部应用系统：泡沫通过泡沫产生器直接喷射到着火物上或喷射到着火物附近的液面上，形成泡沫覆盖层进行灭火的泡沫灭火系统。

（3）移动系统：采用移动式泡沫产生装置产生泡沫，进行灭火的泡沫灭火系统。移动式高倍数灭火系统可作为固定系统的辅助设施，也可作为独立系统用于某些场所。移动式中倍数泡沫灭火系统适用于发生火灾部位难以接近的较小火灾场所、流淌面积不超过100m² 的液体流淌火灾场所。

（4）泡沫-水喷淋系统：也称为自动喷水-泡沫联用系统，由喷头、报警阀组、水流报警装置（水流指示器或压力开关）等组件以及管道、泡沫液与水供给设施组成。

（5）泡沫喷雾系统：由离心雾化型水雾喷头、管道及附件、泡沫比例混合装置、灭火剂供给设施等组成，根据驱动方式分为泵组式泡沫喷雾系统和瓶组式泡沫喷雾系统。泡沫喷雾系统可用于保护独立变电站的油浸电力变压器、面积不大于200m² 的非水溶性液体室内场所。

【即学即练 9-1-1】

以下哪种分类方式不是泡沫灭火系统常见的分类依据？（ ）

A. 泡沫灭火剂的成分　　　　　　B. 泡沫的发泡倍数
C. 泡沫的喷射方式　　　　　　　D. 泡沫灭火系统的形式

【即学即练 9-1-2】

以下哪种泡沫灭火系统通常用于保护大面积油罐区，且能够形成较厚的泡沫覆盖层？（ ）

A. 低倍数泡沫灭火系统　　　　　B. 中倍数泡沫灭火系统
C. 高倍数泡沫灭火系统　　　　　D. 移动式泡沫灭火系统

9.2　泡沫灭火系统的主要组件

【岗位情景模拟】

某仓库区域发生火情，巡检员小李立即前往火警区域确认火情，并尝试使用手持式灭火器进行初期灭火。同时，小李需要按下火灾报警按钮，触发泡沫灭火系统启动，向监控中心报告现场情况。

【讨论】1. 讨论巡检员在发现初期火灾时应采取的措施和策略。

2. 分析初期火灾应对的重要性以及如何提高巡检员的火灾应对能力。

一、泡沫灭火系统的基本组成

泡沫灭火系统一般由泡沫液储罐、泡沫消防水泵、比例混合器（装置）、泡沫产生器（装置）、火灾探测与启动控制装置、控制阀门及管道等系统组件组成。

当火灾发生时，系统通过管道将泡沫液与水按一定比例混合后，由泡沫产生器（如泡沫喷头）喷射出泡沫灭火剂。这些泡沫灭火剂在火场上迅速扩散，形成大量泡沫覆盖在燃烧物表面，从而有效地扑灭火灾。泡沫灭火系统组成如图9-2-1所示。

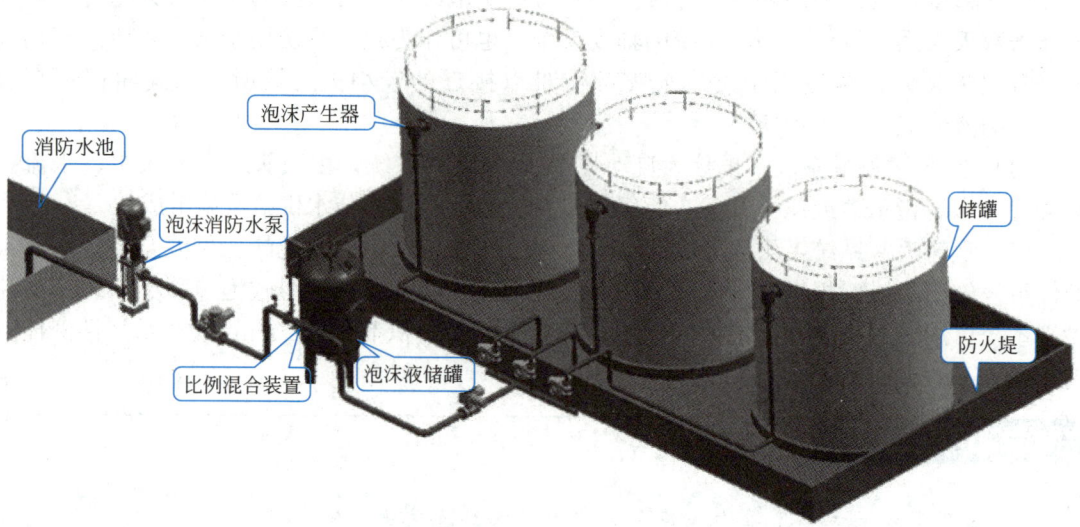

图 9-2-1　泡沫灭火系统组成

二、泡沫灭火系统主要组件的设置

1. 泡沫消防水泵与泡沫液泵

（1）泡沫消防水泵的选择与设置，应符合下列规定：

1）应选择特性曲线平缓的水泵，且其工作压力和流量应满足系统设计要求；

2）泵出水管道上应设置压力表、单向阀，泵出水总管道上应设置持压泄压阀及带手动控制阀的回流管；

3）当泡沫液泵采用不向外泄水的水轮机驱动时，其水轮机压力损失应计入泡沫消防水泵的扬程；当泡沫液泵采用向外泄水的水轮机驱动时，其水轮机消耗的水流量应计入泡沫消防水泵的额定流量。

（2）泡沫液泵的选择与设置要求

1）泡沫液泵的工作压力和流量应满足系统最大设计要求，并应与所选比例混合装置的工作压力范围和流量范围相匹配，同时应保证在设计流量范围内泡沫液供给压力大于最大水压力；

2）泡沫液泵的结构形式、密封或填充类型应适宜输送所选的泡沫液，其材料应耐泡沫液腐蚀且不影响泡沫液的性能；

3）当用于普通泡沫液时，泡沫液泵的允许吸上真空高度不得小于 4m；当用于抗溶泡沫液时，泡沫液泵的允许吸上真空高度不得小于 6m，且泡沫液储罐至泡沫液泵之间的管道长度不宜超过 5m，泡沫液泵出口管道长度不宜超过 10m，泡沫液泵及管道平时不得充入泡沫液；

4）泡沫液泵应能耐受不低于 10min 的空载运转。

2. 泡沫比例混合器

（1）当采用囊式压力比例混合装置（图 9-2-2）时，应符合下列规定：

泡沫液储罐的单罐容积不应大于 5m³；内囊应由适宜所储存泡沫液的橡胶制成，且应标明使用寿命。

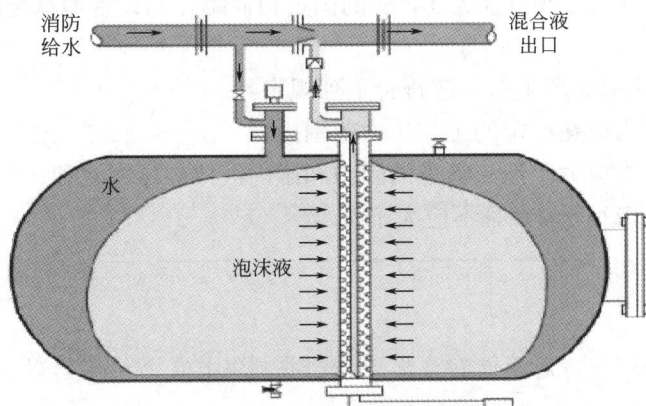

图 9-2-2　囊式压力比例混合装置

（2）当采用平衡式比例混合装置时，应符合下列规定：

1）平衡阀的泡沫液进口压力应大于水进口压力，且其压差应满足产品的使用要求；

2）比例混合器的泡沫液进口管道上应设单向阀；

3）泡沫液管道上应设冲洗及放空设施。

（3）当采用机械泵入式比例混合装置时，应符合下列规定：

1）泡沫液进口管道上应设单向阀；

2）泡沫液管道上应设冲洗及放空设施。

（4）当采用泵直接注入式比例混合装置时，应符合下列规定：

1）泡沫液注入点的泡沫液流压力应大于水流压力 0.2MPa；

2）泡沫液进口管道上应设单向阀；

3）泡沫液管道上应设冲洗及放空设施。

（5）泡沫比例混合装置的选择应符合下列规定：

1）固定式系统，应选用平衡式、机械泵入式、囊式压力比例混合装置或泵直接注入式比例混合装置，混合比类型应与所选泡沫液一致，且混合比不得小于额定值；

2）单罐容量不小于 5000m³ 的固定顶储罐、外浮顶储罐、内浮顶储罐，应选择平衡式或机械泵入式比例混合装置；

3）保护油浸变压器的泡沫喷雾系统，可选用囊式压力比例混合装置。

3. 泡沫产生装置

泡沫产生装置的作用是将泡沫混合液与空气混合形成空气泡沫，输送至燃烧物的表面上，分为低倍数泡沫产生器、高背压泡沫产生器等。

（1）采用低倍数泡沫产生器，应符合下列规定：

1）对于水溶性可燃液体和对普通泡沫有破坏作用的可燃液体固定顶储罐，应采用液上喷射系统；

2）对于外浮顶和内浮顶储罐，应采用液上喷射系统；

3）对于非水溶性可燃液体的外浮顶储罐和内浮顶储罐、直径大于 18m 的非水溶性可燃液体固定顶储罐、水溶性可燃液体立式储罐，当设置泡沫炮时，泡沫炮应为辅助灭火设施；

4）对于高度大于7m或直径大于9m的固定顶储罐，当设置泡沫枪时，泡沫枪应为辅助灭火设施。

（2）采用高背压泡沫产生器，应符合下列规定：

1）进口工作压力应在标定的工作压力范围内；

2）出口工作压力应大于泡沫管道的阻力和罐内液体静压力之和；

3）发泡倍数不应小于2，且不应大于4。

【即学即练9-2-1】

在泡沫灭火系统中，用于储存泡沫灭火剂并确保其在系统启动时能够迅速释放的装置是（　　）。

A. 泡沫比例混合器　　　　　　B. 泡沫产生器

C. 泡沫液储罐　　　　　　　　D. 泡沫喷头

【即学即练9-2-2】

在泡沫灭火系统中，以下哪个组件是将泡沫混合液与空气混合，产生泡沫并喷洒到火源上的装置？（　　）

A. 泡沫比例混合器　　　　　　B. 泡沫产生器

C. 泡沫液储罐　　　　　　　　D. 泡沫液泵

9.3　泡沫灭火系统的工作原理

【岗位情景模拟】

在消防控制室内，监控员小李正在监控泡沫灭火系统的状态。突然，系统发出警报，显示某仓库区域发生火灾，泡沫灭火系统即将启动。

监控员小李做了以下工作：确认火灾警报的真实性，观察系统状态显示，确保泡沫灭火系统正确响应；与巡检员沟通确认火势情况；在系统启动后，持续监控系统的运行状态，确保灭火效果。

【讨论】1. 监控员在泡沫灭火系统启动过程中的作用和责任。

2. 分析如何提高监控员对系统状态变化的敏感性和反应速度。

在泡沫灭火系统中，首先由火灾监控装置对火灾进行实时监控。当发生火灾时，火灾监控装置会立即检测到火情，并自动启动灭火程序。在自动启动过程中，消防水泵会迅速响应，开始泵送消防水至系统。与此同时，系统中的比例混合器会接收到启动信号，开始工作。比例混合器的作用是将泡沫液与水按照预定的比例混合，形成泡沫混合液。泡沫混合液经过管道输送至泡沫产生器。泡沫产生器是系统中的一个关键设备，它能够将混合液转化为泡沫。这些泡沫通过管道系统被迅速输送到火灾现场。

【即学即练 9-3-1】

泡沫灭火系统的主要灭火机理是什么？（　　）
A. 冷却作用　　　　　　　　　　B. 窒息作用
C. 稀释作用　　　　　　　　　　D. 隔离作用

【即学即练 9-3-2】

在泡沫灭火系统中，泡沫混合液是通过什么设备产生泡沫的？（　　）
A. 泡沫消防泵　　　　　　　　　B. 泡沫比例混合器
C. 泡沫产生器　　　　　　　　　D. 火灾报警控制器

9.4　泡沫灭火系统的控制方式

【岗位情景模拟】

　　一天晚上，消防控制室的值班员通过监控系统发现某储罐区有异常烟雾冒出，初步判断为火灾迹象。他立即启动应急响应程序，通知安全巡检员前往现场核实，并通知应急响应小组做好火灾扑救准备。

　　【讨论】1. 在发现火灾迹象后，值班员应如何迅速、准确地判断火灾类型，并选择合适的泡沫灭火系统进行联动控制？

　　2. 安全巡检员在接到通知后，应如何快速到达现场进行火情确认？在确认火灾后，他们应如何与消防控制室的值班员沟通，确保信息的及时传递？

一、联动控制

　　泡沫灭火系统的联动控制通常涉及多个组件和设备的协同工作，以确保在火灾发生时能够迅速、有效地启动和运行灭火系统。泡沫灭火系统联动控制的一般步骤：

　　1. 火灾探测

　　首先，火灾探测器（如感烟火灾探测器、感温火灾探测器等）会监测到火灾的发生，并发出火灾报警信号。

　　2. 信号传输与判断

　　火灾报警信号会被传输到火灾报警控制器，控制器会对信号进行判断和确认，以确定是否真的发生了火灾。

　　3. 联动控制启动

　　一旦火灾报警控制器确认火灾发生，它会发送联动控制信号给泡沫灭火系统的控制装置（如泡沫灭火控制器）。

　　4. 系统启动

　　泡沫灭火控制器接收到联动控制信号后，会启动泡沫灭火系统。这包括启动泡沫消防泵，打开泡沫比例混合器，确保泡沫液和水按照预定的比例混合，并启动泡沫产生装置（如泡沫喷头、泡沫炮等）。

5. 泡沫输送与喷洒

混合后的泡沫液通过管道系统被输送到泡沫产生装置，并喷洒到火源上。泡沫层会覆盖在火源表面，隔绝氧气，降低温度，从而达到灭火的目的。

6. 系统监控与反馈

在泡沫灭火系统运行期间，系统会进行实时监控，确保泡沫液和水的供应充足，泡沫产生装置正常工作。同时，系统还会将运行状态和灭火效果反馈给火灾报警控制器，以便进行后续的处理和记录。

泡沫灭火系统联动控制灭火过程如图 9-4-1 所示。

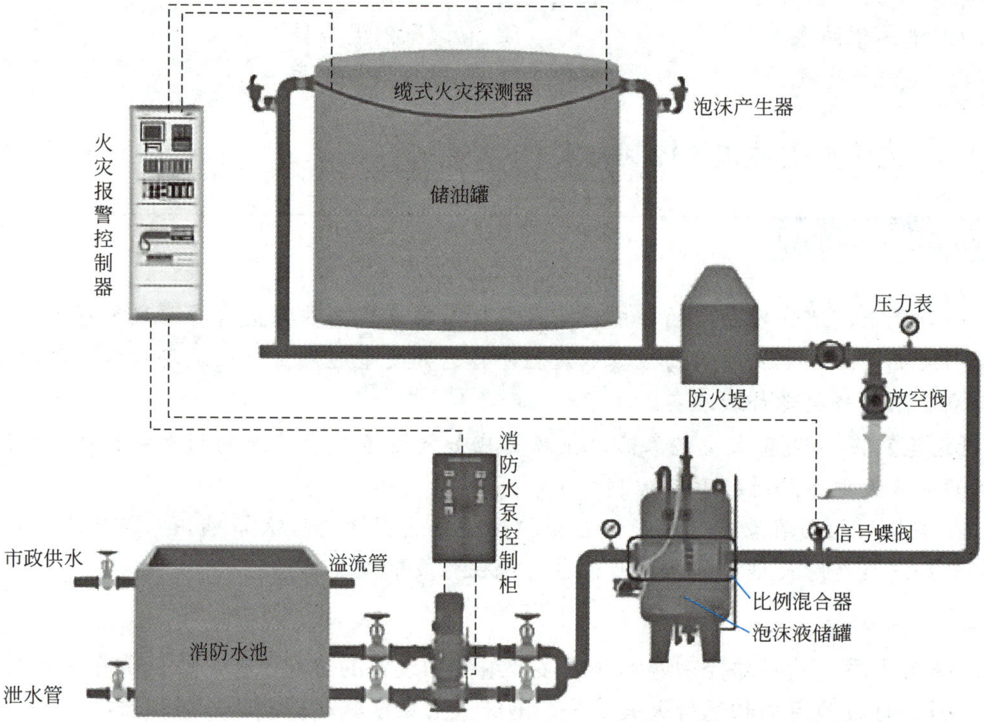

图 9-4-1　泡沫灭火系统联动控制灭火过程

二、手动控制

一般步骤：

1. 准备工作

在操作泡沫灭火系统前，需要做好以下准备工作：

（1）确保系统处于正常状态，泡沫液位在规定范围内。

（2）确认灭火区域和灭火剂的种类及用量。

（3）关闭与灭火无关的所有设备，如空调、油烟机等。

（4）根据需要设置喷头的喷射方式。

2. 启动系统

（1）手动启动泡沫灭火系统，等待系统自检完成。

（2）在安全位置观察系统运行情况，确保泡沫液流量和喷射角度在设定范围内。

3．操作控制

（1）当火源被判定时，根据现场情况选择喷头喷射方式。

（2）按下防护区外或控制器上的"手动启动"或"紧急启动"按钮，启动灭火装置。

注意：无论控制器处于自动或手动状态，按下"紧急启动"和"手动启动"按钮，都可启动灭火装置。

4．维持与观察

当火源被控制后，维持泡沫喷射 5min 以上，确认火源已被完全扑灭。

在整个过程中，需要持续观察系统运行情况，确保泡沫液流量和喷射角度始终在设定范围内。

5．关闭与检查

（1）在确认火源已经被完全扑灭后，关闭系统。

（2）等待系统冷却并排水。

（3）排查系统故障和泡沫储存量，及时进行维护和补充。

【即学即练 9-4-1】

在泡沫灭火系统中，负责接收火灾信号并控制泡沫灭火剂释放的装置是（　　）。

A．泡沫消防泵　　　　　　　　B．泡沫比例混合器

C．泡沫产生器　　　　　　　　D．泡沫灭火控制器

【即学即练 9-4-2】

在自动泡沫灭火系统中，通常通过什么方式触发泡沫灭火剂的释放？（　　）

A．手动按下按钮　　　　　　　B．火灾探测器探测到火源

C．泡沫消防泵自动启动　　　　D．泡沫产生器自动工作

实践实训

项目名称		泡沫-雨淋灭火系统的安装与调试			
学生姓名		班级学号		组别	
同组成员					
任务分工					
完成日期		教师评价			

一、实训目的

1．熟悉泡沫-雨淋灭火系统的结构和动作原理。

2．熟悉泡沫液储罐的安装。

3．能够对泡沫喷头进行安装。

4．能够对系统进行调试。

二、实训设备

1．泡沫液储罐、雨淋喷头、管道、阀门、控制系统等关键部件、产品使用说明书、设计手册。

2．常用工具：剥线钳、绝缘胶带、螺丝刀、万用表、模拟火警测试专业工具等。

3．安全防护用具：手套、口罩、安全帽、防护服等。

三、实训要求
1. 能模拟测试系统的火灾报警功能。
2. 能够正确检查系统工作状态。
3. 能够对系统功能进行测试。
4. 能够进行系统复位。

四、实训内容

1. 联动控制

(1)系统开通

1)将探测系统设定在工作状态。

2)使雨淋阀的电磁阀处于关闭状态。

3)关闭雨淋阀和信号阀,系统管网供水(系统设定的压力水)。

4)检查雨淋阀控制腔压力表显示值,当压力稳定不再升高时,打开试警铃球阀,检查压力开关应有反馈信号,水力警铃应发出报警。

5)打开雨淋阀和信号阀,检查系统各阀门应符合要求后,此时系统处于开通状态。

(2)系统操作

1)发生火灾时,火灾探测器向控制系统反馈火灾信号,控制系统接收到信号后,发出灭火指令。

2)控制系统发出指令打开雨淋阀控制管路上的电磁阀。

3)雨淋阀和泡沫液控制阀相继自动开启。

4)泡沫混合液通过雨淋阀,经泡沫喷头实施灭火。

2. 手动控制

(1)电气手动

1)发生火灾时,火灾探测器向控制系统反馈火灾信号,控制系统接收到信号后,发出灭火指令。

2)人员通过控制面板,打开雨淋阀控制管路上的电磁阀,再打开泡沫液控制阀。

3)雨淋阀和泡沫液控制阀相继开启。

4)泡沫混合液通过雨淋阀,经泡沫喷头实施灭火。

(2)机械应急手动

1)人员发现火灾。

2)打开雨淋阀控制管路上手动快开阀和泡沫比例混合装置上泡沫液控制阀。

3)雨淋阀和泡沫液控制阀开启。

4)泡沫混合液通过雨淋阀,经泡沫喷头实施灭火。

(3)复位

1)关闭泡沫液控制阀,打开启动过的雨淋阀上各阀门,让系统继续喷水冲洗雨淋阀及阀后管网,至喷头及各阀门出口处完全喷出清水后,消防水泵停止运行。

2)电磁阀复位(电动开启时);手动快开阀复位(机械应急开启时)。

3)检查系统各阀门符合要求后,此时系统处于复位状态。

3. 根据调试结果完成调试单

组别		学生姓名		
验收执行标准 名称及编号	《泡沫灭火系统技术标准》GB 50151—2021			
泡沫灭火系 统调试内容	测试项目			
	驱动泡沫液储罐 压力	防护区内外声光 警报器是否报警	手动/自动启动 是否正常	联动是否 正常
结论				

续表

五、故障现象及其原因分析,解决方法
六、小组总结

知识链接

资源名称	MHB-18 单兵多功能应急救援装备	文丘里管	泡沫灭火器的发展
资源类型	文档	文档	文档
资源二维码			

任务 10　气体灭火系统的联动控制

【思维导图】

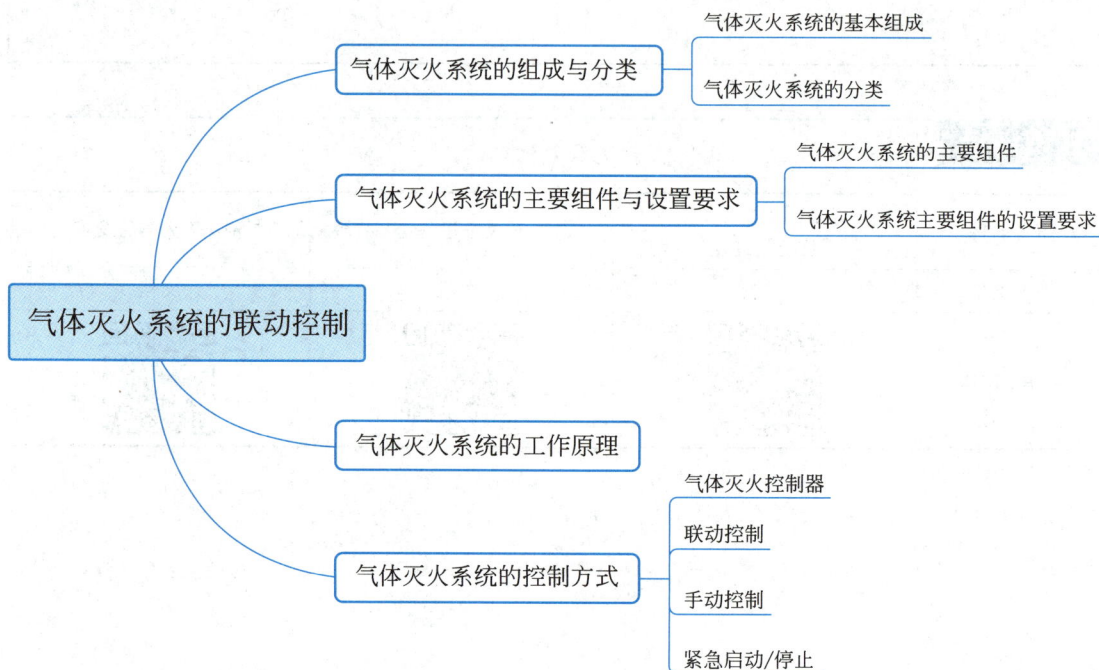

- 气体灭火系统的组成与分类
  - 气体灭火系统的基本组成
  - 气体灭火系统的分类
- 气体灭火系统的主要组件与设置要求
  - 气体灭火系统的主要组件
  - 气体灭火系统主要组件的设置要求

气体灭火系统的联动控制

- 气体灭火系统的工作原理
- 气体灭火系统的控制方式
  - 气体灭火控制器
  - 联动控制
  - 手动控制
  - 紧急启动/停止

【学习目标】

[知识目标]	认识气体灭火系统的组成、分类及灭火机理;掌握气体灭火系统的选型、主要组件及设置要求;掌握气体灭火系统的联动控制方式
[能力目标]	能够正确选用气体灭火系统相关组件并能正确分析其控制过程,解决实际工程问题
[素质目标]	通过学习气体灭火系统的联动控制,培养学生一丝不苟的工作态度和安全意识,以提早适应未来的工作

10.1　气体灭火系统的组成与分类

【岗位情景模拟】

　　作为消防系统设计工程师,你需要根据数据中心的特性(如设备密集、电力负荷大、对灭火剂残留物敏感等)来选择合适的气体灭火系统。你需要考虑不同类型气体灭火系统的优缺点，如 IG-541（惰性气体灭火系统）、FM-200（七氟丙烷灭火系统）和二氧化碳灭火系统等。

【讨论】1. 在选择气体灭火系统时，你会考虑哪些主要因素？

2. 如何确保所选的气体灭火系统不会对数据中心内的设备造成二次损害？

一、气体灭火系统的基本组成

气体灭火系统是以一种或多种气体作为灭火介质，通过这些气体在整个防护区内或保护对象周围的局部区域建立起灭火浓度实现灭火。气体灭火系统适用于扑救电气火灾、固体表面火灾、液体火灾、灭火前能切断气源的气体火灾，具有化学稳定性好、耐储存、腐蚀性小、不导电、毒性低、灭火效率高、灭火速度快、保护对象无污损等优点。

气体灭火系统一般由灭火剂储瓶、驱动气体瓶、单向阀、选择阀、驱动装置、集流管、喷嘴、低泄高封阀、管路管件等部件构成。气体灭火系统组成如图 10-1-1 所示。

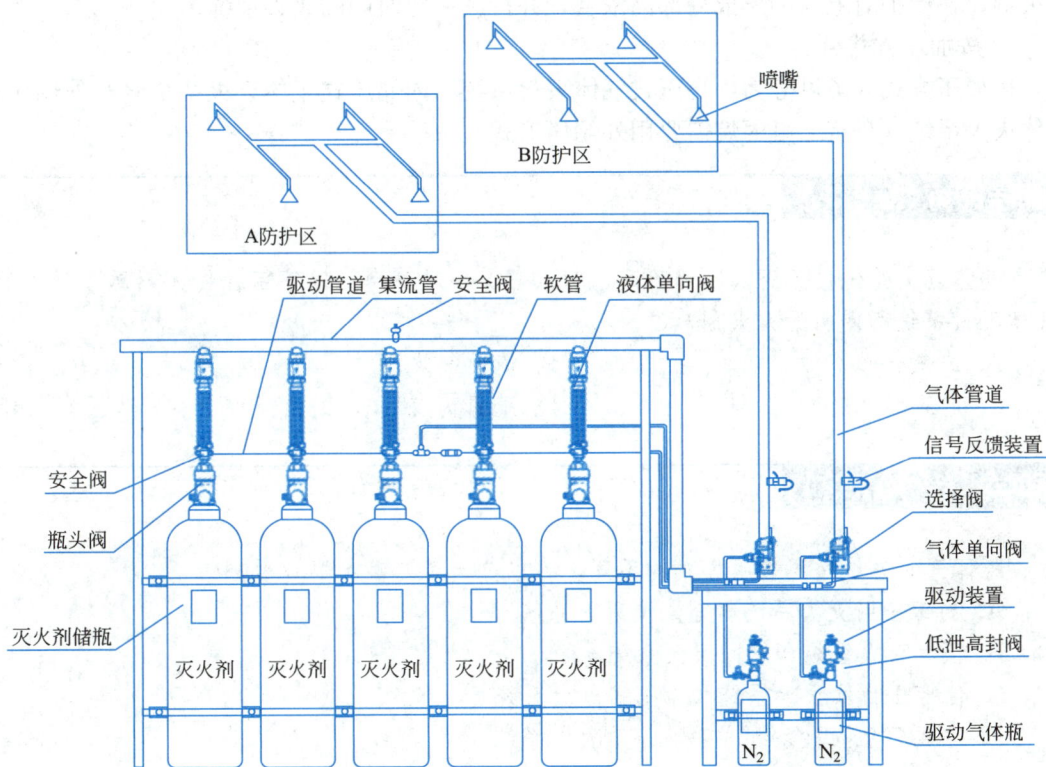

图 10-1-1　气体灭火系统组成

二、气体灭火系统的分类

1. 按使用的灭火剂分类

（1）二氧化碳灭火系统：利用二氧化碳的窒息和冷却作用进行灭火。

（2）七氟丙烷灭火系统：使用七氟丙烷作为灭火剂，具有无色、无味、低毒性、绝缘性好、无二次污染等特点。

（3）惰性气体灭火系统：包括 IG-01（纯氩气）、IG-100（纯氮气）、IG-55（氮气和氩气按1∶1的比例混合）和IG-541（氮气、氩气和二氧化碳气按5∶4∶1的比例混合）等，这些气体都是在大气层中自然存在的，对大气臭氧层没有损耗。

2. 按系统的结构特点分类

（1）无管网（预制）灭火系统：按一定的应用条件，将灭火剂储存装置和喷放组件等预先设计、组装成套且具有联动控制功能的灭火系统。

（2）管网灭火系统：按一定的应用条件进行设计计算，将灭火剂从储存装置经由干管支管输送至喷放组件实施喷放的灭火系统。管网系统又可分为单元独立灭火系统和组合分配灭火系统。

3. 按应用方式分类

（1）全淹没气体灭火系统：在规定的时间内，向防护区喷放设计规定用量的灭火剂，并使其均匀地充满整个防护区。

（2）局部应用气体灭火系统：在规定时间内，向保护对象以设计喷射率直接喷射气体灭火剂，在保护对象周围形成局部高浓度，并持续一定时间的灭火系统。

4. 按加压方式分类

按加压方式分类可分为：自压式气体灭火系统、内储压式气体灭火系统以及外储压式气体灭火系统（只有七氟丙烷需要用外储压形式）。

【即学即练 10-1-1】

气体灭火系统按照灭火剂的不同，可以分为多种类型。以下哪种气体不属于常见的气体灭火系统所使用的灭火剂？（　　　）

A. 二氧化碳 　　　　　　　　B. 惰性气体

C. 泡沫灭火剂 　　　　　　　D. 七氟丙烷

【即学即练 10-1-2】

气体灭火系统按照应用方式的不同，可以分为哪两种主要类型？（　　　）

A. 局部应用灭火系统和全淹没灭火系统

B. 预制灭火系统和管网灭火系统

C. 储存压力式灭火系统和无压式灭火系统

D. 电磁驱动灭火系统和手动驱动灭火系统

10.2　气体灭火系统的主要组件与设置要求

【岗位情景模拟】

角色：气体灭火系统设计师。

任务：为一栋新建的高层办公楼设计气体灭火系统，并确定其主要组件。

作为气体灭火系统设计师，你需要根据办公楼的建筑结构、使用功能、火灾风险等因素，确定合适的气体灭火系统类型（如 IG-541、七氟丙烷等），并设计其主要组件，包括存储钢瓶、喷头、管道系统、控制装置等。

【讨论】1. 在设计气体灭火系统时，应如何选择合适的灭火剂类型？

2. 如何根据建筑布局和火灾风险，确定喷头的布置位置和数量？

3. 如何确保管道系统的可靠性和安全性，防止泄漏和损坏？

一、气体灭火系统的主要组件

1. 瓶组

瓶组一般由容器、容器阀、安全泄放装置、虹吸管、取样口、检漏装置和充装介质等组成，用于储存灭火剂和控制灭火剂的释放。

容器是用来储存灭火剂和启动气体的重要组件，分为钢质无缝容器和钢质焊接容器。容器阀又称瓶头阀，安装在容器上，具有封存、释放、充装、超压泄放（部分结构）等功能。

2. 选择阀

在组合分配系统中，用来控制灭火剂经管网释放到预定防护区或保护对象的阀门，选择阀和防护区一一对应。

选择阀按结构形式可分为活塞式、球阀式。按启动方式可分为气动启动型、电磁启动型、电爆启动型和组合启动型。

3. 单向阀

单向阀按安装在管路中的位置可分为灭火剂流通管路单向阀和驱动气体控制管路单向阀。

灭火剂流通管路单向阀装于连接管与集流管之间，防止灭火剂从集流管向灭火剂瓶组返流。驱动气体控制管路单向阀装于启动管路上，用来控制气体流动方向，启动特定的阀门。

4. 安全泄放装置

安全泄放装置装于瓶组和集流管上，以防止瓶组和灭火剂管道非正常受压时爆炸。瓶组上的安全泄放装置可装在容器上或容器阀上。

安全泄放装置可分为灭火剂瓶组安全泄放装置、驱动气体瓶组安全泄放装置和集流管安全泄放装置。

5. 驱动装置

驱动装置用于驱动容器阀、选择阀使其动作，可分为拉索式机械驱动装置、重力式机械驱动装置、气动驱动装置、电磁驱动装置、机械驱动装置。

6. 检漏装置

检漏装置用于监测瓶组内介质的压力或质量损失。包括压力显示器（IG-541、七氟丙烷）、称重装置（高压 CO_2）和液位测量装置（低压 CO_2）等。称重装置应具有报警功能。压力显示器应分红区和绿区，测量范围上限不应小于最大工作压力的 1.1 倍，压力显示应在绿区范围内。

7. 信号反馈装置

信号反馈装置是安装在灭火剂释放管路或选择阀上，将灭火剂释放的压力或流量信号转换为电信号，并反馈到控制中心的装置。

8. 低泄高封阀

低泄高封阀是为了防止系统由于驱动气体泄漏的累积而引起系统的误动作而在管路中设置的阀门。

（1）安装在系统启动管路上，正常情况下处于开启状态，只有进口压力达到设定压力时才关闭，其主要作用是排除由于气源泄漏积聚在启动管路内的气体。

（2）组合分配系统的集流管上应安装低泄高封阀。

二、气体灭火系统主要组件的设置要求

1. 低压系统储存装置设置组件要求

（1）低压系统储存装置上应至少设置两套安全泄压装置。

（2）低压系统储存装置应具有灭火剂泄漏检测功能。当储存容器中充装的二氧化碳量损失10%时，应及时补充。

（3）储存装置的高压报警压力设定值应为2.2MPa，低压报警压力设定值应为1.8MPa。

（4）容器阀应能在喷出要求的二氧化碳量后自动关闭。

（5）不具备自然通风条件的储存容器间，应设机械排风装置，排风口距储存容器间地面高度不宜大于0.5m，排出口应直接通向室外，正常排风量宜按换气次数不少于4次/h确定，事故排风量应按换气次数不少于8次/h确定（其他气体：通信机房、电子计算机房等场所的通风换气次数应不少于5次/h）。

2. 选择阀

（1）选择阀可采用电动、气动或机械操作方式。选择阀的工作压力：高压系统不应小于12MPa；低压系统不应小于2.5MPa。

（2）系统在启动时，选择阀应在二氧化碳储存容器的容器阀动作之前或同时打开。

3. 压力开关

压力开关一般设置在选择阀后，以判断各部位的动作正确与否。

4. 安全阀

安全阀一般设置在储存容器的容器阀上及组合分配系统的集流管部分。

【即学即练 10-2-1】

某高层建筑使用 IG-541 气体灭火系统，以下哪个选项是该系统的主要存储组件？
（　　）

A. 消防泵　　　　　　　　　　B. 储气钢瓶

C. 灭火喷头　　　　　　　　　D. 控制器

【即学即练 10-2-2】

在气体灭火系统中，哪个组件负责检测火灾并启动灭火流程？（　　）

A. 喷头　　　　　　　　　　　B. 储气钢瓶

C. 控制器　　　　　　　　　　D. 管道系统

10.3 气体灭火系统的工作原理

角色：气体灭火系统操作员。

任务：在火灾发生时，负责启动和操作气体灭火系统。

作为气体灭火系统操作员，你需要在火灾发生时迅速判断火势情况，并决定是否启动气体灭火系统。在启动系统后，你需要密切关注系统的运行状态，并根据需要调整灭火剂的释放量和方向。同时，你还需要与其他应急人员保持沟通，确保火灾得到及时有效的控制。

【讨论】1. 如何快速准确地判断火灾情况并决定是否启动气体灭火系统？

2. 在启动系统后，如何确保灭火剂的释放量和方向达到最佳效果？

气体灭火系统通过火灾探测器感知火灾，经过火灾报警器的确认和联动装置的启动，在延时后释放灭火剂进行灭火，并通过压力开关和控制器进行监测和反馈。整个过程中，系统的快速响应和精确控制对于有效灭火至关重要。气体灭火系统工作原理示意图如图10-3-1。

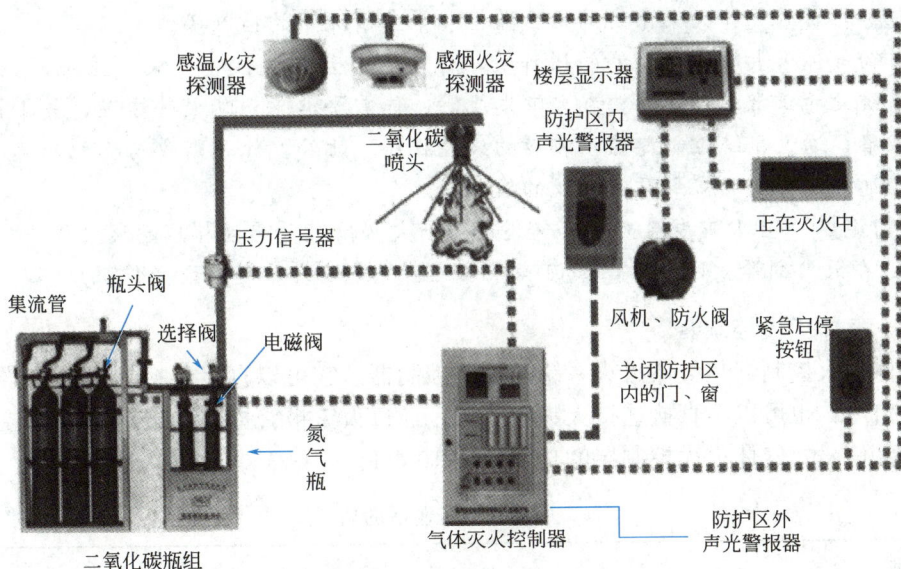

图 10-3-1 气体灭火系统工作原理示意图

【即学即练 10-3-1】

气体灭火系统的工作原理中，哪个步骤涉及火灾信号的检测与报警？（　　）

A. 火灾探测器感知火灾信号

B. 灭火剂从喷头喷出

C. 管道系统输送灭火剂

D. 系统控制器关闭联动装置

【即学即练 10-3-2】

在气体灭火系统的工作流程中，以下哪项是灭火剂释放前的关键准备步骤？（   ）

A. 火灾探测器感知火灾信号

B. 系统控制器发出启动信号

C. 管道系统输送灭火剂

D. 喷头释放灭火剂

10.4 气体灭火系统的控制方式

【岗位情景模拟】

角色：气体灭火系统控制室操作员。

任务：负责气体灭火系统的日常监控和紧急情况下的控制操作。

作为气体灭火系统控制室的操作员，你需要全天候监控气体灭火系统的运行状态，确保系统处于正常工作状态。在火灾发生时，你需要迅速判断火势情况，并根据预定的控制策略，通过系统控制器启动相应的灭火程序。此外，你还需要与其他应急人员保持紧密沟通，确保火灾得到及时有效的控制。

【讨论】1. 在火灾发生时，如何迅速判断火势情况并启动相应的灭火程序？

2. 在灭火剂释放过程中，如何确保系统的稳定运行，避免误操作？

一、气体灭火控制器

气体灭火控制器是气体灭火系统的专用控制器。它可以直接连接火灾探测器并接收联动触发信号；也可以不直接连接火灾探测器，通过火灾报警控制器或消防联动控制器接收联动触发信号。气体灭火控制器的功能见表 10-4-1。

气体灭火控制器的功能   表 10-4-1

功能	内容
启动	应有自动、手动启动灭火系统功能,自动状态、手动状态应有明显标志并可相互转换。无论控制盘处于自动或手动状态,手动操作启动应始终有效,手动优先
延时	应有延迟启动功能,延迟时间 0～30s 连续可调,如采用分档调节时,每档间隔应不大于 10s,延时状态应有明显的光信号显示。延时期间,应能手动停止后续动作
反馈	应有灭火系统启动后的灭火剂喷洒情况的反馈信号显示功能
报警	宜有灭火剂瓶组中灭火剂泄漏报警显示功能

二、联动控制

灭火控制器配有感烟火灾探测器和感温火灾探测器（定温式）。控制器上有控制方式选择锁，当将其置于"自动"位置时，灭火控制器处于自动控制状态。气体灭火系统联动控制示意图如图10-4-1所示。

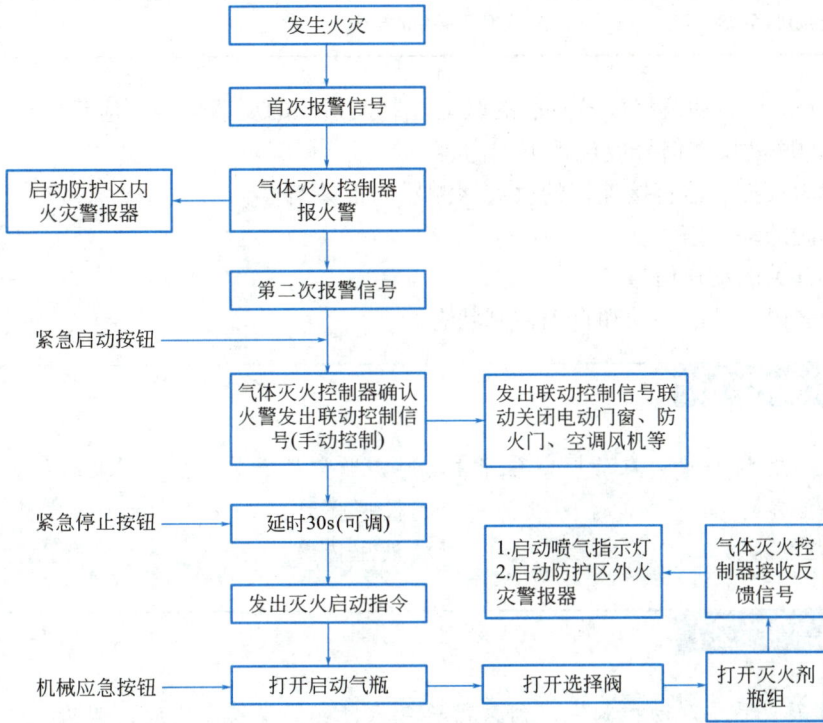

```
                    ┌──────────────┐
                    │   发生火灾    │
                    └──────┬───────┘
                           ↓
                    ┌──────────────┐
                    │  首次报警信号  │
                    └──────┬───────┘
                           ↓
  ┌──────────────┐  ┌──────────────┐
  │ 启动防护区内  │←─│ 气体灭火控制器 │
  │ 火灾警报器    │  │   报火警      │
  └──────────────┘  └──────┬───────┘
                           ↓
                    ┌──────────────┐
                    │  第二次报警信号 │
  紧急启动按钮 ───→  └──────┬───────┘
                           ↓
                    ┌──────────────┐  ┌──────────────┐
                    │ 气体灭火控制器确认│  │ 发出联动控制信号联│
                    │ 火警发出联动控制信│→ │ 动关闭电动门窗、防│
                    │ 号(手动控制)   │  │ 火门、空调风机等  │
                    └──────┬───────┘  └──────────────┘
  紧急停止按钮 ───→  ┌──────────────┐
                    │  延时30s(可调) │
                    └──────┬───────┘  ┌──────────────┐  ┌──────────────┐
                           ↓          │1.启动喷气指示灯 │  │ 气体灭火控 │
                    ┌──────────────┐  │2.启动防护区外火 │←─│ 制器接收反 │
                    │ 发出灭火启动指令│  │ 灾警报器       │  │ 馈信号     │
                    └──────┬───────┘  └──────────────┘  └──────────────┘
  机械应急按钮 ───→  ┌──────────────┐  ┌──────────────┐  ┌──────────┐
                    │  打开启动气瓶  │→│  打开选择阀   │→│ 打开灭火剂 │
                    └──────────────┘  └──────────────┘  │ 瓶组     │
                                                        └──────────┘
```

图10-4-1 气体灭火系统联动控制示意图

三、手动控制

手动控制包括远程手动和现场紧急启动，手动启动按钮按下时，相当于联动所有项目。气体灭火控制器的手动控制见表10-4-2。

气体灭火控制器的手动控制　　　　　　　　　　　　　　表10-4-2

操作位置	联动控制信号
1. 防护区疏散出口门外，手动启动按钮按下时	(1)启动设置在该防护区内的火灾声光警报器。 (2)关闭防护区域的送、排风机及送、排风阀门。 (3)停止通风和空气调节系统及关闭设置在该防护区域的电动防火阀。 (4)联动控制防护区域开口封闭装置的启动，包括关闭防护区域的门、窗
2. 灭火控制器上手动启动按钮按下时	(1)启动气体灭火装置，气体灭火控制器可设定不大于30s延迟喷射。时间：启动设置在防护区入口处表示气体喷洒的火灾声光警报器。 (2)30s延迟时间内手动停止按钮按下时，气体灭火控制器应停止正在执行的操作

四、紧急启动/停止

气体灭火控制器的紧急控制见表10-4-3。

气体灭火控制器的紧急控制 表 10-4-3

情况一	当值守人员发现火情而气体灭火器未发出声光报警信号时,应立即通知现场所有人员撤离,在确定所有人员撤离现场后,方可按下紧急启动/停止按钮,系统立即实施灭火操作
情况二	当气体灭火控制器发出声光报警信号并正处于延时阶段,如发现为误报火警时可立即按下紧急启动/停止按钮,系统将停止实施灭火操作,避免不必要的损失

气体灭火系统启动及释放各阶段的联动控制及系统的反馈信号,应反馈至消防联动控制器。系统的联动反馈信号应包括下列内容:

1. 气体灭火控制器直接连接的火灾探测器的报警信号。
2. 选择阀的动作信号。
3. 压力开关的动作信号。
4. 防护区内、外的手动和自动控制状态。

【即学即练 10-4-1】

气体灭火系统与火灾自动报警系统联动时,通常是通过什么方式实现的?(   )

A. 电气信号　　　　　　　　　B. 机械联动

C. 气压传递　　　　　　　　　D. 液压传递

【即学即练 10-4-2】

在气体灭火系统联动控制中,通常需要考虑哪些因素来设置联动逻辑?(   )

A. 火灾探测器的类型　　　　　B. 灭火剂的种类

C. 防护区的面积　　　　　　　D. 以上都有

【实践实训】

项目名称	气体灭火系统的安装与调试				
学生姓名		班级学号		组别	
同组成员					
任务分工					
完成日期		教师评价			

一、实训目的

1. 熟悉气体灭火系统的组成和工作原理。
2. 能够对灭火剂储存装置、选择阀、驱动装置以及灭火剂输送管道等进行正确安装。
3. 能够对所有防护区或保护对象按规定进行系统手动、自动模拟启动试验,并合格。
4. 能够模拟发生火灾时,实现气体灭火系统的联动控制。

二、实训设备

1. 火灾报警控制器(联动型)1台。

2. 组合分配式七氟丙烷气体灭火系统设备1个、气体灭火控制器1个、感烟火灾探测器1个、感温火灾探测器1个、火灾探测器功能试验器1个。

三、实训要求

完成气体灭火系统的布线与各器件间的接线。

工艺要求：

1. 接线时正确使用工具，布线要求在线槽或线管内进行，连接线上应使用号码管，并做好识别标记或标注。

2. 编号和接线图编号要一致，线路进出控制器箱体时，采用软管连接，各器件之间，必须使用金属导管连接。

3. 根据现场提供的器件、材料，依据气体灭火系统施工图要求，安装选择阀至防护区的管路。

4. 各类设备组件的安装符合规范的要求。

四、实训内容

1. 按图1和图2现场完成气体灭火系统的安装

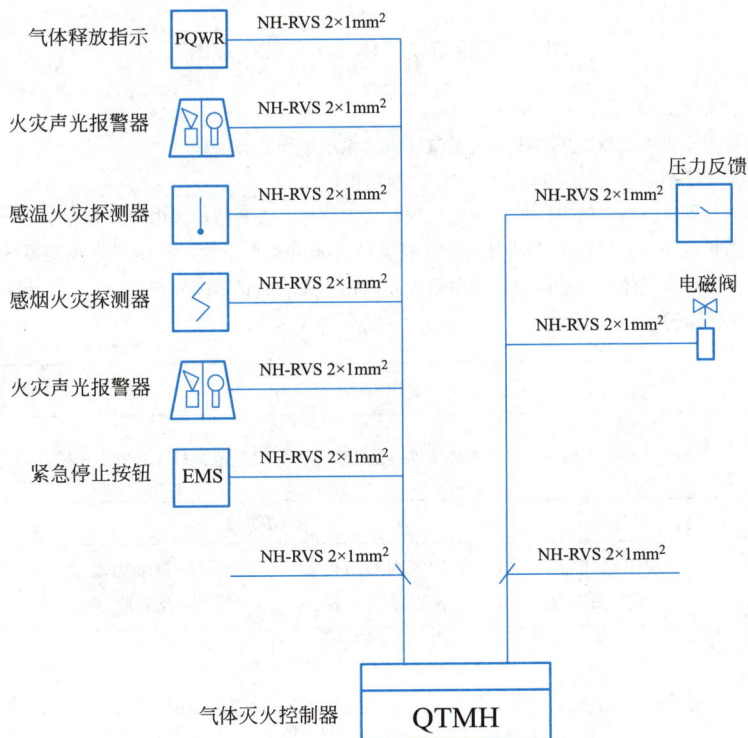

图1　某建筑物气体灭火系统联动系统图

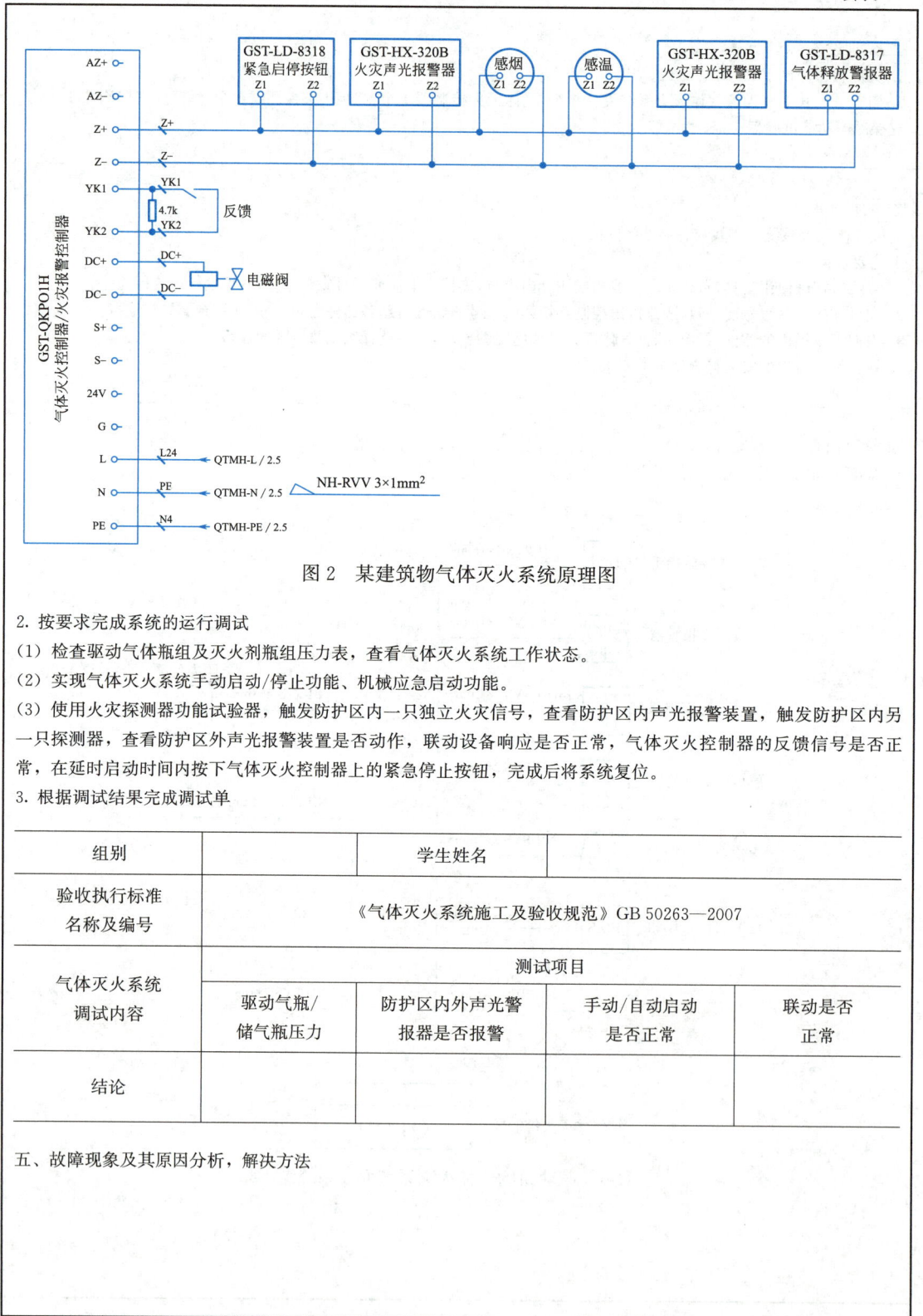

图 2 某建筑物气体灭火系统原理图

2. 按要求完成系统的运行调试

（1）检查驱动气体瓶组及灭火剂瓶组压力表，查看气体灭火系统工作状态。

（2）实现气体灭火系统手动启动/停止功能、机械应急启动功能。

（3）使用火灾探测器功能试验器，触发防护区内一只独立火灾信号，查看防护区内声光报警装置，触发防护区内另一只探测器，查看防护区外声光报警装置是否动作，联动设备响应是否正常，气体灭火控制器的反馈信号是否正常，在延时启动时间内按下气体灭火控制器上的紧急停止按钮，完成后将系统复位。

3. 根据调试结果完成调试单

组别		学生姓名			
验收执行标准 名称及编号	《气体灭火系统施工及验收规范》GB 50263—2007				
气体灭火系统 调试内容	测试项目				
	驱动气瓶/ 储气瓶压力	防护区内外声光警 报器是否报警	手动/自动启动 是否正常		联动是否 正常
结论					

五、故障现象及其原因分析，解决方法

续表

六、小组总结

【知识链接】

资源名称	矿用区域自动灭火装置	气溶胶灭火产品	科学云实验——空气炮	二氧化碳气体灭火会窒息吗
资源类型	文档	文档	文档	文档
资源二维码				

任务 11 干粉灭火系统的联动控制

【思维导图】

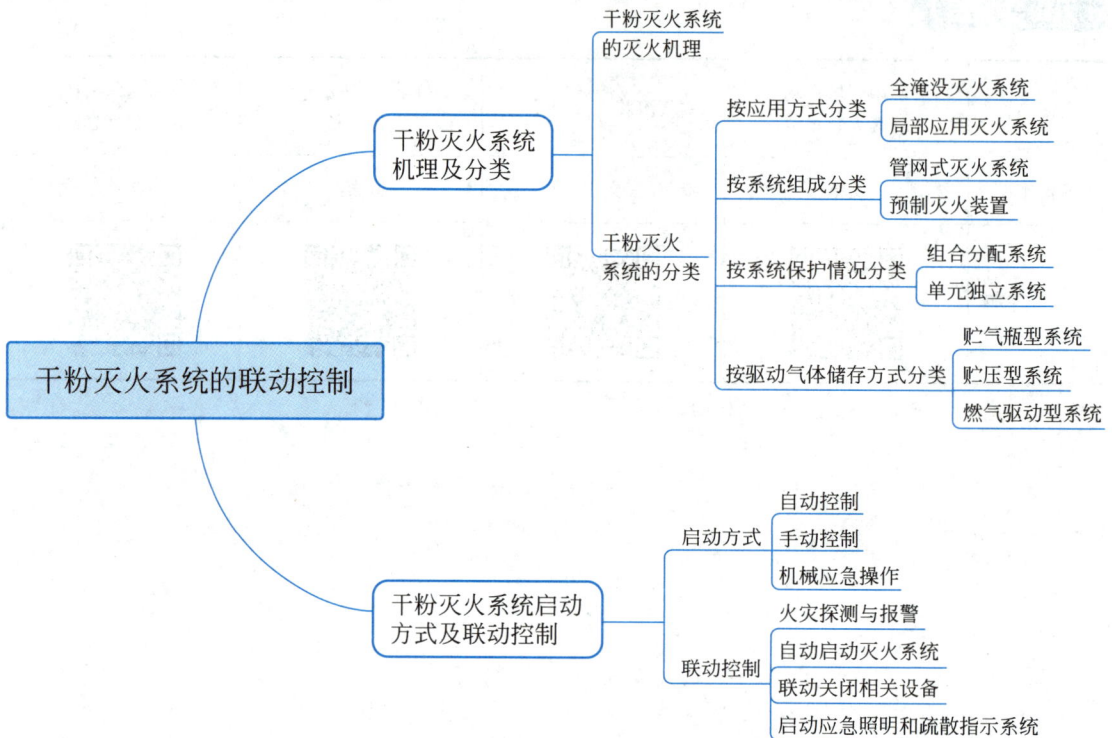

【学习目标】

[知识目标]	掌握干粉灭火系统的组成和分类、适用范围;熟悉其灭火机理和工作原理;掌握干粉灭火系统的启动方式及联动控制机制
[能力目标]	能够正确选用干粉灭火系统相关组件并能正确分析其控制过程,解决实际工程问题
[素质目标]	培养学生具备良好的职业道德和职业素养,遵守行业规范,同时培养学生高度的安全意识以及团队协作能力

11.1　干粉灭火系统机理及分类

【岗位情景模拟】

角色：消防安全专员。

任务：负责解释干粉灭火机理、分类以及在日常消防安全工作中的应用。

作为消防安全专员，你正在向新员工介绍干粉灭火器的使用方法和相关知识。你需要解释干粉灭火器的灭火机理，说明其分类，并讨论在不同火灾场景下的适用性。

【讨论】1. 你如何理解干粉灭火剂的化学抑制和物理窒息作用？

2. 为什么干粉灭火器能够扑灭多种类型的火灾？

一、干粉灭火系统的灭火机理

干粉灭火系统的灭火机理：干粉在动力气体（氮气、二氧化碳）的推动下射向火焰进行灭火。干粉在灭火过程中，粉雾与火焰接触、混合，发生一系列物理和化学作用，其灭火机理有化学抑制、隔离、冷却和窒息。

二、干粉灭火系统的分类

干粉灭火系统可根据应用方式、系统组成、系统保护情况、驱动气体储存方式分类如下：

1. 按应用方式分类

（1）全淹没灭火系统

适用于较小的封闭空间、火灾燃烧表面不易确定且不会复燃的场合，如油泵房等。

（2）局部应用灭火系统

适用于保护甲、乙、丙类液体的敞顶罐或槽、不怕粉末污染的电气设备以及其他场所等。

2. 按系统组成分类

（1）管网式灭火系统

管网式灭火系统都是贮气瓶型系统，它由干粉灭火设备和自动报警、控制两部分组成，管网式干粉灭火系统示意图如图 11-1-1 所示。

（2）预制灭火装置

预制灭火装置大多为柜式结构，主要用来保护特定的小型设备或者小空间，可用于局部保护方式，也可用于全淹没保护方式。预制灭火装置主要由柜体、干粉储存容器、驱动气体瓶组、输粉管路和干粉喷嘴以及与之配套的火灾探测器、火灾报警控制器等组成，预制灭火装置示意图如图 11-1-2 所示。

3. 按系统保护情况分类

按系统保护情况分类可分为组合分配系统和单元独立系统。

4. 按驱动气体储存方式分类

（1）贮气瓶型系统

贮气瓶型系统是指通过储存在贮气瓶内的驱动气体驱动干粉灭火剂喷放的干粉灭火系统。驱动气体通常采用氮气或二氧化碳，并单独储存在贮气瓶中，灭火时再将驱动气体充

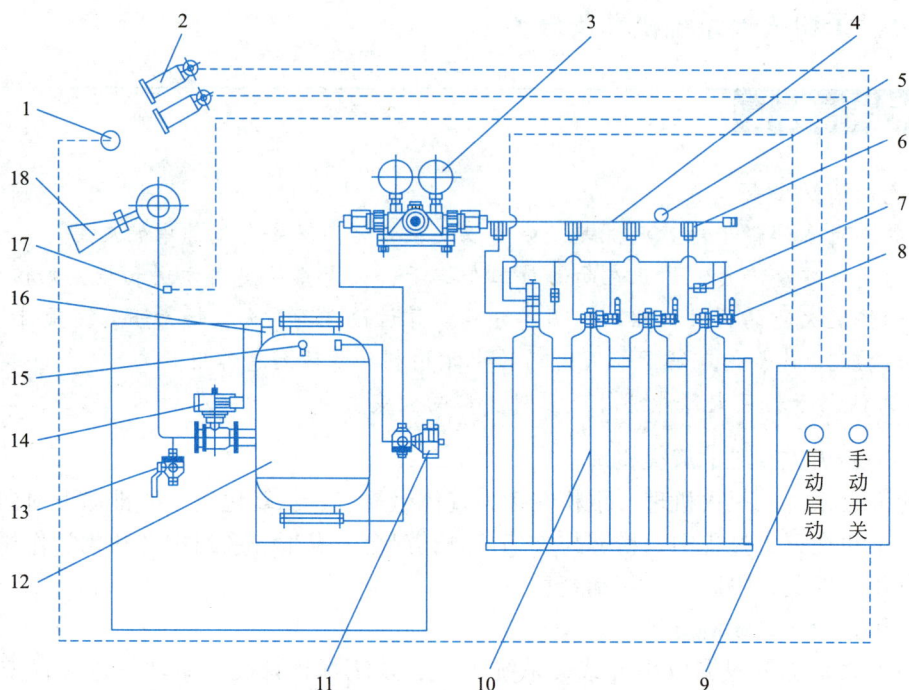

图 11-1-1　管网式干粉灭火系统示意图

1—紧急启动按钮；2—火灾探测器；3—减压阀；4—集流管；5—安全泄放装置；6—主单向阀；

7—气体单向阀；8—容器阀；9—控制盘；10—驱动气体瓶组；11—充气球阀；

12—干粉储存容器；13—吹扫管口；14—出粉总阀；15—安全阀；

16—定压动作机构；17—信号反馈装置；18—喷嘴

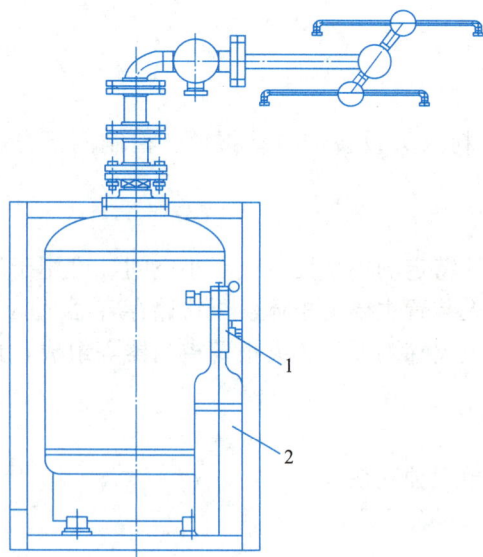

图 11-1-2　预制灭火装置示意图

1—启动阀；2—动力气瓶

入干粉储存容器，进而驱动干粉喷射实施灭火，干粉灭火系统大多采用这种系统形式。

（2）贮压型系统

贮压型系统是指干粉灭火剂与驱动气体储存在同一容器内，通过驱动气体驱动干粉灭火剂喷放的干粉灭火系统。贮压型系统结构比贮气瓶型系统简单，但要求驱动气体不能泄漏。

（3）燃气驱动型系统

燃气驱动型系统是指通过燃气发生器内固体燃料燃烧产生的气体驱动干粉灭火剂喷放的干粉灭火系统。这种系统的驱动气体不采用压缩气体，而是在发生火灾时点燃燃气发生器内的固体燃料，通过燃烧生成的燃气压力来驱动干粉喷射实施灭火。

【即学即练 11-1-1】

干粉灭火系统按驱动气体储存方式分类时，管网式干粉灭火系统属于（　　　）。
A. 贮气瓶型系统
B. 贮压型系统
C. 电力驱动型系统
D. 燃气驱动型系统

【即学即练 11-1-2】

干粉灭火系统根据药剂的不同，可分为哪些类型？（　　　）
A. ABC 型、BC 型、D 型
B. A 型、B 型、C 型
C. 固体型、液体型、气体型
D. 水基型、泡沫型、干粉型

11.2　干粉灭火系统启动方式及联动控制

【岗位情景模拟】

　　假设你是一名消防控制中心的操作员，负责监控和管理商业大厦的干粉灭火系统。某天，你接到火灾报警系统的警报，显示大厦内某处可能发生了火灾。你需要迅速作出判断和行动。

　　【讨论】1. 你如何迅速作出判断进行确认火情的发生？
　　　　　　2. 你如何操作联动控制系统并确保火势得到有效控制？

一、启动方式

　　（1）干粉灭火系统应设有自动控制、手动控制和机械应急操作三种启动方式。当局部应用灭火系统用于经常有人的保护场所时可不设自动控制启动方式。

　　（2）预制灭火装置可不设机械应急操作启动方式。

　　（3）设有火灾自动报警系统时，灭火系统的自动控制应在收到两个独立火灾探测信号后才能启动，并应延迟喷放，延迟时间不应大于 30s，且不得小于干粉储存容器的增压时间。干粉储存容器增压时间≤延迟时间≤30s。

　　（4）全淹没灭火系统的手动启动装置应设置在防护区外邻近出口或疏散通道便于操作的地方；局部应用灭火系统的手动启动装置应设在保护对象附近的安全位置。

　　注：手动启动装置的安装高度宜使其中心位置距地面 1.5m。所有手动启动装置都应明显地标示出其对应的防护区或保护对象的名称。

　　（5）在紧靠手动启动装置的部位应设置手动紧急停止装置，其安装高度应与手动启动装置相同。

二、联动控制

干粉灭火系统的联动控制是确保在火灾发生时，能够迅速、有效地控制火势，减少损失的重要措施。

（1）联动控制的具体操作

1）火灾探测与报警：火灾探测器检测到火灾信号后，会立即发送信号至消防控制中心的灭火控制器。灭火控制器会发出火灾报警声、光信号，并记录报警时间。

2）自动启动灭火系统：当满足灭火条件时（如两个不同探测器的火灾信号），灭火控制器会控制启动灭火装置，并显示喷放动作状态。

3）联动关闭相关设备：在灭火系统启动的同时，灭火控制器会控制关闭该防护区域的电动送（排）风阀门、防火阀、门、窗等，以切断火势蔓延的途径。

4）启动应急照明和疏散指示系统：为确保人员安全疏散，灭火控制器会同时启动应急照明和疏散指示系统，为人员提供照明和疏散指示。

（2）联动控制的注意事项

联动控制设备的正常运行是确保干粉灭火系统有效运行的关键。因此，需要定期对联动控制设备进行检查和维护，确保其处于良好的工作状态。

在设计联动控制方案时，需要充分考虑不同区域的特点和需求，确保控制的准确性和有效性。例如，在数据中心等关键区域，需要确保通风系统在火灾时能够迅速关闭，以防止火势通过通风系统蔓延。

在实际操作中，需要严格按照操作规程进行，避免因误操作导致不必要的损失。例如，在确认火灾后，需要迅速启动灭火系统，并及时关闭相关设备。干粉灭火系统联动控制过程示意图如图 11-2-1 所示。

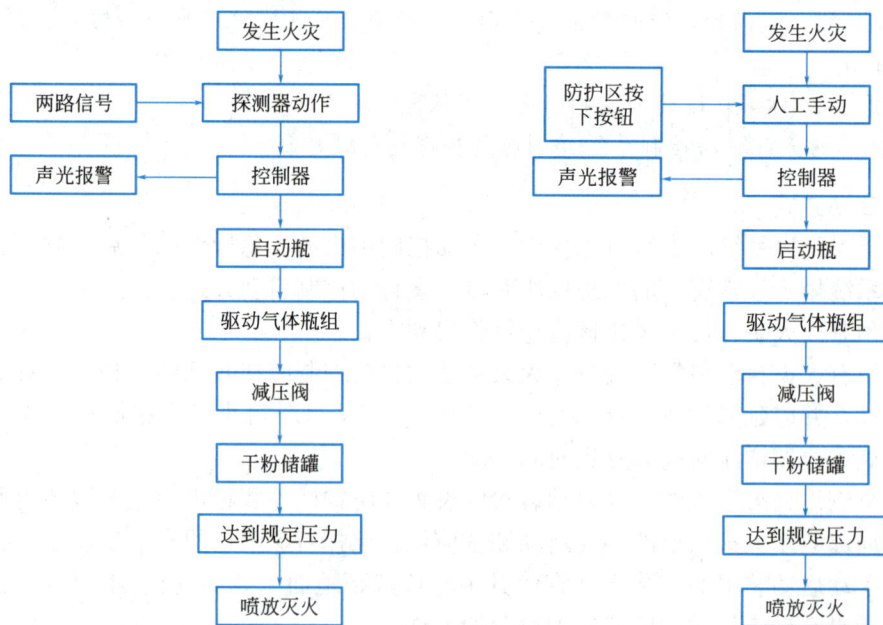

图 11-2-1　干粉灭火系统联动控制过程示意图

【即学即练 11-2-1】

在一个大型购物中心内，干粉灭火系统检测到电气设备室发生火灾，下列关于干粉灭火系统启动方式的描述中，哪一项是正确的？（　　　）

A. 操作员必须手动按下紧急按钮启动干粉灭火系统

B. 干粉灭火系统会根据火灾探测器的信号自动启动

C. 只有在消防部门确认火情后，干粉灭火系统才会启动

D. 干粉灭火系统无法启动，需要等待消防车辆到达后使用移动式灭火器进行灭火

【即学即练 11-2-2】

在干粉灭火系统启动时，下列哪一项关于联动控制的描述是正确的？（　　　）

A. 联动控制会关闭所有区域的通风系统，无论火情发生在何处

B. 联动控制只会在干粉灭火系统手动启动时生效

C. 联动控制会关闭火情发生区域的通风系统，并启动应急照明系统

D. 联动控制是可选的，不需要在干粉灭火系统启动时同时执行

【实践实训】

项目名称		非贮压悬挂式超细干粉灭火系统的安装与调试			
学生姓名		班级学号		组别	
同组成员					
任务分工					
完成日期		教师评价			

一、实训目的

1. 熟悉干粉灭火系统的组成和工作原理。

2. 能够对非贮压悬挂式超细干粉灭火系统进行正确安装。

3. 能够对所有防护区或保护对象按规定进行系统手动、自动模拟启动试验，并合格。

4. 能够模拟发生火灾时，实现干粉灭火系统的联动控制。

二、实训设备

1. 非贮压悬挂式超细干粉灭火系统:包括超细干粉灭火剂、电启动器、固气转换剂、耐压钢制外壳及喷头。

2. 火灾自动报警系统:由火灾探测器、手动报警按钮、火灾报警控制器、声光警报设备等组成。

3. 联动控制设备:包括气体灭火控制器、控制启动元件、模块和电源箱等。

三、实训要求

1. 根据图1完成干粉灭火系统的布线与各器件间的接线

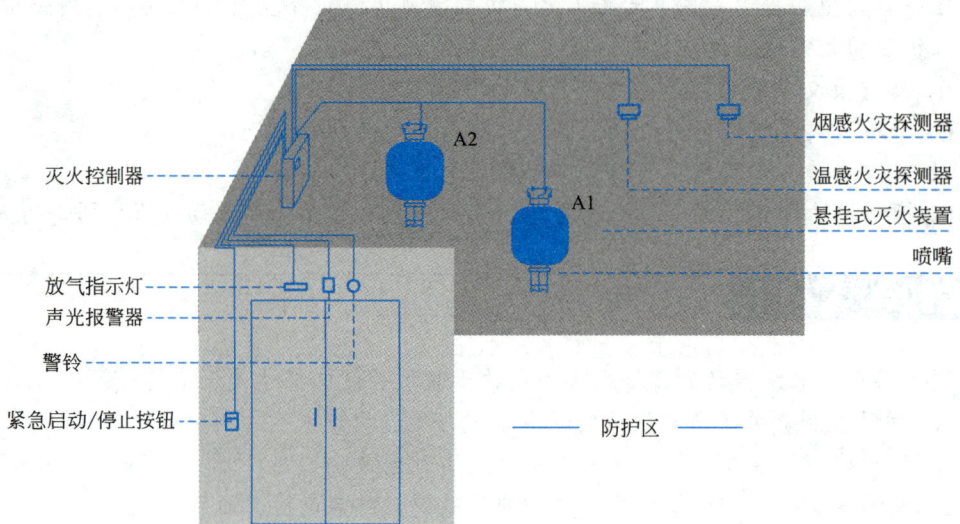

图1 某建筑物超细干粉灭火系统原理图

2. 工艺要求

(1) 接线时正确使用工具，布线要求在线槽或线管内进行，连接线上应使用号码管，并做好识别标记或标注。

(2) 编号和接线图编号要一致，线路进出控制器箱体时，采用软管连接，各器件之间，必须使用金属导管连接。

(3) 根据现场提供的器件、材料，依据系统图要求，安装选择阀至防护区的管路。

(4) 各类设备组件的安装符合规范的要求。

四、实训内容

1. 模拟高层办公楼环境，设置实训区域，准备必要的工具、材料和设备。

2. 组织员工按照《干粉灭火系统设计规范》GB 50347—2004 有关规定执行安装与调试。

3. 模拟火灾情况，学生需要实际操作干粉灭火系统，包括系统联动启动、灭火过程和紧急停止与手动控制过程。

4. 根据调试结果完成调试单。

组别		学生姓名	
验收执行标准 名称及编号	《干粉灭火系统设计规范》GB 50347—2004		
干粉灭火系统 调试内容	测试项目		
	驱动超细干粉 灭火装置压力	防护区内外声光警 报器是否报警	手动/自动启动 是否正常	联动是否 正常
结论				

续表

五、故障现象及其原因分析，解决方法
六、小组总结

【知识链接】

资源名称	D 类火灾为何只能用干粉灭火器才能灭火	非贮压悬挂式超细干粉
资源类型	文档	文档
资源二维码		

项目5　消防减灾系统的联动控制

任务 12　防烟排烟系统的联动控制

【思维导图】

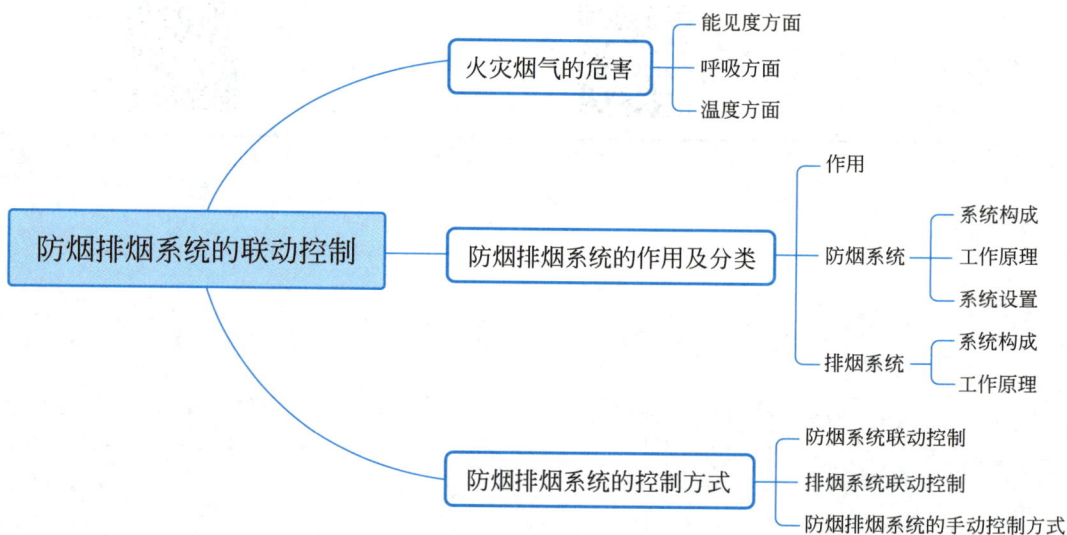

【学习目标】

[知识目标]	了解火灾烟气的危害;能够描述防烟排烟系统的分类、组成及其工作原理;能够对不同防烟排烟系统联动控制方式进行归纳
[能力目标]	能够分析烟气产生及扩散的原因和过程,具有提出针对性的预防措施的能力;具有分析、设计不同场所防烟排烟系统联动控制的能力
[素质目标]	通过本任务的学习,使学生认识到防烟排烟在火灾救助中的重要性

在 2024 年 1 月 30 日晚，李某甲、李某乙在应当预见高层建筑附近燃放烟花可能引发火灾的情形下，仍违规燃放烟花。烟花火星溅入该单元楼 14 栋 1403 室主卧，引燃室内可燃物，导致 1403 室起火。火灾发生时，由于消火栓无法接入水管，业主无法自救，曾某某因在火场中吸入有毒气体死亡。这个案例清晰地展示了火灾中烟气对人的致命威胁。在火灾中，有毒的烟气往往比火本身更加致命。

12.1　火灾烟气的危害

【岗位情景模拟】

作为消防员，应该深刻认识到火灾中烟气对人的致命威胁。

【讨论】请同学们进行分组讨论，烟气的产生及危害有哪些？

火灾时烟气的危害主要表现在三个方面，即能见度方面危害，呼吸方面危害及温度方面危害，前两种危害直接涉及人的生命安全，是造成火灾时伤亡的最大威胁。

一、能见度方面危害

能见度指的是人们在一定环境下刚好能看到某个物体的最远距离。烟气对能见度的影响主要有两方面：一是烟气的减光性使能见度降低，疏散速度下降；二是烟气有视线遮蔽及刺激效应，会助长惊慌状况，扰乱疏散秩序。

能见度主要由烟气的浓度决定，同时还受到烟气的颜色、物体的亮度、背景的亮度以及观察者对光线的敏感程度等因素的影响。尽管建筑物中设置了事故照明和疏散标识，火灾中产生的烟气可导致辨识目标和疏散能力大幅降低。

二、呼吸方面危害

1. 缺氧

正常空气中氧气含量为 21％，当氧气含量低至 17％时，人的肌肉功能会减退。氧气含量在 10％～14％时，人仍有意识，但显现错误判断力。氧气含量在 6％～8％时，人的呼吸停止，将在 6～8min 内窒息死亡。一般环境中氧气含量在 10％下，即可导致人体失能与死亡。研究显示，当环境氧气含量低于 9.6％时，人们无法继续进行避难逃生，而此值常作为人员需氧的临界值。

2. 有害气体

火灾发生时，各类材料热解及燃烧产生的物质有时多达百种以上，部分气体对人体具有一定的毒害效应。从火灾死亡统计资料得知，大部分遇难者是因为吸入一氧化碳等有害气体致死的，这是由于一氧化碳被人体吸入后和血液中的血红蛋白结合成为一氧化碳血红蛋白。当一氧化碳和血液中 50％以上的血红蛋白结合时，便能造成脑和中枢神经严重缺氧，继而失去知觉，甚至死亡。

三、温度方面的危害

火灾发生时，由火焰产生的热空气及气体能导致人体烧伤、热虚脱、脱水及呼吸道闭塞（水肿）。

【即学即练 12-1-1】

以下哪种情况最有可能导致大量有害烟气的产生？（　　）
A. 建筑物内发生火灾
B. 建筑物内发生小规模漏水
C. 建筑物内电路短路导致灯泡损坏
D. 建筑物内通风系统正常运行

【即学即练 12-1-2】

以下哪项不是烟气的主要危害？（　　）
A. 烟气中的有毒物质可能导致人员伤亡
B. 烟气会严重影响疏散和救援的效率
C. 烟气会降低室内光线，影响人们的日常活动
D. 烟气可能破坏建筑物结构

12.2　防烟排烟系统的作用及分类

【岗位情景模拟】

作为某大厦消防控制中心值班人员，接到火警后，需要启动防烟排烟装置。
【讨论】作为消防控制中心值班人员，需要具备哪些防烟排烟基础知识？

一、防烟排烟系统的作用

建筑中设置防烟排烟系统的作用是将火灾产生的烟气及时排除，防止和延缓烟气扩散，保证疏散通道不受烟气侵害，确保建筑物内人员顺利疏散、安全避难。同时将火灾现场的烟和热量及时排除，减弱火势的蔓延。建筑火灾烟气控制分为防烟和排烟两个方面。防烟采取自然通风和机械加压送风的形式，排烟则包括自然排烟和机械排烟的形式，本教材主要讲解机械防烟和排烟系统。

二、防烟系统

防烟系统是指通过采用自然通风方式，防止火灾烟气在楼梯间、前室、避难层（间）等空间内积聚，或通过采用机械加压送风方式阻止火灾烟气侵入楼梯间、前室、避难层（间）等空间的系统，防烟系统分为自然通风系统和机械加压送风系统。

1. 机械加压送风系统构成

机械加压送风的防烟设施包括加压送风机、加压送风口、送风井（管）道等。当防烟楼梯间加压送风而前室不送风时，楼梯间与前室的隔墙上还可设有余压阀。

（1）加压送风机

加压送风机是将室外未受烟气污染的空气送入疏散楼梯间、前室、避难层等空间，使

其保持一定的正压，以防烟气侵入，为逃生创造疏散条件。加压送风机宜采用中、低压离心风机，混流风机或轴流风机。

（2）加压送风口

加压送风口用于建筑物的防烟前室，安装在墙上，平时常闭。火灾发生时，通过DC24V电源或手动使阀门打开，分为常开式、常闭式和自垂百叶式。常开式即普通的固定叶片式百叶风口；常闭式采用手动或电动开启，常用于前室或合用前室；自垂百叶式平时靠百叶重力自行关闭，加压时自行开启，常用于防烟楼梯间。图12-2-1为多叶加压送风口，图12-2-2为自垂式百叶送风口。

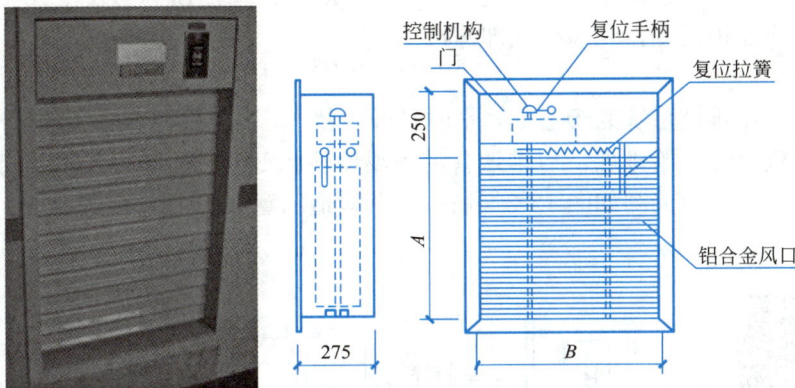

图 12-2-1　多叶加压送风口

图 12-2-2　自垂式百叶送风口

（3）送风井（管）道

送风井（管）道采用不燃烧材料制作而成，且管道的内表面应光滑。管道的密闭性能应满足火灾时加压送风的要求。竖向设置的送风管道应单独设置在管道井内，管道井应采用耐火极限不小于1.00h的隔墙与相邻部位分隔，未设置在管道井内的加压送风管，其耐火极限不应小于1.50h；水平设置的送风管道，当设置在吊顶内时，其耐火极限不应低于0.50h；当未设置在吊顶内时，其耐火极限不应低于1.00h。

2. 机械加压送风系统工作原理

机械加压送风是通过送风机所产生的气体流动和压力差来控制烟气流动的，即在建筑内发生火灾时，对着火区以外的有关区域进行送风加压，使其保持一定正压，以防止烟气侵入的防烟方式。

3. 机械加压送风系统设置

（1）建筑高度大于50m的公共建筑、工业建筑和建筑高度大于100m的住宅建筑，其防烟楼梯间、独立前室、合用前室、共用前室及消防电梯前室应采用机械加压送风系统。

（2）当机械加压送风口未设置在前室的顶部或正对前室入口的墙面时，楼梯间应采用机械加压送风系统。

（3）建筑地下部分的防烟楼梯间前室及消防电梯前室，当无自然通风条件或自然通风不符合要求时，应采用机械加压送风系统。

三、排烟系统

排烟系统是指采用自然排烟或机械排烟的方式，将房间、走道等空间的火灾烟气排至建筑物外的系统，分为自然排烟系统和机械排烟系统。

1. 机械排烟系统构成

机械排烟设施包括排烟风机、排烟防火阀、排烟口、余压阀、挡烟垂壁等。

（1）排烟风机

排烟风机一般可采用离心风机、排烟专用的混流风机或轴流风机，也有采用风机箱或屋顶式风机。排烟风机应保证在 280℃ 的环境条件下能连续工作不少于 30min。排烟风机入口处应设置 280℃ 能自动关闭的排烟防火阀，排烟风机与排烟防火阀连锁，当发生火灾时排烟防火阀一旦关闭，应连锁控制排烟风机立即停机。

（2）排烟防火阀

排烟防火阀是安装在机械排烟系统的管道上，平时呈开启状态，火灾发生时由电信号或手动开启，同时排烟风机启动开始排烟，当排烟管道内温度达到 280℃ 时自动关闭，同时联动控制排烟风机停止。排烟防火阀如图 12-2-3 所示，其构造示意如图 12-2-4 所示。

图 12-2-3　排烟防火阀

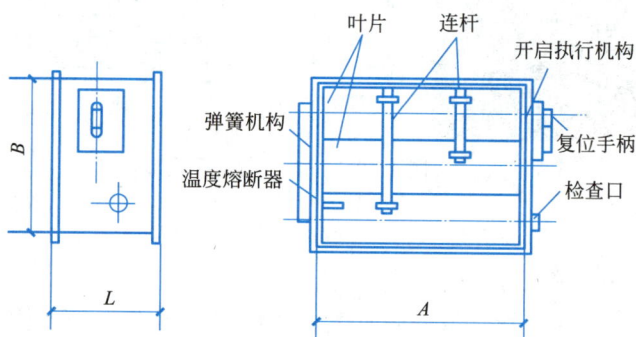

图 12-2-4　排烟防火阀构造示意

（3）排烟口

排烟口安装在机械排烟系统的风管（风道）侧壁上作为烟气吸入口，平时呈关闭状态并满足允许漏风量要求，火灾或需要排烟时手动或电动打开，起排烟作用，外加带有装饰口或进行过装饰处理的阀门。一般有板式排烟口、多叶排烟口，如图 12-2-5～图 12-2-8 所示，平时呈关闭状态，火灾发生时，通过控制中心 DC24V 电源或手动使阀门打开进行排烟。

（4）余压阀

余压阀是为了维持一定的加压空间静压、实现其正压的无能耗自动控制设备，它是一个单向开启的风量调节装置，按静压差来调整开启度，用重锤的位置来平衡风压，如图 12-2-9 和 12-2-10 所示。

（5）挡烟垂壁

挡烟垂壁是为了阻止烟气水平方向流动而向下吊装在顶棚上的挡烟构件，其有效高度不小于 500mm。挡烟垂壁可采用固定式或活动式，当建筑物净空较高时可采用固定式，将挡烟垂壁长期固定在顶棚上；当建筑物净空较低时，宜采用活动式。

图 12-2-5　板式排烟口

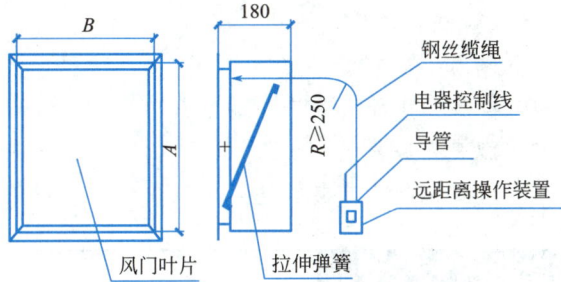

钢丝缆绳
电器控制线
导管
远距离操作装置

风门叶片　　拉伸弹簧

图 12-2-6　板式排烟口结构示意

图 12-2-7　多叶排烟口

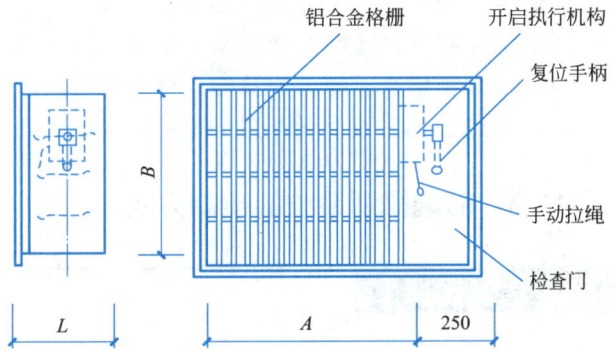

铝合金格栅
开启执行机构
复位手柄
手动拉绳
检查门

图 12-2-8　多叶排烟口结构示意

图 12-2-9　余压阀

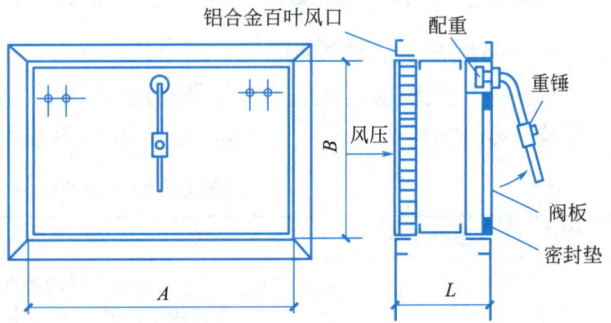

铝合金百叶风口
配重
重锤
风压
阀板
密封垫

图 12-2-10　余压阀构造示意

2. 机械排烟系统工作原理

当建筑物内发生火灾时，通常由火灾现场人员手动控制或由火灾探测器将火灾信号传递给控制器，由控制器发出指令启动挡烟垂壁，将烟气控制在火灾发生的限定区域内，并打开排烟口以及和排烟口联动的排烟防火阀，同时关闭空调系统和送风管道内的防火调节阀防止烟气从空调、通风系统蔓延到其他非着火房间，最后由设置在屋顶的排烟风机将烟气通过排烟管道排至室外。

【即学即练 12-2-1】

防烟排烟系统的主要作用是（　　）。
A. 增加火灾现场温度
B. 控制和排除火灾产生的烟气
C. 加速火势蔓延
D. 干扰消防人员救援

【即学即练 12-2-2】

防烟排烟系统按排烟方式可以分为哪两大类？（　　）
A. 自然排烟系统和电动排烟系统
B. 集中排烟系统和分散排烟系统
C. 自然排烟系统和机械排烟系统
D. 应急排烟系统和常规排烟系统

12.3　防烟排烟系统的控制方式

【岗位情景模拟】

你作为消防设施操作员，需要对一大型商业综合体机械排烟系统联动控制功能进行检测。

【讨论】如何测试排烟口（排烟阀）的联动控制功能？

一、防烟系统联动控制

机械防烟系统应与火灾自动报警系统联动，其联动控制应符合《火灾自动报警系统设计规范》GB 50116—2013 的有关规定。防烟系统的联动控制方式相关要求见表 12-3-1。

防烟系统的联动控制方式相关要求　　　　　　　　　　　　　表 12-3-1

序号	被控设备	联动控制要求
1	加压送风口	应由加压送风口所在防火分区内的两只独立的火灾探测器或一只火灾探测器与一只手动火灾报警按钮的报警信号，作为送风口开启的联动触发信号，并应由消防联动控制器联动控制相关层前室等需要加压送风场所的加压送风口开启
		防烟系统的手动控制方式,应能在消防控制室内的消防联动控制器上手动控制送风口启动或停止
		送风口开启和关闭的动作信号,均应反馈至消防联动控制器
		应能在防火分区内的火灾信号确认后 15s 内联动,同时开启该防火分区的全部疏散楼梯间、该防火分区所在着火层及其相邻上下各一层疏散楼梯间及其前室或合用前室的常闭加压送风口和加压送风机
		消防控制设备应显示阀门启闭

序号	被控设备	联动控制要求
2	加压送风机	加压送风机应具有现场手动启动、与火灾自动报警系统联动启动和在消防控制室手动启动的功能。当系统中任一常闭加压送风口开启时,相应的加压风机均应能联动启动
		消防控制设备应显示送风机启闭状态
		应由加压送风口所在防火分区内的两只独立的火灾探测器或一只火灾探测器与一只手动火灾报警按钮的报警信号,作为加压送风机启动的联动触发信号,并应由消防联动控制器联动控制加压送风机启动
		防烟风机启动和停止的动作信号,均应反馈至消防联动控制器

二、排烟系统联动控制

排烟系统控制应与火灾自动报警系统联动,主要涉及排烟阀(口)、排烟风机及排烟防火阀,排烟系统的联动控制方式相关要求见表12-3-2。

排烟系统的联动控制方式相关要求　　　　　　　　　　表 12-3-2

序号	被控设备	联动控制要求
1	排烟阀(口)	机械排烟系统中的常闭排烟阀或排烟口应具有火灾自动报警系统自动开启、消防控制室手动开启和现场手动开启功能,其开启信号应与排烟风机联动。当火灾确认后,火灾自动报警系统应在15s内联动开启相应防烟分区的全部排烟阀、排烟口、排烟风机和补风设施,并应在30s内自动关闭与排烟无关的通风、空调系统
		当火灾确认后,担负两个及以上防烟分区的排烟系统,应仅打开着火防烟分区的排烟阀或排烟口,其他防烟分区的排烟阀或排烟口应呈关闭状态
		应由同一防烟分区内的两只独立的火灾探测器的报警信号,作为排烟口或排烟阀开启的联动触发信号,并应由消防联动控制器联动控制排烟口或排烟阀的开启,同时停止该防烟分区的空气调节系统
		排烟口或排烟阀开启和关闭的动作信号,均应反馈至消防联动控制器
2	排烟风机	排烟风机、补风机应具有现场手动启动、与火灾自动报警系统联动启动和在消防控制室手动启动的功能。当任一排烟阀或排烟口开启时,相应的排烟风机、补风机均应能联动启动
		消防控制设备应显示排烟系统的排烟风机、补风机、阀门等设施启闭状态
		应由排烟口或排烟阀开启的动作信号,作为排烟风机启动的联动触发信号,并应由消防联动控制器联动控制排烟风机的启动
		排烟风机启动和停止的动作信号,均应反馈至消防联动控制器
3	排烟防火阀	排烟风机入口处的总管上设置的280℃排烟防火阀,在关闭后应直接联动控制风机停止,排烟防火阀的动作信号应反馈至消防联动控制器
		排烟防火阀应具有在280℃时自行关闭和连锁关闭相应排烟风机、补风机的功能

三、防烟排烟系统的手动控制方式

应能在消防控制室内的消防联动控制器上手动控制送风口、电动挡烟垂壁、排烟口、排烟窗、排烟阀的开启或关闭及防烟风机、排烟风机等设备的启动或停止,防烟、排烟风机的启动、停止按钮应采用专用线路直接连接至设置在消防控制室内的消防联动控制器的手动控制盘，并应直接手动控制防烟、排烟风机的启动、停止。

【即学即练 12-3-1】

当建筑物内发生火灾时，防烟排烟系统应如何操作？（   ）
A. 立即关闭排烟口，防止烟气扩散
B. 手动打开排烟口，由消防员进行排烟
C. 自动或手动启动排烟系统，排除火灾产生的烟气
D. 等待消防员到场后再启动排烟系统

【即学即练 12-3-2】

下列关于防烟排烟系统联动控制的说法，正确的是？（   ）
A. 当任何一个常闭排烟阀（口）开启时，应自动关闭加压送风机
B. 消防控制室可以手动关闭排烟风机
C. 同一个防烟分区内应采用同一种排烟方式
D. 高层建筑不应使用机械排烟方式

【实践实训】

项目名称	防烟排烟系统的联动控制				
学生姓名		班级学号		组别	
同组成员					
任务分工					
完成日期		教师评价			

一、实训目的
1. 熟悉火灾自动报警系统的组成和工作原理。
2. 能够使用编码器对火灾探测器、手动火灾报警按钮、现场模块等设备编码。
3. 能够在火灾报警控制器上完成设备的注册、定义、联动公式编写等调试内容。
4. 能够模拟发生火灾时，实现声光警报器的自动报警。
5. 能够模拟发生火灾时，实现防烟排烟系统的联动控制。

二、实训设备
1. 火灾报警控制器(联动型)1 台。
2. 短路隔离器 1 个、感烟火灾探测器 4 个、手动火灾报警按钮 4 个、声光警报器 4 个、输入模块 1 个、输入/输出模块 5 个。
3. 模拟 280℃防火阀 1 个、模拟排烟口 4 个、模拟排烟风机 1 个、控制装置 1 套。
4. 电子编码器 1 个、万用表 1 个、插接线等。

三、实训要求

某建筑物共四层,走廊设有机械排烟系统,每层设有 1 个常闭型排烟口,在屋面设有 1 个排烟风机。

1. 按下智能手动操作按键 1～4,分别启动一～四层声光警报器。

2. 当任一楼层发生火灾时,所有声光警报器立即启动。

3. 按下"手动直接控制"按键 3,启动排烟风机。

4. 当二楼发生火灾时,立即联动开启相应楼层排烟口,并联动启动排烟风机。

四、实训内容

1. 按图 1 现场完成设备的安装及调试。

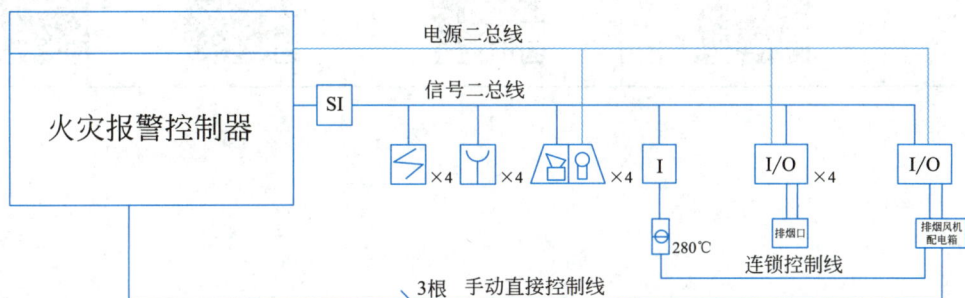

图 1　防烟排烟联动控制系统图

2. 按表 1 要求,完成各消防设备编码设置。

系统模块参数设置表　　　　　　　　　　　表 1

序号	设备名称	原码	二次码	设备定义	键值

3. 完成现场消防设备、器件的安装。

4. 按要求编写联动控制逻辑公式。

5. 完成火灾报警控制器的调试,并写出调试步骤。

五、故障现象及其原因分析,解决方法

六、小组总结

【知识链接】

资源名称	防烟排烟联动控制系统案例1	防烟排烟联动控制系统案例2	排烟风机	排烟管道
资源类型	文档	文档	视频	视频
资源二维码				

任务 13　应急照明和疏散指示及消防电梯系统的联动控制

【思维导图】

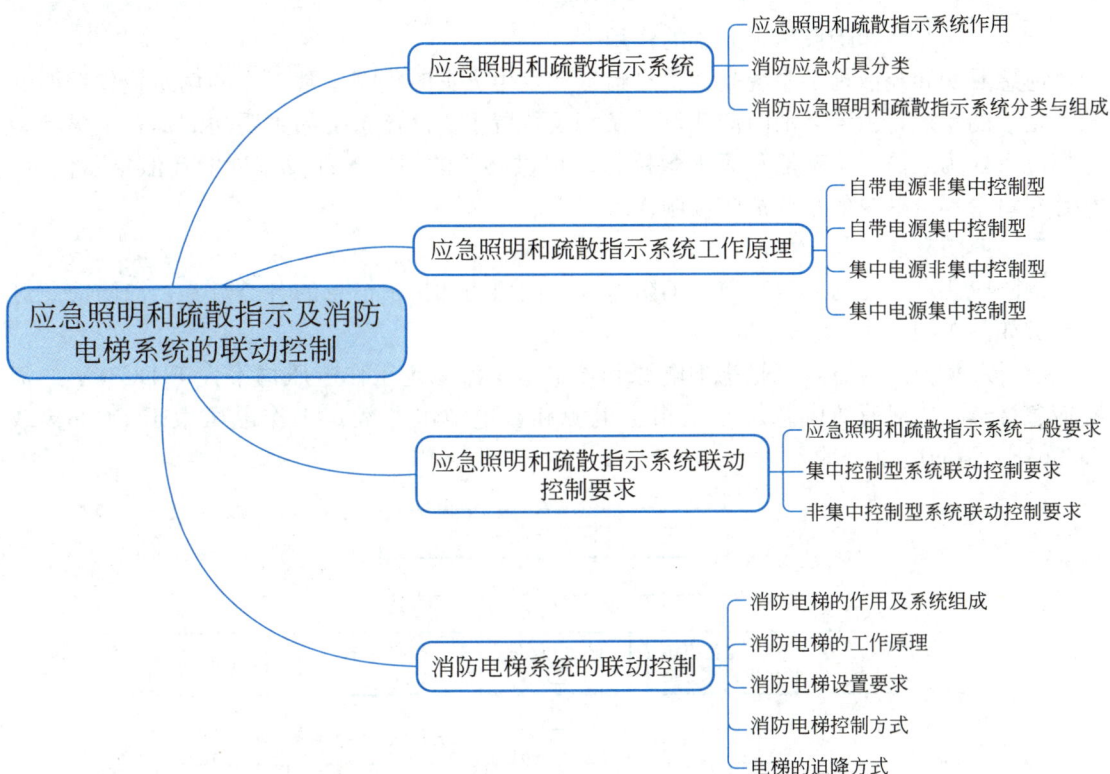

应急照明和疏散指示及消防电梯系统的联动控制

- 应急照明和疏散指示系统
  - 应急照明和疏散指示系统作用
  - 消防应急灯具分类
  - 消防应急照明和疏散指示系统分类与组成
- 应急照明和疏散指示系统工作原理
  - 自带电源非集中控制型
  - 自带电源集中控制型
  - 集中电源非集中控制型
  - 集中电源集中控制型
- 应急照明和疏散指示系统联动控制要求
  - 应急照明和疏散指示系统一般要求
  - 集中控制型系统联动控制要求
  - 非集中控制型系统联动控制要求
- 消防电梯系统的联动控制
  - 消防电梯的作用及系统组成
  - 消防电梯的工作原理
  - 消防电梯设置要求
  - 消防电梯控制方式
  - 电梯的迫降方式

【学习目标】

[知识目标]	了解应急照明和疏散指示系统的作用、分类及基本组成,熟悉其工作原理;了解消防电梯的作用、系统组成;掌握消防电梯工作原理;熟悉消防电梯设置要求;掌握消防电梯联动控制方式
[能力目标]	具有根据具体情况设计简单的应急照明和疏散指示系统的能力,并能对系统进行故障分析和优化
[素质目标]	培养学生消防安全意识,使其能够在日常生活中注重火灾预防,提高自救互救能力。鼓励学生求真务实,通过实践探究知识,形成严谨的科学态度和探索精神

13.1 应急照明和疏散指示系统

【岗位情景模拟】

作为一名消防设计人员，你接到为一所医院设计应急照明系统的任务。

【讨论】应从哪些方面考虑确保在紧急情况下能够有效照亮疏散路径，确保照明设备在关键时刻能够正常工作？

一、应急照明和疏散指示系统的作用

应急照明和疏散指示系统是为人员疏散和发生火灾时仍需正常工作的场所提供照明和疏散指示的系统，由各类消防应急灯具及相关装置组成。该系统的主要功能是在火灾等紧急情况下，为人员安全疏散和灭火救援行动提供必要的照度条件及正确的疏散指示信息。它是建筑中不可缺少的重要消防设施。

二、消防应急灯具分类

消防应急灯具是为人员疏散、消防作业提供照明和指示信息的各类灯具，消防应急灯具分类如图 13-1-1 所示。

（1）A 型消防应急灯具是指主电源和蓄电池电源额定工作电压均不大于 DC36V 的消防应急灯具。B 型消防应急灯具是指主电源和蓄电池电源额定工作电压大于 DC36V 或 AC36V 的消防应急灯具。

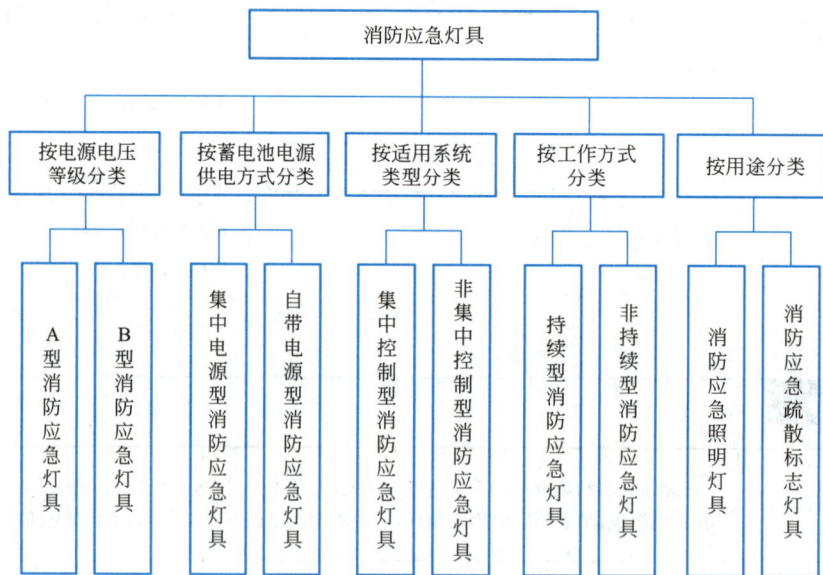

图 13-1-1　消防应急灯具分类

（2）自带电源型消防应急灯具的电池、光源及相关电路安装在灯具内部，一般分为两种：一种是电池、光源和相关电路为一体；另一种是电池和相关电路为一体，光源为分体。集中电源型消防应急灯具由应急集中电源提供，自身无独立的电池，不能独立工作。

（3）集中控制型消防应急灯具是指通过应急照明控制器按预设逻辑和时序集中控制并

显示的消防应急灯具。非集中控制型消防应急灯具的控制则不通过应急照明控制器进行控制。

（4）持续型消防应急灯具是指光源在主电源或应急电源工作时，均处于点亮状态的消防应急灯具。非持续型消防应急灯具的光源在主电源工作时不点亮，仅在应急电源工作时处于点亮状态。

（5）消防应急照明灯具是为人员疏散和发生火灾时仍需工作的场所提供照明的灯具。消防应急疏散标志灯具是用图形、文字指示疏散方向，指示疏散出口、安全出口、楼层、避难层（间）、残疾人通道的灯具。

三、消防应急照明和疏散指示系统分类与组成

消防应急照明与疏散指示系统按照灯具的应急方式与控制方式的不同，分为自带电源非集中控制型、自带电源集中控制型、集中电源非集中控制型、集中电源集中控制型四类系统，如图 13-1-2 所示。

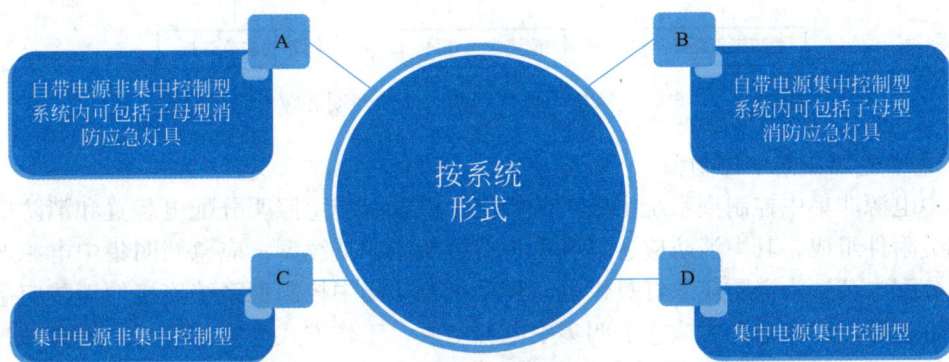

图 13-1-2　消防应急照明和疏散指示系统类型

1. 自带电源非集中控制型

自带电源非集中控制型系统由应急照明配电箱和消防应急灯具组成，消防应急灯具由应急照明配电箱供电。应急照明配电箱由控制开关和一些指示装置组成，是为自带电源型消防应急灯具进行主电源配电的装置。自带电源非集中控制型系统连接的消防应急灯具均为自带电源型，灯具内部自带蓄电池，工作方式为独立控制，无集中控制功能，系统组成如图 13-1-3 所示。

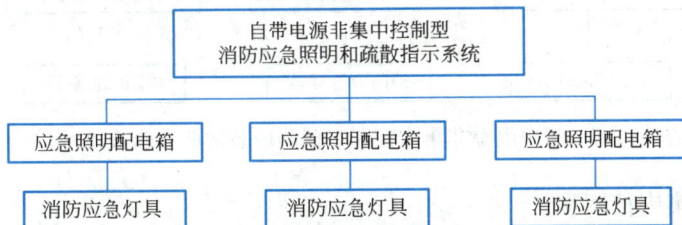

图 13-1-3　自带电源非集中控制型消防应急照明和疏散指示系统

2. 自带电源集中控制型

自带电源集中控制型系统由应急照明集中控制器、应急照明配电箱、消防应急灯具及

141

相关附件组成，其中消防应急灯具可为持续型或非持续型。其特点是所有消防应急灯具的工作状态都受应急照明集中控制器控制。自带电源集中控制型系统连接的消防应急灯具均为自带电源型，灯具内部自带蓄电池，但由消防照明控制器来控制消防应急灯具的应急转换，系统组成如图 13-1-4 所示。

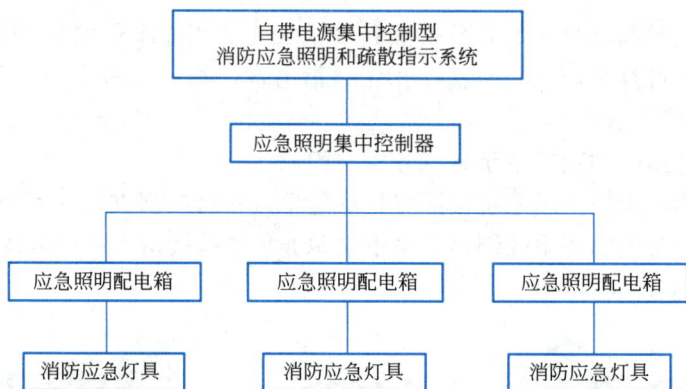

图 13-1-4　自带电源集中控制型消防应急照明和疏散指示系统

3. 集中电源非集中控制型

集中电源非集中控制型系统由应急照明集中电源、应急照明分配电装置和消防应急灯具及相关附件组成，其中消防应急灯具可为持续型或非持续型。应急照明集中电源通过应急照明分配电装置为消防应急灯具供电。集中电源非集中控制型系统连接的消防应急灯具自身不带电源，工作电源由应急照明集中电源电供，工作方式为独立控制，无集中控制功能，系统组成如图 13-1-5 所示。

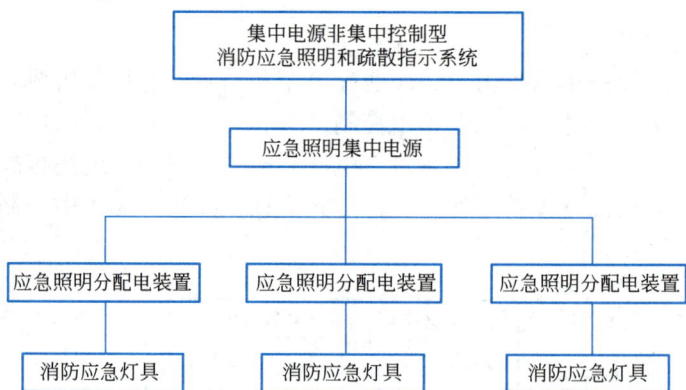

图 13-1-5　集中电源非集中控制型消防应急照明和疏散指示系统

4. 集中电源集中控制型

集中电源集中控制型系统由应急照明控制器、应急照明集中电源、应急照明分配电装置和应急灯具组成。应急照明集中电源通过应急照明分配电装置为消防应急灯具供电，应急照明控制器负责集中控制并显示消防应急照明灯具的工作状态，系统组成如图 13-1-6 所示。

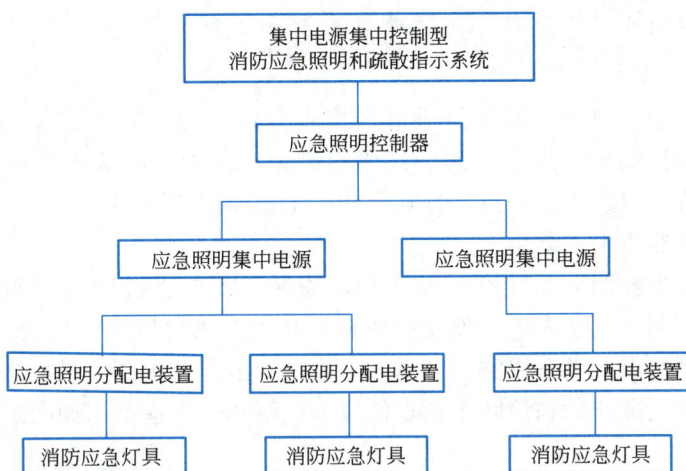

图 13-1-6　集中电源集中控制型消防应急照明和疏散指示系统

【即学即练 13-1-1】

应急照明和疏散指示系统按照灯具的应急方式与控制方式的不同，可分为以下哪几类系统？（　　）

A. 自带电源非集中控制型、集中电源集中控制型

B. 自带电源集中控制型、集中电源非集中控制型

C. 自带电源非集中控制型、集中电源非集中控制型、自带电源集中控制型、集中电源集中控制型

D. 非持续型消防应急灯具、集中电源型消防应急灯具

【即学即练 13-1-2】

应急照明灯具是为哪种情况提供必要的照度条件的灯具？（　　）

A. 人员疏散、消防作业

B. 疏散出口、安全出口

C. 消防控制室、火灾自动报警系统

D. 日常照明、夜间照明

13.2　应急照明和疏散指示系统工作原理

【岗位情景模拟】

作为一所职业院校的消防维保人员，你接到任务，去检查应急照明和疏散指示系统。

消防应急照明与疏散指示系统按供电及控制方式不同，可分为自带电源非集中控制型、自带电源集中控制型、集中电源非集中控制型、集中电源集中控制型四类不同的系统，由于供电方式和应急工作的控制方式不同，工作原理也不同。

一、自带电源非集中控制型

自带电源非集中控制型系统在正常工作状态时，市电通过应急照明配电箱为灯具供电，用于正常工作和蓄电池充电。发生火灾时，相关防火分区内的应急照明配电箱动作，切断消防应急灯具的市电供电线路，灯具的工作电源由灯具内部自带的蓄电池提供，灯具进入应急状态，为人员疏散和消防作业提供应急照明和疏散指示，如图 13-2-1 所示。

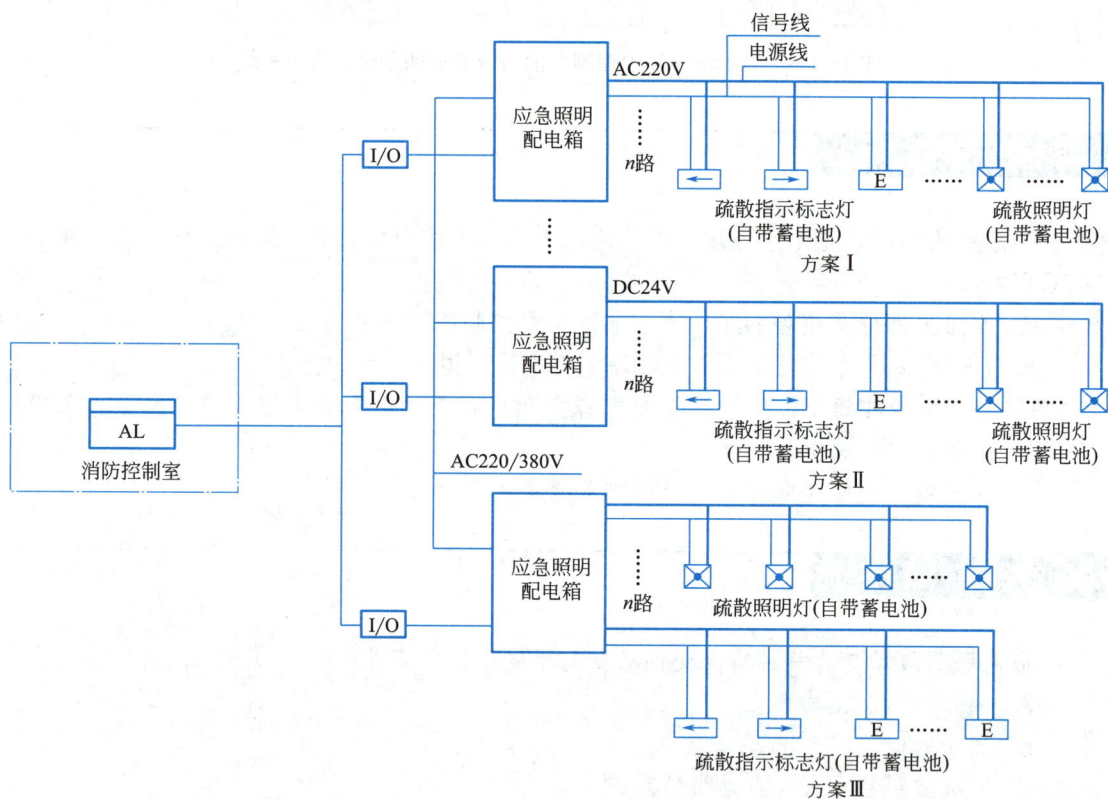

图 13-2-1　自带电源非集中控制型

二、自带电源集中控制型

自带电源集中控制型系统在正常工作状态时，市电通过应急照明配电箱为灯具供电，用于正常工作和蓄电池充电。应急照明控制器通过实时监测消防应急灯具的工作状态，实现灯具的集中监测和管理。发生火灾时，应急照明控制器接收到消防联动信号后，控制应急照明配电箱和消防应急灯具转入应急状态，为人员疏散和消防作业提供照明和疏散指示，如图 13-2-2 所示。

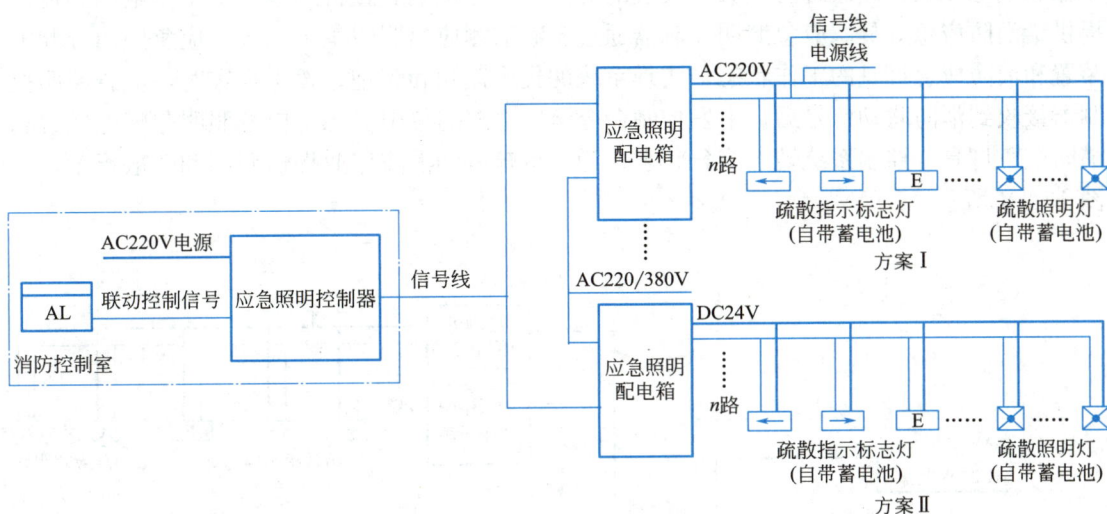

图 13-2-2 自带电源集中控制型

三、集中电源非集中控制型

集中电源非集中控制型系统在正常工作状态时，市电接入应急照明集中电源，用于正常工作和电池充电，发生火灾时，应急照明集中电源的供电电源由市电切换至电池，集中电源进入应急工作状态，通过应急照明分配电装置供电的消防应急灯具也进入应急工作状态，为人员疏散和消防作业提供照明和疏散指示，如图 13-2-3 所示。

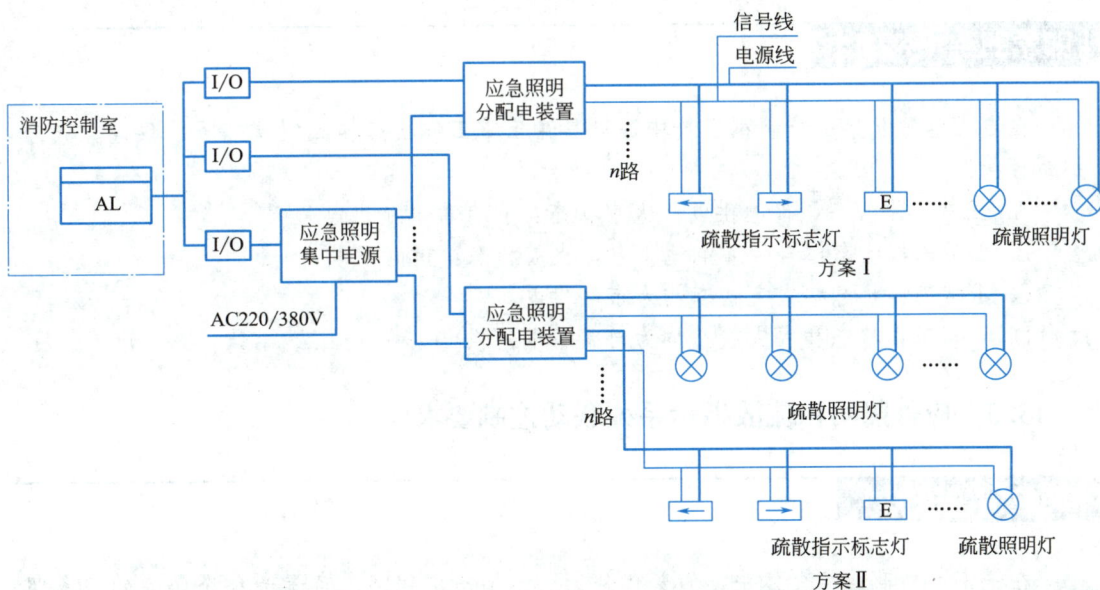

图 13-2-3 集中电源非集中控制型

四、集中电源集中控制型

集中电源集中控制型系统在正常工作状态时，市电接入应急照明集中电源，用于正常工作和电池充电，通过各防火分区设置的应急照明分配电装置将应急照明集中电源的输出提供给消防应急灯具。应急照明控制器通过实时监测应急照明集中电源、应急照明分配电装置和消防应急灯具的工作状态，实现系统的集中监测和管理。发生火灾时，应急照明控制器接收到消防联动信号后，下发控制命令至应急照明集中电源、应急照明分配电装置和消防应急灯具，控制系统转入应急状态，为人员疏散和消防作业提供照明和疏散指示，如图 13-2-4 所示。

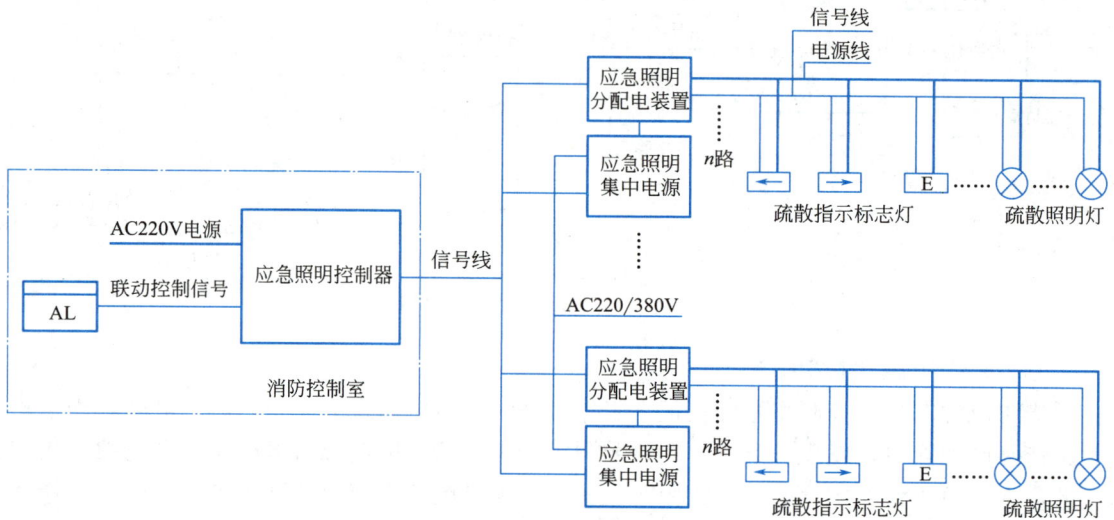

图 13-2-4　集中电源集中控制型

【即学即练 13-2-1】

在自带电源非集中控制型系统中，灯具在正常工作状态和火灾状态下的供电方式分别是什么？（　　）

A. 正常工作状态：市电供电，火灾状态：自带蓄电池供电

B. 正常工作状态：自带蓄电池供电，火灾状态：市电供电

C. 正常工作状态和火灾状态均为市电供电

D. 正常工作状态和火灾状态均为自带蓄电池供电

13.3　应急照明和疏散指示系统联动控制要求

【岗位情景模拟】

在一家大型商业综合体中，假如你作为一名消防工程师，负责为整个楼宇的应急照明和疏散指示系统提供方案。

【讨论】在具体设计中，你需要考虑哪些因素？并讨论疏散指示系统的准确性和响应速度如何确定。

一、应急照明和疏散指示系统一般要求

1.当确认火灾后，由发生火灾的报警区域开始，顺序启动全楼疏散通道的消防应急照明和疏散指示系统，系统全部投入应急状态的启动时间不大于5s，高危险区域系统的应急转换时间不大于0.25s。

2.系统应急启动后，在蓄电池电源供电时的持续工作时间应满足下列要求：

（1）建筑高度大于100m的民用建筑，不应少于1.5h。

（2）医疗建筑、老年人照料设施、总建筑面积大于100000m² 的公共建筑和总建筑面积大于20000m² 的地下、半地下建筑，不应少于1.0h。

（3）其他建筑，不应少于0.5h。

3.方向标志灯的标志面与疏散方向垂直时，灯具的设置间距不应大于20m；方向标志灯的标志面与疏散方向平行时，灯具的设置间距不应大于10m。

二、集中控制型系统联动控制要求

火灾发生时，同一报警区域内任意两只独立的火灾探测器或任一只火灾探测器和任一只手动火灾报警按钮发出火警信号后，消防联动控制器向应急照明控制器发出应急启动信号，由应急照明控制器按预设逻辑联动控制系统的应急启动，并接收、显示、保持其配接的灯具、集中电源或应急照明配电箱的工作状态信息。火灾确认后，应急照明控制器应能按预设逻辑手动、自动控制系统的应急启动。

1.系统手动应急启动控制逻辑

（1）具有一键手动控制系统应急启动功能，应急照明控制器应在3s内发出系统手动应急启动信号，控制应急启动输出干接点动作，发出启动声光信号，显示并记录系统应急启动类型和系统应急启动时间。应急照明控制器的一键启动按钮应独立设置，且其操作不受操作级别的限制。

（2）灯具采用集中电源供电时，应能手动操作集中电源，控制集中电源转入蓄电池电源输出，同时控制其配接的所有非持续型照明灯具的光源应急点亮、持续型照明灯具的光源由节电点亮模式转入应急点亮模式。

（3）灯具采用自带蓄电池供电时，应能手动操作切断应急照明配电箱的主电源输出，同时控制其配接的所有非持续型照明灯具的光源应急点亮、持续型照明灯具的光源由节电点亮模式转入应急点亮模式。

2.系统自动应急启动控制逻辑

（1）应急照明控制器接收到火灾报警控制器的火警信号后，应在3s内发出系统自动应急启动信号，控制应急启动输出干接点动作，发出启动声光信号，显示并记录系统应急启动类型和系统应急启动时间。

（2）应急照明控制器控制系统所有非持续型照明灯具的光源应急点亮，持续型灯具的光源由节电点亮模式转入应急点亮模式。

（3）应急照明控制器控制B型集中电源转入蓄电池电源输出、B型应急照明配电箱切断主电源输出。

（4）A型集中电源应保持主电源输出，待接收到其主电源断电信号后，自动转入蓄电池电源输出；A型应急照明配电箱应保持主电源输出，待接收到其主电源断电信号后，自动切断主电源输出。

（5）当确认火灾后，由发生火灾的报警区域开始，顺序启动全楼疏散通道的消防应急照明和疏散指示系统，系统全部投入应急状态的启动时间不应大于 5s。

（6）任一台应急照明控制器直接控制灯具的总数量不应大于 3200 只。应急照明控制器的主电源应由消防电源供电，控制器的自带蓄电池电源应至少使控制器在主电源中断后持续工作 3.0h。

三、非集中控制型系统联动控制要求

火灾确认后，应能手动控制系统的应急启动；设置区域火灾报警系统的场所，应能自动控制系统的应急启动。

1. 手动应急启动控制逻辑

（1）灯具采用集中电源供电时，应能手动操作集中电源，控制集中电源转入蓄电池电源输出，同时控制其配接的所有非持续型照明灯具的光源应急点亮、持续型照明灯具的光源由节电点亮模式转入应急点亮模式。

（2）灯具采用自带蓄电池供电时，应能手动操作切断应急照明配电箱的主电源输出，同时控制其配接的所有灯具转入应急点亮模式。

2. 自动应急启动控制逻辑

（1）灯具采用集中电源供电时，集中电源接收到消防联动控制器的火灾报警输出信号后，应自动转入蓄电池电源输出，并控制其配接的所有灯具转入应急点亮模式。

（2）灯具采用自带蓄电池供电时，应急照明配电箱接收到消防联动控制器的火灾报警输出信号后，应自动切断主电源输出，并控制其配接的所有灯具转入应急点亮模式。

13.4 消防电梯系统的联动控制

【岗位情景模拟】

李工是某大厦消防系统的工程师，主要负责维护和管理消防电梯。李工对于电梯常规检查中，主要涉及检查消防电梯的载重量和轿厢尺寸、检查动力与控制电线是否采取了有效的防水措施，以防止消防用水导致电源线路泡水而漏电。同时还验证防灾中心或消防电梯首层的操作按钮是否设置妥当且功能正常，确认消防电梯是否划分了单独的探测区域，并对电梯的电气系统进行检查和测试，确保所有电气元件工作正常，无短路或断路现象。

【讨论】 发生火灾时，为什么不能乘坐电梯逃生？

一、消防电梯的作用及系统组成

消防电梯是指建筑物发生火灾时供消防人员进行灭火与救援使用且具有一定功能的电梯。主要由控制系统、供电系统和消防服务通信系统组成。

1. 控制系统

控制系统开关应设置在预定用作消防员入口层的前室内，并安装在距消防电梯水平距离 2m 范围内，高度在地面以上 1.8～2.1m 的位置。开关的操作应符合相关规范规定，工作位置应是双稳态的，并清楚地用"1"和"0"标示。其中，位置"1"是消防员服务有效状态。

2. 供电系统

应由第一和第二（应急、备用或两者之一）电源组成，其防火等级应至少等于消防电梯井道的防火等级。对供电电缆应进行防火保护，相互之间以及与其他电源之间应独立设置。第二电源应足以驱动额定载重量的消防电梯运行，运行速度应满足相关规范的规定。

3. 消防服务通信系统

消防电梯应有交互式双向语音通信的对讲系统或类似的装置，当处于优先召回和消防员控制下使用时，用于消防电梯轿厢与消防员入口层、消防电梯机房或无机房电梯的紧急操作屏处。如果是在机房内，只有通过按压麦克风的控制按钮才能使其有效。

二、消防电梯的工作原理

消防电梯发生火灾时动作顺序为：厅外及轿内发出声光报警→火灾层内选急速闪动→该层外召不再响应→所有内选除基站外全部消除→所有非返回基站外召全部消除→电梯就近停止。

为避免火灾时因建筑物电源故障，造成困人等危险状况，需配备不同规格锂电池组，蓄电量达到90%以上时，自动切换为正常电池运行；电池电量降至50%以下时，转为正常运行状态。电网停电后，立即转为紧急电池运行，50%的蓄电量可保证电梯运行1h；当蓄电量降至10%以下时，电梯状态同火灾探测器动作时相同。

三、消防电梯设置要求

消防电梯宜分别设在不同的防火分区内，其设置要求主要有：

1. 建筑高度大于33m的住宅建筑。

2. 一类高层公共建筑和建筑高度大于32m的二类高层公共建筑，设置消防电梯的建筑的地下或半地下室，埋深大于10m且总建筑面积大于3000m^{2}的其他地下或半地下建筑（室），设均应有消防电梯。

3. 建筑高度大于32m且设置电梯的高层厂房（仓库），每个防火分区内宜设置1部消防电梯，但符合下列条件的可不设置消防电梯：

（1）建筑高度大于32m且设置电梯，任一层工作平台上的人数不超过2人的高层塔架。

（2）局部建筑高度大于32m且局部高出部分的每层建筑面积不大于50m^{2}的丁、戊类厂房。

四、消防电梯控制方式

1. 非消防状态下的控制

非消防状态下，消防电梯的操作与控制方法和普通客梯相同。

2. 消防状态下控制

消防电梯通过迫降控制进入消防状态，迫降后在消防员入口层开门待用，此后消防电梯完全由轿厢内控制，外部召唤失效。

对于普通电梯，在火灾情况下，其迫降要求是使电梯返回到指定层（一般为首层）并退出正常服务，此后，电梯处于"开门停用"的状态。

对于消防电梯，为方便火灾时消防人员接近和快速使用，其迫降要求是使电梯返回到指定层（一般为首层）并保持"开门待用"的状态。

五、电梯的迫降方式

电梯的迫降方法有以下三种：

1. 紧急迫降按钮迫降

（1）普通电梯

建筑物未设置火灾自动报警系统时，应在建筑物的管理中心或指定层提供紧急迫降按钮，当易于接近时，应设置防误操作保护，形式上可为装有可敲碎玻璃面板的拨动开关、按钮或钥匙开关等，设置位置可在安全的区域内。手动召回装置动作时产生电信号，使电梯转入迫降程序。

（2）消防电梯

消防电梯应在首层电梯前室内设置供消防员专用的操作按钮，如图 13-4-1 所示，为防止非火灾情况下的人员误动，通常设有保护装置。该按钮应设置在距消防电梯水平距离2m 以内、距地面高度 1.8～2.1m 的墙面上。按钮动作后，消防电梯按预设逻辑转入消防工作状态。

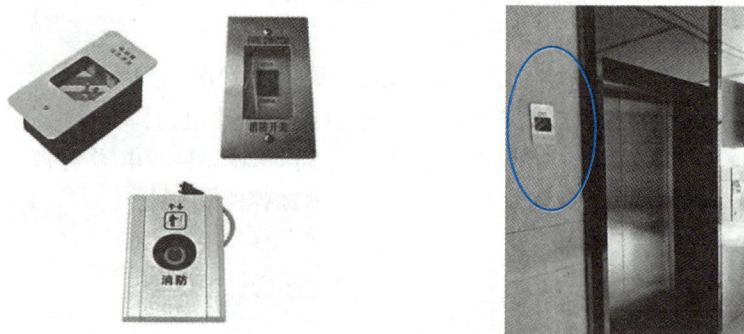

图 13-4-1　紧急迫降按钮

2. 消防控制室远程控制迫降

通过按下消防控制室联动控制器上的控制按钮，如图 13-4-2 所示，电梯按预设逻辑转入迫降或消防工作状态。

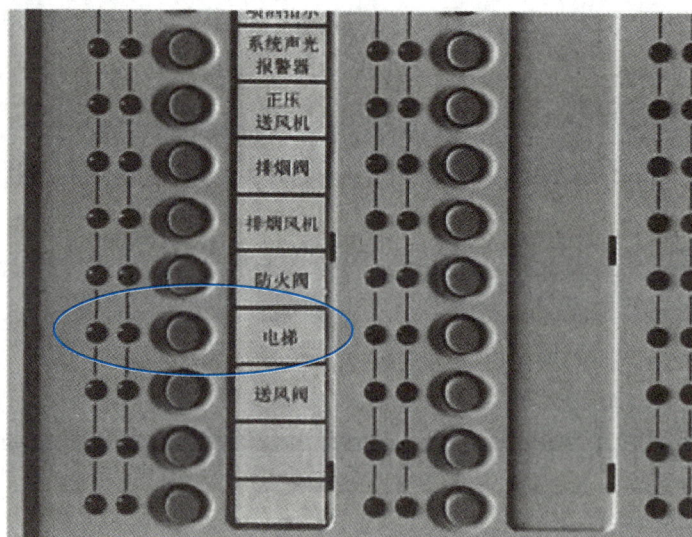

图 13-4-2　联动控制器电梯迫降按钮

3.自动联动控制迫降

由火灾自动报警系统确认火灾后，自动联动控制电梯转入迫降或消防工作状态。电梯运行状态信息和停于首层或转换层的反馈信号，应传送至消防控制室。

六、知识链接

资源名称	消防应急照明和疏散指示系统的发展史	应急照明和疏散指示系统技术趋势和最新进展	低位应急照明技术	应急照明控制箱
资源类型	文档	文档	文档	视频
资源二维码				

任务 14　消防应急广播及消防专用电话的联动控制系统

【思维导图】

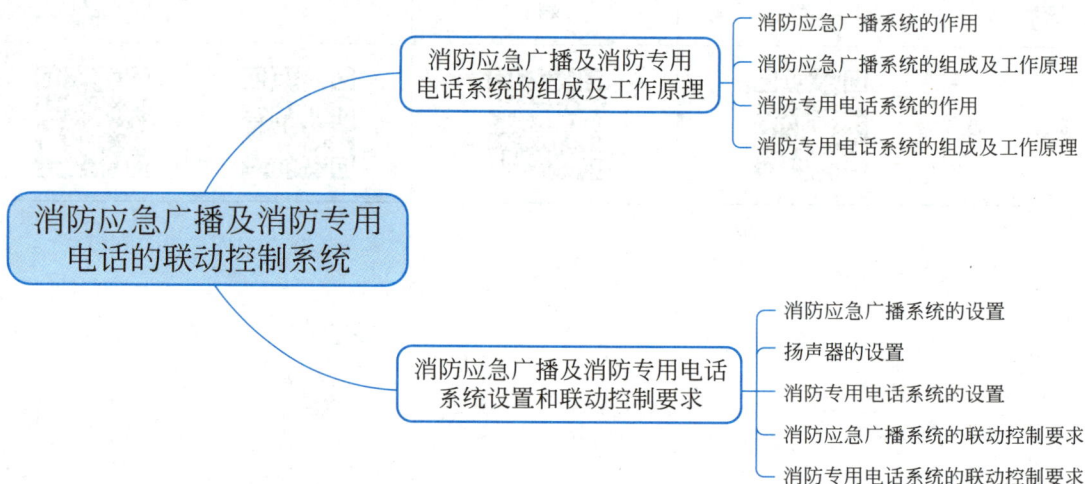

消防应急广播及消防专用
电话的联动控制系统

- 消防应急广播及消防专用电话系统的组成及工作原理
  - 消防应急广播系统的作用
  - 消防应急广播系统的组成及工作原理
  - 消防专用电话系统的作用
  - 消防专用电话系统的组成及工作原理
- 消防应急广播及消防专用电话系统设置和联动控制要求
  - 消防应急广播系统的设置
  - 扬声器的设置
  - 消防专用电话系统的设置
  - 消防应急广播系统的联动控制要求
  - 消防专用电话系统的联动控制要求

【学习目标】

[知识目标]	1. 能够描述消防应急广播及消防电话系统组成及工作原理； 2. 能够归纳消防应急广播及消防电话系统联动控制要求
[能力目标]	1. 具有分析消防应急广播及消防电话系统联动控制的能力； 2. 具有根据现场设置火灾应急广播及消防电话系统的能力
[素质目标]	培养学生的安全意识和责任感，使其在火灾等紧急情况下能够迅速做出正确反应；提升学生的团队协作能力，以便在紧急情况下更好地配合相关部门进行救援工作；锻炼学生的应变能力，使其在面临突发情况时能够保持冷静并采取有效措施

【情景导入】

　　2021 年 6 月下旬四川省攀枝花市某监控点在日常巡检中，发现某工地因外墙钢架焊接导致安全防护网局部着火，自动触发森林防火预警系统，应急广播立即播放警告语音，实现最短时间扑灭着火点。该系统将应急广播系统与森林防灭火视频监测系统进行升级融合，系统除了具备日常和应急广播节目播出的功能外，还可作为森林防火、灭火的联动系统，以实现全天自动监测播报。

14.1　消防应急广播及消防专用电话系统的组成及工作原理

【岗位情景模拟】

　　某商场消防指挥中心值班员在值班中，警报声突然响起，控制器显示二楼家电区发生火灾。

　　【讨论】发生火灾时，作为消防指挥中心值班员在编辑紧急通知时应注意什么事项？

一、消防应急广播系统的作用

　　消防应急广播系统也称为火灾应急广播系统，是火灾逃生疏散和灭火指挥的重要设备，能有效地指导建筑内各部位的人员疏散，在整个消防控制管理系统中起着极其重要的作用。在火灾发生时，应急广播信号通过音源设备发出，经过功率放大后，由广播切换模块切换到广播指定区域的音箱实现应急广播。

二、消防应急广播系统的组成及工作原理

　　消防应急广播系统主要由音源设备、广播控制盘、广播功率放大器、分配盘、输出模块、音频线路及扬声器等组成。发生火灾时，消防控制室值班人员打开消防应急广播功放机主、备电开关，通过操作分配盘或消防联动控制器面板上的按钮选择播送范围，利用麦克风或启动播放器对指定区域进行广播。消防应急广播系统的线路应独立敷设并有耐热保护，不应和其他线路同槽或同管敷设。

　　1. 消防应急广播控制盘

　　消防应急广播控制盘（图 14-1-1）是进行应急广播的主要设备，非事故情况下也可通过外部输入音源信号进行背景音乐广播。消防应急广播主机应设置在消防控制室内，可以组合安装在柜式或台式的火灾报警控制柜内。

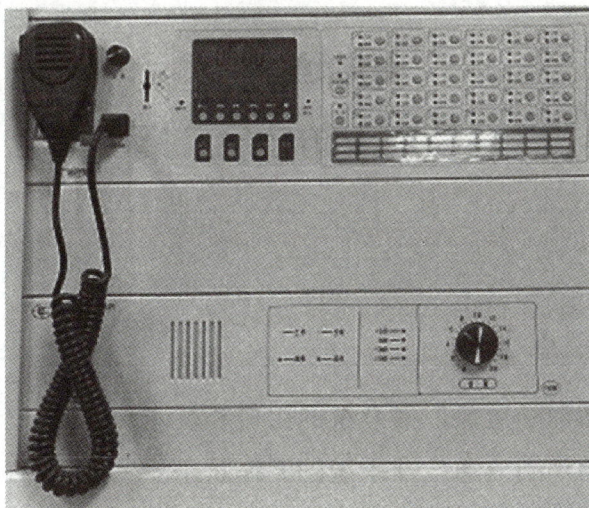

图 14-1-1　消防应急广播控制盘

2. 消防应急广播功率放大器

消防应急广播功率放大器，是消防应急广播系统的重要组成部分，是一种将来自信号源的电信号进行放大以驱动扬声器发出声音的设备，使用时需配接 CD/MP3 播放器，如图 14-1-2 所示。

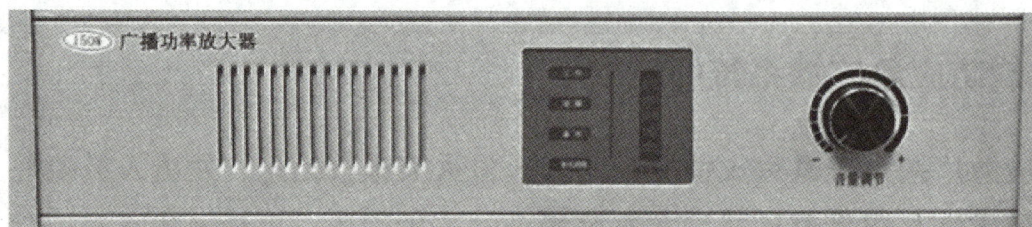

图 14-1-2　消防应急广播功率放大器

3. 消防应急广播分配盘

消防应急广播分配盘可以外接扩展键盘，用以增大控制区域数量，还可以同时接入功放。可手动和自动控制应急广播分区，实现正常广播与应急广播的转换，还能自动巡检广播线断路、短路故障。消防应急广播分配盘如图 14-1-3 所示。

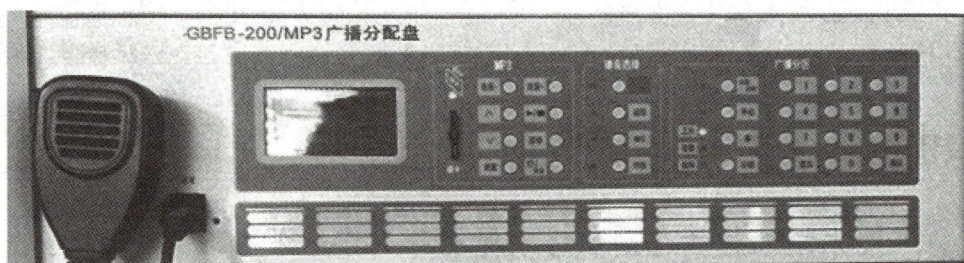

图 14-1-3　消防应急广播分配盘

4. 扬声器

扬声器一般分为壁挂式扬声器和吸顶式扬声器，其工作电压 120V，功率一般为 3W，如图 14-1-4 所示。

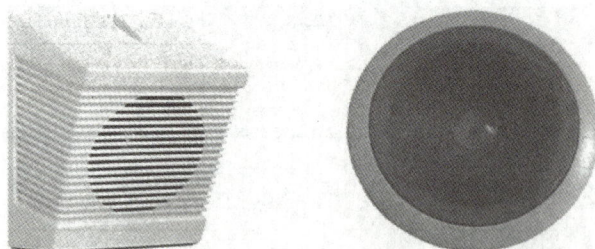

图 14-1-4　扬声器

三、消防专用电话系统的作用

消防电话系统是消防通信的专用设备，当发生火灾报警时，它可以提供方便快捷的通信手段，是消防控制及其报警系统中不可缺少的通信设备。消防电话系统有专用的通信线路，现场人员可以通过现场设置的固定电话和消防控制室进行通话。

四、消防专用电话系统的组成及工作原理

消防电话系统按照电话布线方式可以分为总线制和多线制两类系统，总线制消防电话系统由消防电话总机、消防电话接口模块、消防电话分机、消防电话插孔、手提消防电话分机等设备构成。而多线制消防电话系统由多线制电话主机、多线制消防电话分机及多线制消防电话插孔组成。

1. 消防电话总机

消防电话总机通过 RS485 串行总线与消防控制器相连接，实现电话系统的消防联动控制。当发生火灾时，消防电话总机面板上的呼叫操作键可以和现场电话分机形成对应的按键操作，使得呼叫通话操作方便快捷。总机使用固体录音技术，可存储呼叫通话记录。

2. 消防电话分机和消防电话插孔

（1）通过消防电话分机可迅速实现对火灾的人工确认，并可及时掌握火灾现场情况，便于指挥灭火工作。

（2）消防电话插孔是非编码设备，主要用于将手提消防电话分机连入消防电话系统。需通过消防电话接口模块将手提消防电话分机连入消防电话系统。

（3）消防电话接口模块

消防电话接口模块主要用于将手提或固定消防电话分机连入总线制消防电话系统。它占用一个编码点，与控制器进行通信，实现消防电话总机和消防电话分机的驳接，同时也实现消防电话总线断、短路检线功能。当消防电话分机的话筒被提起时，消防电话分机通过消防电话接口自动向消防电话总机请求接入，接受请求后，由控制器向该接口发出启动命令，将消防电话分机接入消防电话总线。当消防电话总机呼叫时，通过控制器向电话接口模块发启动命令，电话接口将消防电话总线接到消防电话分机。

【即学即练 14-1-1】

消防应急广播系统的主要功能是什么？（　　　）

A. 播放音乐

B. 提供娱乐节目

C. 火灾时向保护区域广播火灾事故相关信息

D. 播放新闻资讯

【即学即练 14-1-2】

关于消防应急广播系统的描述，以下哪项是错误的？（　　　）

A. 消防应急广播系统具有故障报警功能

B. 消防应急广播系统不能自检广播线路的短路或断路

C. 消防应急广播系统在火灾时能向保护区域广播火灾事故相关信息

D. 消防应急广播系统广播语音需清晰，且在一定距离内声压级有特定要求

14.2　消防应急广播及消防专用电话系统设置和联动控制要求

【岗位情景模拟】

　　王工作为一名消防工程师，在为一家大型综合办公楼做消防应急广播系统及报警联动控制方案。他采取1次声光警报器工作，2次消防应急广播工作交替的方式，其中声光警报器单次工作时间为10s，消防应急广播工作时间为20s。

　　【讨论】消防应急广播与公共广播合用，发生火灾时如何切换？

一、消防应急广播系统的设置

　　根据规范要求，集中报警系统和控制中心报警系统应设置消防应急广播。对于一些特殊场所，也应设置消防应急广播：

　　1. 步行街两侧建筑的商铺内外均应设置消防应急广播系统。

　　2. 避难走道内应设置应急广播和消防专线电话。

　　3. 避难层和避难间应设置消防专线电话和应急广播。

二、扬声器的设置

　　1. 民用建筑内扬声器应设置在走道和大厅等公共场所。每个扬声器的额定功率不应小于3W，数量应能保证从一个防火分区内的任何部位到最近一个扬声器的距离不大于25m。

　　2. 走道内扬声器的布置应满足三个方面的要求：一是扬声器到走道末端的距离不应大于12.5m；二是扬声器的间距应不超过50m；三是在转弯处应设置扬声器。

　　3. 在环境噪声大于60dB的场所设置的扬声器，在其播放范围内最远点的播放声压级应高于背景噪声15dB。

　　4. 客房设置专用扬声器时，其功率不宜小于1.0W。

　　5. 壁挂扬声器的底边距地面高度应大于2.2m。

三、消防专用电话系统的设置

　　电话分机或电话插孔的设置，应符合下列规定：

　　1. 消防水泵房、发电机房、配变电室、计算机网络机房、主要通风和空调机房、防烟排烟机房、灭火控制系统操作装置处或控制室、企业消防站、消防值班室、总调度室、消防电梯机房及其他与消防联动控制有关的且经常有人值班的机房，应设置消防专用电话分机。消防专用电话分机，应固定安装在明显且便于使用的部位，并应有区别于普通电话的标识。

　　2. 设有手动火灾报警按钮或消火栓按钮等处，宜设置电话插孔，并宜选择带有电话插孔的手动火灾报警按钮。

　　3. 各避难层应每隔20m设置一个消防专用电话分机或电话插孔。

　　4. 电话插孔在墙上安装时，其底边距地面高度宜为1.3～1.5m。

四、消防应急广播系统的联动控制要求

　　1. 消防控制室应能手动或按预设控制逻辑联动控制，选择广播分区启动或停止应急广播系统，并应能监听消防应急广播。

2. 在通过传声器进行应急广播时，应自动对广播内容进行录音，并显示应急广播的广播分区的工作状态。发生火灾时，火灾应急广播发出警报时，整个建筑物火灾应急广播系统全部启动，对全楼进行广播。

3. 应急广播系统的联动控制信号应由消防联动控制器发出。当确认火灾后，应急广播系统首先向全楼或建筑（高、中、低）分区的火灾区域发出火灾警报，然后向着火层和相邻层进行应急广播，再依次向其他非火灾区域广播；3min 内应能完成对全楼的应急广播。

4. 火灾应急广播的单次语音播放时间宜在 10～30s，并应与火灾声光警报器分时交替工作，可连续广播两次。同时设有火灾应急广播和火灾声光警报装置的场所，应采用交替工作方式，声光警报器单次工作时间宜为 8～20s，火灾应急广播工作时间宜为 10～30s，可采取 1 次声警报器工作，2 次火灾应急广播工作交替的方式。

5. 消防控制室应显示处于应急广播状态的广播分区和预设广播信息。消防应急广播与普通广播或背景音乐广播合用时，应具有强制切入消防应急广播的功能。

五、消防专用电话系统的联动控制要求

为确保在紧急情况下通信的可靠性和稳定性，消防专用电话网络应为独立的消防通信系统，不得与其他通信系统共用。消防控制室内设置的消防电话总机应能与所有消防电话分机、电话插孔实现互相呼叫与通话，并能显示每部分机或电话插孔的位置信息。消防电话总机应具有主、备电源自动转换功能，确保在主电源故障时，能自动切换至备用电源，保证通信系统的持续运行。

【即学即练 14-2-1】

消防应急广播系统在火灾发生时，以下哪项不是其自动控制的功能？（　　　）

A. 自动启动广播　　　　　　　　　B. 播放背景音乐
C. 选择广播分区和内容　　　　　　D. 监测设备运行状态

【即学即练 14-2-2】

关于消防应急广播系统的自动控制，以下哪项描述是正确的？（　　　）

A. 消防应急广播系统不能与其他安全系统进行对接
B. 消防应急广播系统在火灾发生时，会自动调整广播内容以适应不同语种的人员
C. 消防应急广播系统不具备故障检测功能
D. 消防应急广播系统在火灾发生时，会自动关闭以防止损坏

【实践实训】

项目名称	消防应急广播系统的安装与调试				
学生姓名		班级学号		组别	
同组成员					

任务分工			
完成日期		教师评价	

一、实训目的

1. 熟悉火灾自动报警系统的组成和工作原理。

2. 能够使用编码器对火灾探测器、手动火灾报警按钮、现场模块等设备编码。

3. 能够在火灾报警控制器上完成设备的注册、定义、联动公式编写等调试内容。

4. 能够模拟发生火灾时，实现声光警报器的自动报警。

5. 能够模拟发生火灾时，实现消防广播及消防电话的联动控制。

二、实训设备

1. 火灾报警控制器(联动型)1台。

2. 消防广播设备1套、消防电话总机1套。

3. 短路隔离器1个、感烟火灾探测器2个、手动火灾报警按钮1个、声光警报器1个、扬声器监视模块1个、消防电话接口模块2个。

4. 扬声器1个、固定式消防电话分机1个、手提式消防电话分机1个、消防电话插孔2个。

5. 电子编码器1个、万用表1个、插接线等。

三、实训要求

1. 按下智能手动操作按键6，启动声光警报器。

2. 触发感烟火灾探测器和手动报警按钮，声光警报器立即启动。

3. 当发生火灾时，消防广播能自动切换到扬声器进行系统预录的应急广播信号播报，同时能使用话筒进行人工语音播报。

4. 当发生火灾时，消防电话总机面板上的呼叫操作键能够和消防电话分机形成对应的按键操作。

5. 当发生火灾时，固定式消防电话分机摘机即可呼叫电话主机，手提式消防电话分机插入电话插孔呼叫电话主机。

四、实训内容

1. 按图1完成现场设备的安装与接线。

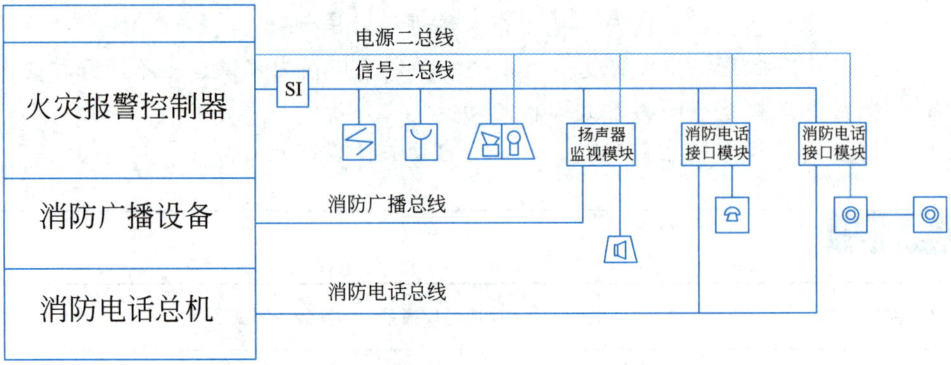

图1　消防广播及消防电话系统联动控制系统图

2. 按表 1 要求，完成各消防设备编码设置。

系统模块参数设置表　　　　　　　　　　　　　　　　　**表 1**

序号	设备名称	原码	二次码	设备定义	键值		
					手动盘	广播盘	电话盘
1							
2							
3							
4							

3. 完成现场消防设备、器件的安装。

4. 按要求编写联动控制逻辑公式。

五、完成火灾报警控制器的调试，并写出调试步骤

六、故障现象及其原因分析，解决方法

七、小组总结

【知识链接】

资源名称	应急广播在预防自然灾害中的应用	IP 消防网络广播系统与 itc 新型消防广播系统
资源类型	文档	文档
资源二维码		

任务 15　防火门及防火卷帘系统的联动控制

【思维导图】

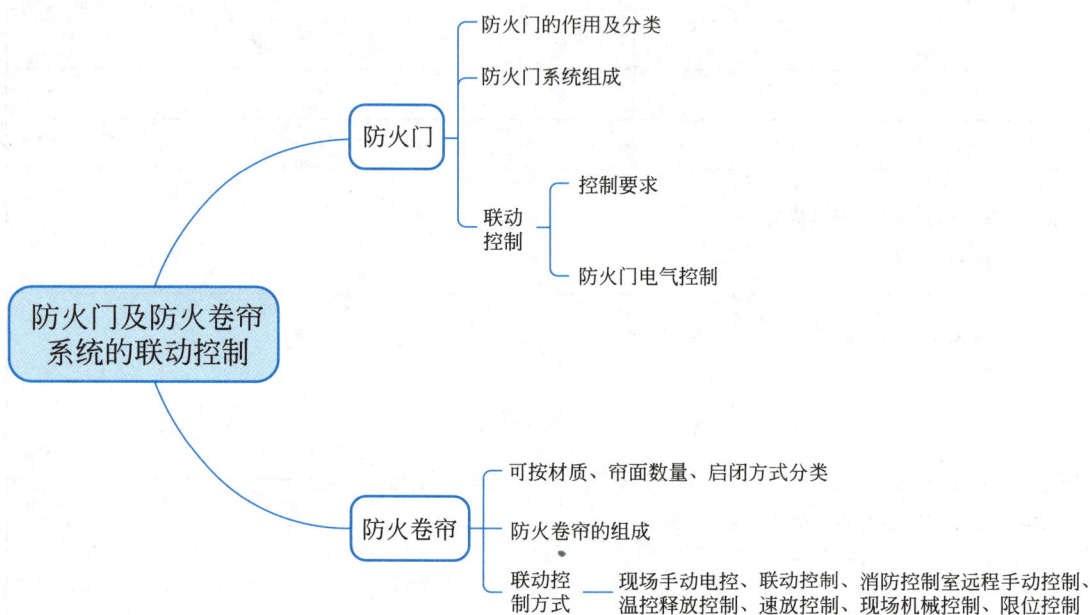

【学习目标】

[知识目标]	1. 能够描述防火门及防火卷帘的组成、分类及工作原理； 2. 能够归纳防火门、防火卷帘的联动控制方式
[能力目标]	1. 具备根据现场设置防火门、防火卷帘的能力； 2. 具备分析防火门、防火卷帘联动控制电路的能力
[素质目标]	培养学生树立高度的安全意识，时刻关注身边的火灾隐患，并采取积极措施进行防范。自觉遵守消防安全规定和操作规程，确保自身和他人的安全

【情境导入】

　　2020 年 3 月 21 日 6 时 10 分许，广东省汕头市某街道一居民自建房首层发生火灾。所幸该屋主在一～二楼楼梯口处加设防火门和防火隔墙，成功阻隔了火势和浓烟向上蔓延，有效地为人员逃生自救和消防员到场灭火提供充足的时间，因此避免了一次火灾伤亡事故的发生。

15.1 防火门

作为消防员，你接到报警，某商场发生火情。抵达现场后，你发现防火门被锁且损坏，首先要迅速破拆防火门，以救出被困人员并控制火势。同时，利用生命探测仪等设备寻找可能存在的被困者。

【讨论】防火门与防火卷帘应分别设置在建筑物哪些部位？

一、防火门的作用及分类

防火门是在一定时间内，连同框架能够满足耐火完整性、隔热性等要求的建筑防火分隔构件。防火门通常设置在建筑内防火墙、楼梯间出入口或管井开口等部位，除具有普通门的作用外，还是重要的防火分隔物，在一定时间内阻止烟、火的扩散和蔓延，起到隔热、隔烟的重要作用。

防火门的分类形式有很多种，按材质可分为木质防火门、钢质防火门、钢木质防火门和其他材质防火门，其代号分别为 MFM、GFM、GMFM 和 TFM。

按结构形式可分为门扇上带防火玻璃的防火门（代号 b）、带亮窗的防火门（代号 1）、带玻璃带亮窗的防火门（代号 bl）和无玻璃防火门。

按开闭状态可分为常闭防火门、常开防火门。常闭防火门平常在闭门器的作用下处于关闭状态，火灾时能起到阻止火势及烟气蔓延的作用。常开防火门平时在防火门释放器的作用下处于开启状态。火灾时，防火门电动闭门器或电磁释放器自动释放，防火门在闭门器和顺序器的作用下自动关闭。

按耐火性能可分为隔热防火门（A 类）、部分隔热防火门（B 类）、非隔热防火门（C类）。隔热防火门按耐火极限分为三级：甲级防火门、乙级防火门、丙级防火门，耐火极限分别不低于 1.50h、1.00h 和 0.50h，分别用 A1.50（甲级）、A1.00（乙级）、A0.50（丙级）表示。

二、防火门系统组成

防火门系统主要由防火门监控器、防火门中继器和防火门控制器组成。

1. 防火门监控器

防火门监控器采用非开放式运行模式，其采用系统内自行管理的方式，对外单向传送信息。同时该监控器采用集中供电方式，输入电压为 AC220V，采用消防电源。输出电压为 DC24V 的安全电压，为防火门控制器提供电源。

2. 防火门中继器

防火门中继器的输入电压为 AC220V，采用消防电源，通过其为防火门控制器提供电源。同时防火门中继器延长了防火门监控器的通信距离，并扩展管理传感器数量，保证了监控网络的稳定。

3. 防火门控制器

防火门控制器是现场控制防火门的重要元件，可以完成防火门状态信息的采集以及信号反馈，同时保证消防联动控制。控制器后端会根据防火门的开启状态设置不同的设备元件，通常有门磁开关、弹簧闭门器、电动闭门器、电磁释放器、开启按钮等。

三、防火门系统联动控制

1. 防火门系统联动控制要求

防火门系统的联动控制设计，应符合下列规定：

（1）应采用常开防火门所在防火分区内的两只独立的火灾探测器或一只火灾探测器与一只手动火灾报警按钮的"与"逻辑，作为常开防火门关闭的联动触发信号，联动触发信号应由火灾报警控制器或消防联动控制器发出，并应由消防联动控制器或防火门监控器联动控制防火门关闭，防火门监控系统如图 15-1-1 所示；

（2）疏散通道上各防火门的开启、关闭及故障状态信号应反馈至防火门监控器。

（3）防火门两侧应设专用的感烟火灾探测器组成控制电路，重点保护建筑中的电动防火门应在现场自动关闭，不宜在消防控制室集中控制。

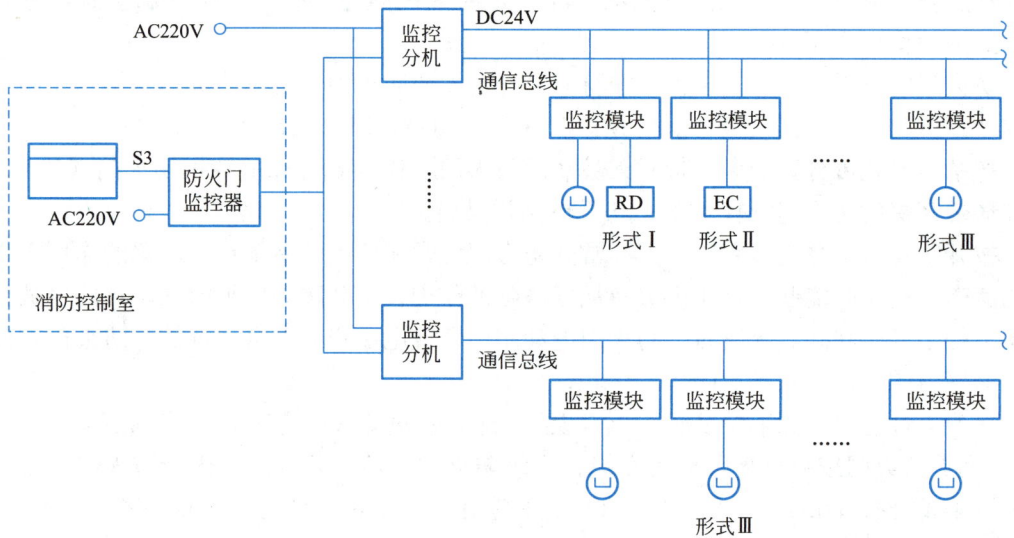

图 15-1-1　防火门监控系统

2. 防火门电气控制

防火门系统在建筑中的状态是：平时（无火灾时）处于开启状态，火灾时控制其关闭。防火门的控制可用手动控制或电动控制，当采用电动控制时，需要在防火门上配有相应的闭门器及释放开关。防火门电气控制线路如图 15-1-2 所示。

主电路中，火灾报警控制器中的消防触点 KJ（常开），当火灾发生时闭合，接通防火门电磁铁线圈 YA 电路，电磁铁动作，拉开电磁锁销（或拉开被磁铁吸住的铁板），防火门在自身门轴弹簧的作用下关闭。当防火门关闭时，会压住（或碰触）微动行程开关 SG 的动触头，使常闭触点打开，常开触点闭合，接通控制电路中的信号灯 HL，作为防火门关闭的回答信号。从控制电路中可以看出，防火门的控制电磁铁 YA，也可由手动按钮 SB 控制，关闭防火门。

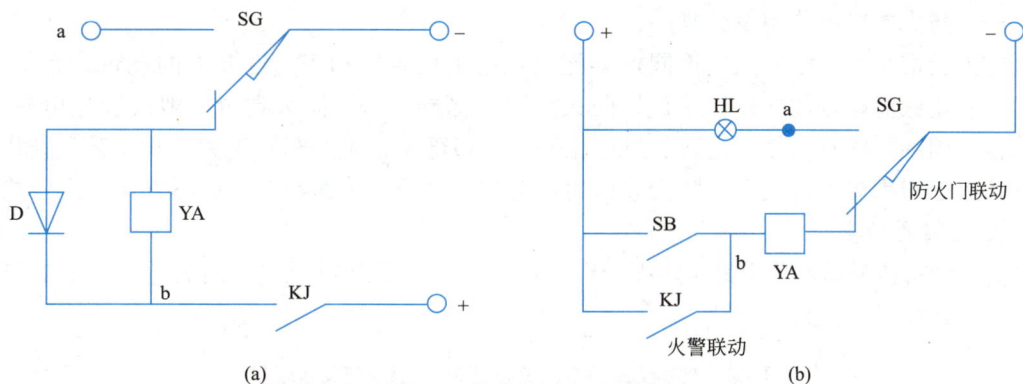

图 15-1-2 防火门电气控制线路
(a) 主电路；(b) 控制电路

【即学即练 15-1-1】

疏散通道上设置的电动防火门，应由设置在防火门任意一侧的（   ）报警信号，作为系统的联动触发信号，联动控制防火门关闭。

A. 火灾探测器

B. 消火栓按钮

C. 火灾显示盘

D. 输入输出模块

【即学即练 15-1-2】

关于防火门的联动控制，以下哪项描述符合《火灾自动报警系统设计规范》GB 50116—2013 的要求？（   ）

A. 防火门所在防火区内两只独立的火灾探测器报警后，联动控制防火门关闭

B. 防火门所在防火分区内任一只火灾探测器报警后，联动控制防火门关闭

C. 防火门所在防火区内任一只手动火灾报警按钮报警后，联动控制防火门关闭

D. 防火门所在防火分区及相邻防火分区各一只火灾探测器报警后，联动控制防火门关闭

15.2 防火卷帘

【岗位情景模拟】

某大型商业综合体内，一场火灾突然爆发。火灾起因是一家餐厅的厨房设备故障引发短路，火势迅速蔓延。

【讨论】作为消防维保人员，如何启动商业综合体防火卷帘控制系统？请举例说明，不同场所防火卷帘控制有何不同？

一、防火卷帘的作用及分类

防火卷帘是在一定时间内连同框架能满足耐火稳定性和完整性要求的卷帘，有隔火、阻火、防止火势蔓延的作用，是建筑防火分隔的措施之一。防火卷帘一般设置在电梯厅、自动扶梯周围，中庭与楼层走道、过厅相通的开口部位，生产车间中大面积工艺洞口以及设置防火墙有困难的部位等。防火卷帘通常可按照材质、帘面数量、启闭方式进行分类。

1. 按材质分类

防火卷帘按材质可分为钢质防火卷帘（图 15-2-1）、无机纤维复合防火卷帘（图 15-2-2）和特级防火卷帘。

图 15-2-1　钢质防火卷帘

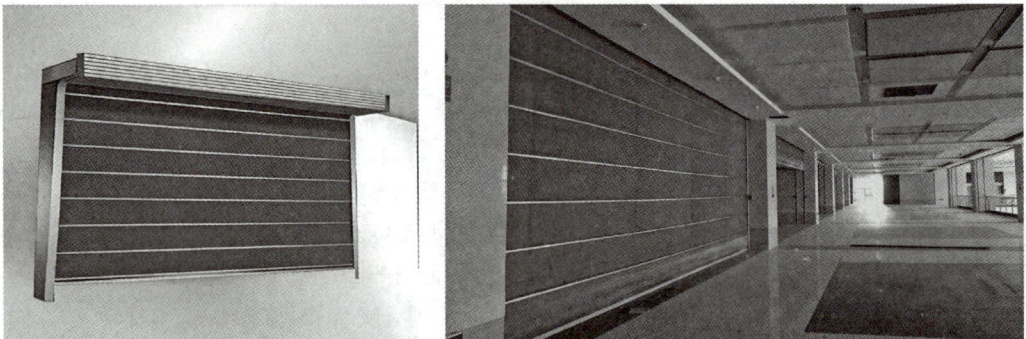

图 15-2-2　无机纤维复合防火卷帘

2. 按帘面数量分类

防火卷帘按帘面数量可分为单帘面防火卷帘和双帘面防火卷帘。单帘面防火卷帘主要有钢质防火卷帘、水雾式钢质特级防火卷帘；双帘面主要有无机特级防火卷帘。

3. 按启闭方式分类

防火卷帘按启闭方式可分为垂直式防火卷帘、侧向式防火卷帘、水平式防火卷帘。垂直式防火卷帘包括卷筒式防火卷帘和提升式防火卷帘（图 15-2-3）。

二、防火卷帘的组成

防火卷帘主要由卷门机、帘板（面）、卷轴、导轨、防护罩（箱体）、控制器、手动按

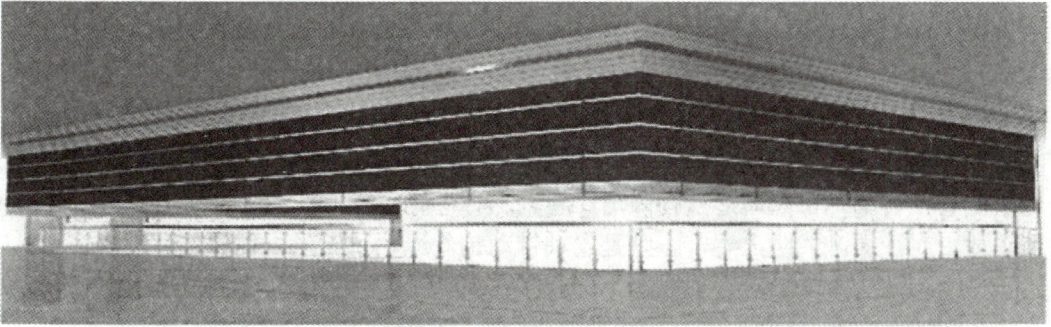

图 15-2-3　提升式防火卷帘

钮盒、温控释放装置等组成。

1. 卷门机

防火卷帘的卷门机由电动机、电动机机板、减速箱、制动机构、限位器、手动操作部件组成，用于驱动防火卷帘的收卷和下放。卷门机的主要部件如图 15-2-4 所示。

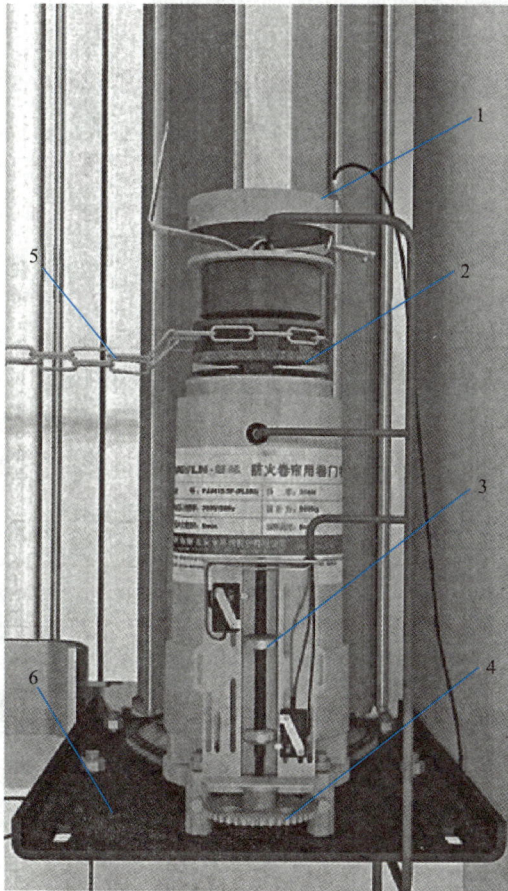

图 15-2-4　卷门机

1—电动机；2—制动机构；3—限位器；4—减速箱；5—手动操作部件；6—电动机机板

2. 帘板（面）

帘板（面）的功能是在防火卷帘下放后封堵洞口，阻止火灾蔓延和控制烟雾扩散。根据帘面材质可分为钢质帘面、无机纤维复合帘面和其他材质帘面。

3. 卷轴

卷轴支撑在电动机机板的轴承上，如图 15-2-5 所示，可绕轴承转动，卷门机通过传动链轮带动卷轴转动，帘面通过挂钩固定在卷轴上，卷轴转动时，卷绕帘面，实现帘面的收卷和下放。对于提升式防火卷帘，则是卷轴带动钢丝绳，由钢丝绳提升或者下放帘面。

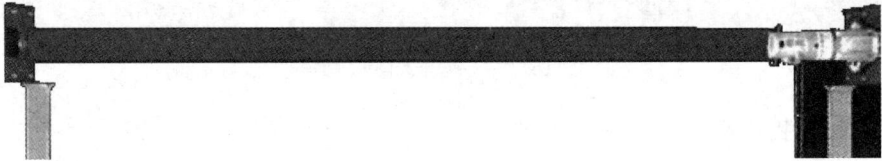

图 15-2-5　卷轴

4. 控制器

控制器的主要功能是接收启动指令，控制卷门机下放或收卷帘面，发出防火卷帘动作的声、光指示信号，并反馈相关信号至消防控制中心。在卷门机电源发生故障时，应能在控制器的控制下由控制器供电电源启动速放控制装置，实现防火卷帘依靠自重下降。

5. 手动按钮

手动按钮安装在卷帘洞口的两侧，用于控制防火卷帘的上升和下降，同时具备停止功能。手动按钮盒底边距地高度宜为 1.3～1.5m。每个防火卷帘在自动下降过程中，通过手动按钮应能优先插入急停操作。手动按钮如图 15-2-6 所示。

6. 温控释放装置

温控释放装置是一种温控连锁装置，当温控释放装置的感温元件周围的温度达到 (73 ± 0.5)℃时，温控释放装置动作，牵引开启卷门机的制动机构，松开刹车盘，卷帘依靠自重下降关闭。温控释放装置具备手动释放功能，可以通过手动方式拉开卷帘电动机的制动机构，松开刹车盘，使卷帘依靠自重下降关闭。温控释放装置如图 15-2-7 所示。

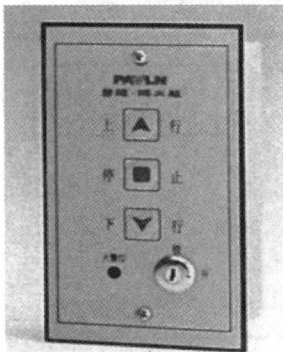

图 15-2-6　手动按钮

图 15-2-7　温控释放装置

三、防火卷帘系统联动控制

1. 防火卷帘控制方式

（1）现场手动电控

通过手动操作防火卷帘控制器上的按钮（部分产品具备）或防火卷帘两侧设置的手动控制按钮，以电控方式控制防火卷帘的上升、下降、停止。

（2）联动控制

防火卷帘平时处于收卷（开启）状态，当火灾发生时受消防控制室联动控制或手动操作控制而处于下降（关闭）状态。防火卷帘有两种控制方式，即中心联动控制和模块联动控制，两种控制方式如图 15-2-8 所示。

1）对于疏散通道上设置的防火卷帘，由防火分区内任两只独立的感烟火灾探测器或任一只专门用于联动防火卷帘的感烟火灾探测器的报警信号联动控制防火卷帘下降至距楼板面 1.8m 处；由任一只专门用于联动防火卷帘的感温火灾探测器的报警信号联动控制防火卷帘下降到楼板面。在卷帘的任一侧距卷帘纵深 0.5～5m 内应设置不少于 2 只专门用于联动防火卷帘的感温火灾探测器。

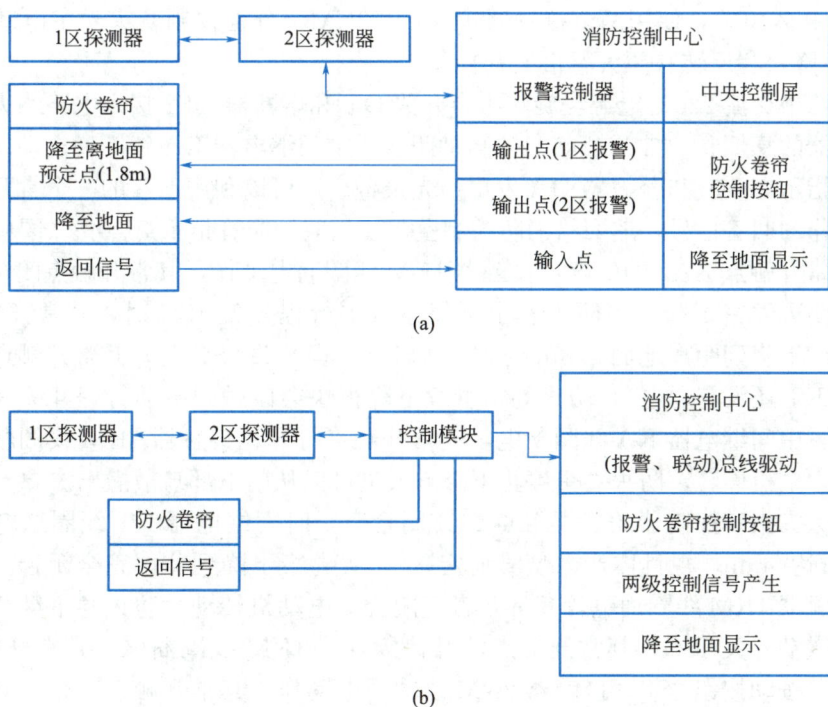

(a)

(b)

图 15-2-8　防火卷帘联动控制方式
（a）中心联动控制；（b）模块联动控制

2）对于非疏散通道上设置的防火卷帘，由防火卷帘所在防火分区内任两只独立火灾探测器的报警信号作为防火卷帘下降的联动触发信号，联动控制防火卷帘直接下降到楼板面。由防火卷帘两侧设置的手动控制按钮控制防火卷帘的升降，并应能在消防控制室内的消防联动控制器上手动控制防火卷帘的降落。

（3）消防控制室远程手动控制

通过消防控制室消防联动控制器可手动控制防火卷帘的降落。

（4）温控释放控制

防火卷帘应装配温控释放装置，当温控释放装置的感温元件周围温度达到（73±0.5)℃时，温控释放装置动作，卷帘依自重自动下降至全闭。

（5）速放控制

防火卷帘卷门机具有依靠防火卷帘自重恒速下降的功能，可通过控制器速放控制装置在卷门机电源发生故障时启动速放装置，或人工拉动手动速放装置，使防火卷帘依靠自重下降。

（6）现场机械控制

防火卷帘卷门机上设有手动拉链，可通过人工拉动拉链控制卷帘升降。

（7）限位控制

当防火卷帘启、闭至上、下限位时，卷门机自动停止。

2. 防火卷帘的控制电路

图 15-2-9 中主电路通入三相交流 380V 电源（应为专用消防电源），经刀开关 QK 和熔断器 QF1 接入电路，使用两个接触器 1KM 和 2KM，分别控制防火卷帘电动机的正转（防火卷帘下降）和反转（防火卷帘上升）。

控制电路中交流 220V 电源经旋转组合开关 QT 和熔断器 QF2 接入电路。火灾时，来自火灾报警器的感烟联动常开触点 1KJ 自动闭合，中间继电器 KA 线圈通电动作，其常开触点闭合，指示灯 HL 和警报器 HA 发出声光报警。还可以利用 KA 的一个常开触点作为防火卷帘动作的回答信号，返回给消防控制室，使相应的应答指示灯点亮（图中未画出）。利用 KA 的常开触点 KA2 的闭合，接触器 1KM 线圈通电动作，其常开触点闭合，电动机转动，带动防火卷帘下降，当防火卷帘下降碰触到行程开关 1SG 时，其常开触点闭合。防火卷帘继续下降到距离地面 1.8m 处时，碰触到行程开关 2SG 时，其常开触点闭合（但时间继电器 KT 还没有通电），防火卷帘继续下降很快会碰触到微动行程开关 3SG，其常闭触点断开，中间继电器 KA 线圈断电，其常开触点打开，接触器 1KM 线圈断电，其常开触点打开，电机停转，防火卷帘停止下降，人员可以从门下部疏散撤出。

当来自火灾报警控制器的感温触点 2KJ 闭合时，时间继电器 KT 线圈通电延时动作（最长延时可达 5min，视具体产品型号而定），防火卷帘下降到位，完全闭合。其常开触点闭合，接触器 1KM 线圈通电，其常开触点闭合，电动机转动，防火卷帘继续下降到达底部，碰触微动开关 4SG，其常开触点断开，接触器 1KM 线圈断电，其常开触点打开，电动机停转。按动按钮 2SB，接触器 2KM 线圈通电动作，其常开触点闭合，电动机反转运行，带动防火卷帘上升，当上升到顶部时，碰触微动开关 1SG，其常开触点断开，2KM 线圈断电，电机停转，门停止上升，当按手动控制按钮 1SB 时，可以自动控制防火卷帘下降。阀门可通过感烟信号联动、手动或温度熔断器使之瞬时开启，外部为百叶窗。感烟信号联动是由 DC 24V、0.3A 电磁铁执行，联动信号可来自现场烟感火灾探测器，也可来自消防控制室的联动控制盘，也可用手动拉绳开启阀门的手动操作。阀门打开后其联动开关接通信号回路，可向控制室返回阀门已开启的信号或连锁控制其他装置。执行机构的电路中，当温度熔断器更换后，阀门可手动复位。

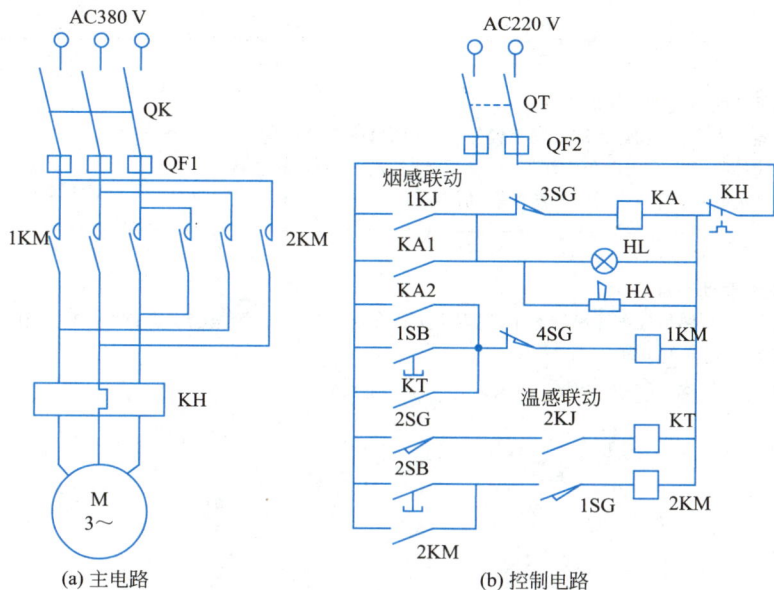

图 15-2-9 防火卷帘的控制电路

【即学即练 15-2-1】

在火灾发生时，以下哪种情况关于防火卷帘的描述是正确的？（　　）

A. 防火卷帘应始终保持开启状态以方便人员疏散

B. 防火卷帘在火灾时应立即全部关闭，以防止火势蔓延

C. 安装在疏散走道上的防火卷帘应在两侧安装感温火灾探测器

D. 防火卷帘的执行机构不需要与防火控制中心连接

【即学即练 15-2-2】

在哪些情况下，防火卷帘门可能会采用"两步降"的联动控制方式？（　　）

A. 当卷帘门安装在人员密集的场所时

B. 当卷帘门用作非疏散通道上的防火分隔时

C. 当卷帘门安装在自动扶梯周围时

D. 当火灾探测器误报时

实践实训

项目名称	防火卷帘系统的安装与调试				
学生姓名		班级学号		组别	
同组成员					
任务分工					
完成日期		教师评价			

一、实训目的

1. 熟悉防火卷帘系统的组成和工作原理。
2. 能够使用编码器对火灾探测器、手动火灾报警按钮、现场模块等设备编码。
3. 能够在火灾报警控制器上完成设备的注册、定义、联动公式编写等调试内容。
4. 能够模拟发生火灾时，实现防火卷帘系统的联动控制。

二、实训设备

1. 火灾报警控制器（联动型）1台。
2. 防火卷帘控制器1台、感烟火灾探测器2个、感温火灾探测器1个、声光警报器1个、输入/输出模块2个、手动释放装置1套、防火卷帘控制开关1只。
3. 电子编码器1个、万用表1个、插接线等。

三、实训任务

根据图1和图2，按要求进行防火卷帘系统的安装与调试。

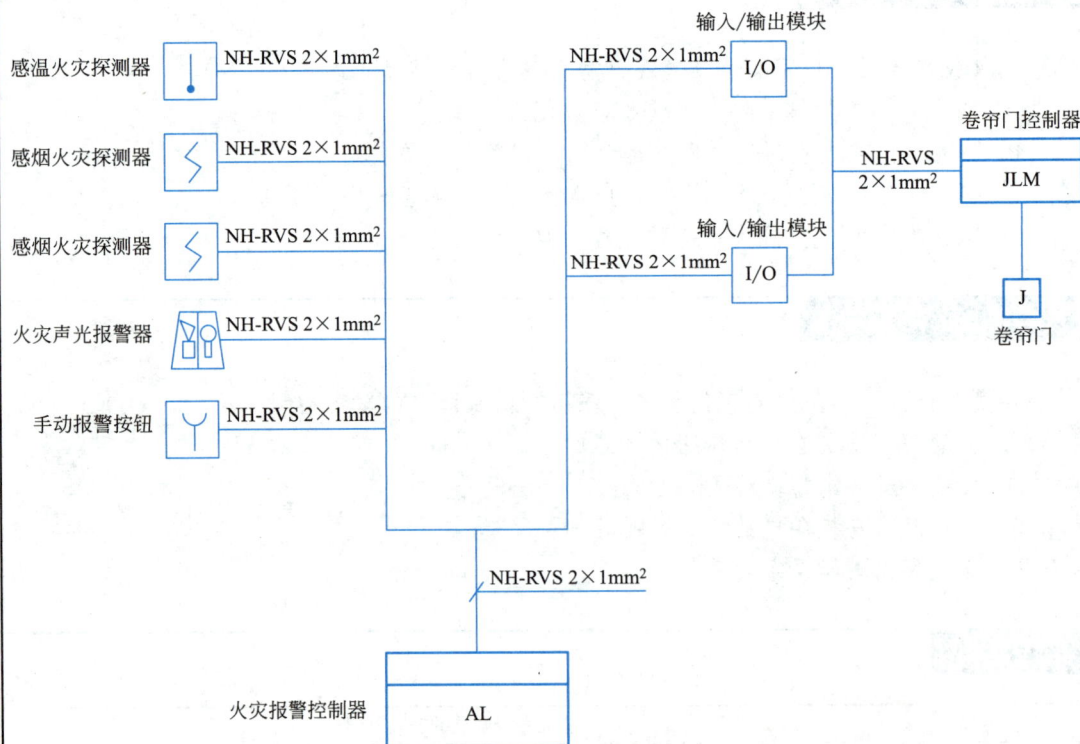

图1　防火卷帘联动控制系统图

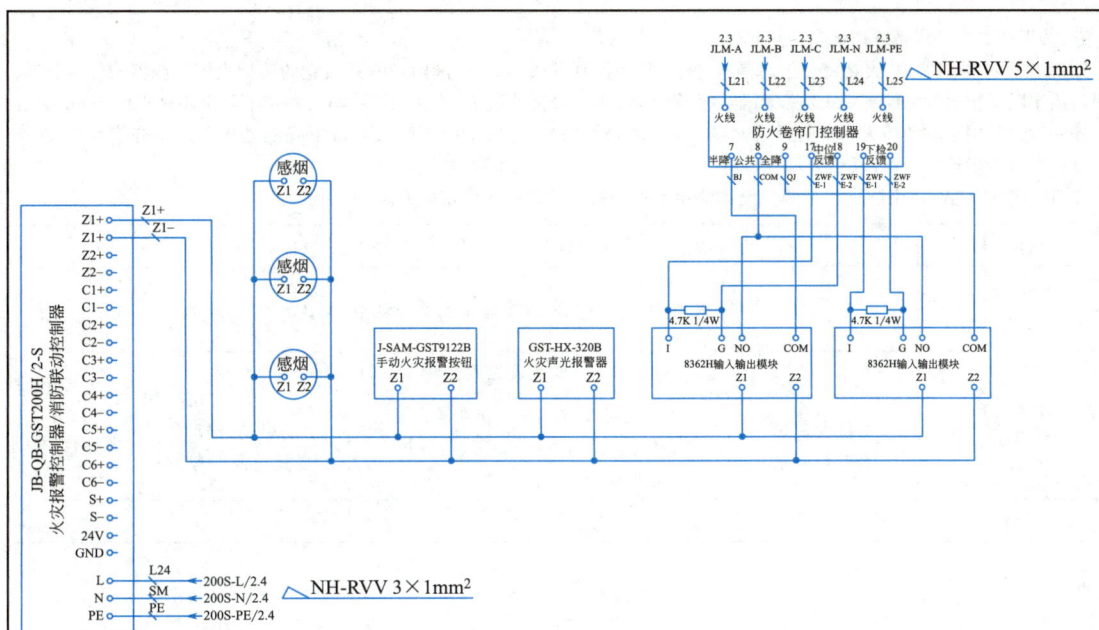

图2 防火卷帘系统原理图

四、实训要求

1. 器件安装

分组对所提供的器件、管件、管材进行进场检查,确认后,根据任务要求,按照防火卷帘联动控制系统图,安装完整的防火卷帘系统。

(1)完成感烟火灾探测器、感温火灾探测器的安装并进行编码;

(2)完成手动控制按钮的安装并进行编码;

(3)完成温控释放装置的安装。

2. 接线与布线

完成火灾自动报警控制器(联动型)与防火卷帘控制器、感烟火灾探测器、感温火灾探测器,控制模块等之间的接线。

工艺要求:接线时正确使用工具,布线要求在线槽或线管内进行,连接线上应使用号码管,并做好识别标记或标注,编号和接线图编号要一致,线路进出控制器箱体时,采用软管连接,各器件之间,必须使用金属导管连接。

3. 模块设置

序号	设备名称	编码	二次码	设备定义
1	输入/输出模块	01	000001	26(防火卷帘中)
2	输入/输出模块	02	000002	27(防火卷帘下)
3	声光警报器	03	000003	76(声光报警)
4	手动报警按钮	04	000004	11(手动按钮)
5	感温火灾探测器	05	000005	02(点型感温)
6	感烟火灾探测器	06	000006	03(点型感烟)
7	感烟火灾探测器	07	000007	03(点型感烟)

续表

五、按下列要求完成系统调试

1. 配接火灾探测器,防火卷帘位于疏散通道上,联动控制方式,防火分区内任两只独立的感烟火灾探测器或任一只专门用于联动防火卷帘的感烟火灾探测器的报警信号,声光警报器报警,并联动控制防火卷帘下降至距楼板面1.8m处;任一只专门用于联动防火卷帘的感温火灾探测器的报警信号,应联动控制防火卷帘下降到楼板面。所有信号应反馈至火灾自动报警控制器(联动型)显示装置上。

2. 手动控制方式,应由防火卷帘两侧设置的手动控制按钮控制防火卷帘的升降。

小组序号		学生姓名			
验收执行 标准名称及编号	《防火卷帘、防火门、防火窗施工及验收规范》GB 50877—2014				
防火卷帘 系统	防火卷帘安装测试项目				
	器件安装是 否符合要求	一次信号1.8m 是否停止/二次 信号是否降地面	联动是否正 常、信号是 否正常显示	手动启动/停动 装置是否正常	教师签字
结论					

六、故障现象及其原因分析,解决方法

七、小组总结

知识链接

资源名称	防火门行业发展史	防火卷帘联动控制案例	防火卷帘联动控制
资源类型	文档	文档	视频
资源二维码			

任务 16　电气火灾预警监控系统

【思维导图】

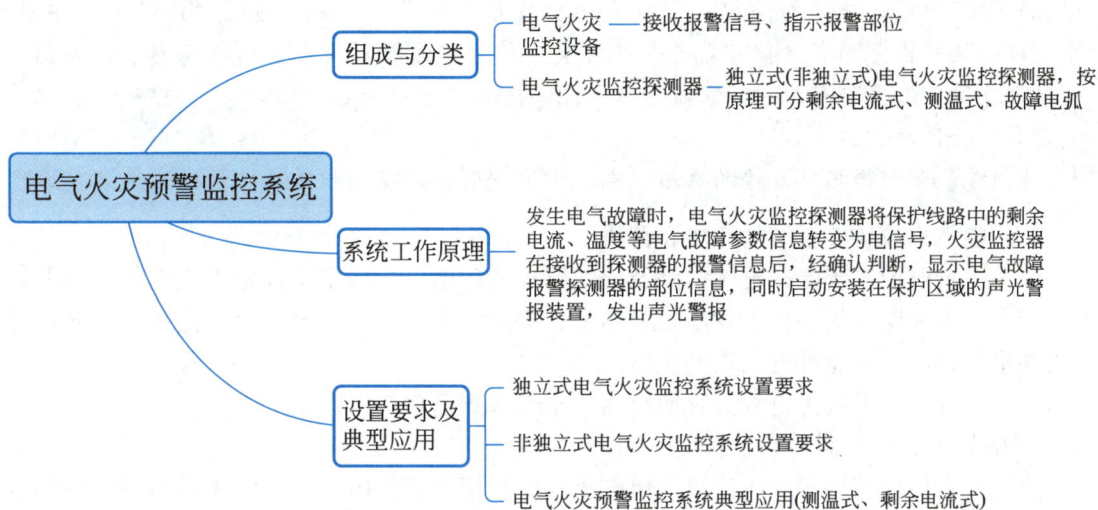

电气火灾预警监控系统

组成与分类
- 电气火灾监控设备 —— 接收报警信号、指示报警部位
- 电气火灾监控探测器 —— 独立式(非独立式)电气火灾监控探测器,按原理可分剩余电流式、测温式、故障电弧

系统工作原理

发生电气故障时,电气火灾监控探测器将保护线路中的剩余电流、温度等电气故障参数信息转变为电信号,火灾监控器在接收到探测器的报警信息后,经确认判断,显示电气故障报警探测器的部位信息,同时启动安装在保护区域的声光警报装置,发出声光警报

设置要求及典型应用
- 独立式电气火灾监控系统设置要求
- 非独立式电气火灾监控系统设置要求
- 电气火灾预警监控系统典型应用(测温式、剩余电流式)

【学习目标】

[知识目标]	1. 了解电气火灾预警监控系统的组成和分类; 2. 能够描述电气火灾预警监控系统组成及工作原理; 3. 熟悉电气火灾预警监控系统设置要求及典型应用
[能力目标]	1. 具备根据建筑物的性质、电气火灾危险性以及保护对象的等级选择探测器; 2. 具备分析电气火灾预警监控系统工作原理的能力
[素质目标]	通过对电气火灾预警监控系统的学习,树立遵守国家规范的观念,强化学生的安全意识和责任感,提高火灾自救能力,增强学生社会责任感

【情景导入】

　　根据国家消防救援局最新统计,2024 年 1～12 月,全国共接报火灾 95.7 万起,死亡 1876 人,受伤 2132 人,直接财产损失达到 74.3 亿元。从起火原因分析,排在第 1 位的火灾类型依然是电气火灾,占比高达 33.8%。而在 2023 年,电气火灾的数量占全年火灾的 35.2%。这些数据进一步强化了电气火灾作为各类火灾事故中首要威胁的严峻性。为了更有效地预防电气或电路火灾,保障人民的生命财产安全,电气火灾监控系统的部署与应用变得越发关键和重要。

16.1 电气火灾预警监控系统组成、分类及工作原理

【岗位情景模拟】

假如你是一位消防工程师，对一所商业综合体进行电气火灾监控系统方案设计，你需要全面考虑系统架构、探测器选择、数据传输与处理、报警与响应机制、系统集成与兼容性、用户培训与应急预案以及系统维护与升级等多个方面。通过综合考虑这些因素，可以设计出更加有效和可靠的电气火灾监控系统方案，其中包括探测器、控制器、通信设备等的配置和布局。确保监控系统能够全面覆盖商业综合体的各个关键区域，特别是高风险区域。

【讨论】如何根据建筑物的性质、电气火灾危险性以及保护对象的等级选择探测器？

一、电气火灾监控系统的组成和分类

电气火灾监控系统能在电气线路及该线路中的配电设备或用电设备发生电气故障并产生一定电气火灾隐患的条件下发出报警信号，提醒专业人员排除电气火灾隐患，实现电气火灾的早期预防，避免电气火灾的发生。

电气火灾监控系统由电气火灾监控器、电气火灾监控探测器组成。

1. 电气火灾监控器

电气火灾监控器用于为所连接的电气火灾监控探测器供电，能接收来自电气火灾监控探测器的报警信号，发出声、光报警信号和控制信号，指示报警部位，记录、保存并传送报警信息的装置。电气火灾监控设备按系统连线方式的不同可分为多线制和总线制两个类别。

（1）多线制电气火灾监控设备，即采用多线制方式与电气火灾监控探测器连接。

（2）总线制电气火灾监控设备，即采用总线制（一般为 2～4 根）方式与电气火灾监控探测器连接。

2. 电气火灾监控探测器

电气火灾监控探测器能够探测被保护线路中的剩余电流、温度、故障电弧等电气火灾危险参数变化，自动产生报警信号并向电气火灾监控器传输报警信号。

（1）电气火灾监控探测器按工作方式分为独立式电气火灾监控探测器和非独立式电气火灾监控探测器，两种探测器系统图如图 16-1-1 和图 16-1-2 所示。

1）独立式电气火灾监控探测器，该类型探测器具备监控报警功能，探测器在报警时发出声、光报警信号，并显示报警值，能够独立使用。即可以自成系统，不需要配接电气火灾监控设备。

2）非独立式电气火灾监控探测器，该类型探测器自身不具有报警功能，需要配接电气火灾监控设备组成系统。

（2）电气火灾监控探测器按工作原理可分为剩余电流式电气火灾监控探测器、测温式（过热保护式）电气火灾监控探测器和故障电弧探测器等。

1）剩余电流式电气火灾监控探测器，即监测被保护线路中的剩余电流值变化的探测器，当被保护电气线路中的剩余电流超过报警设定值时，能发出报警和控制信号。一般由

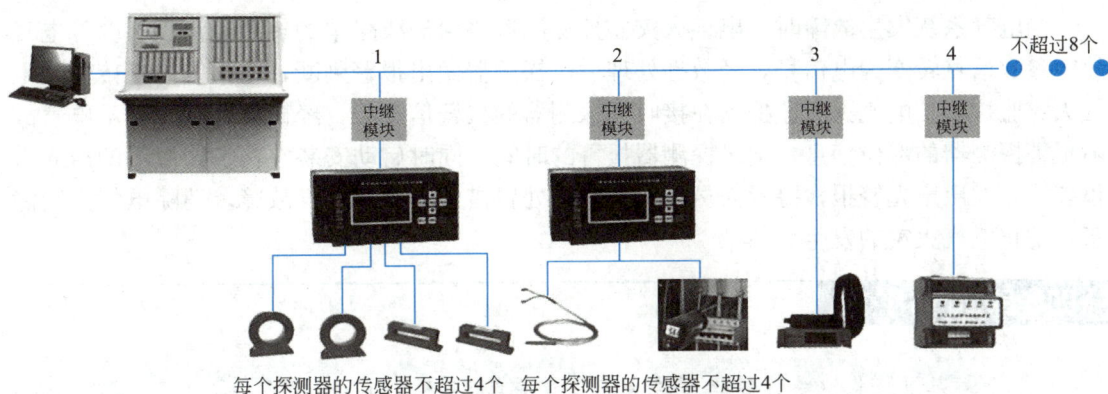

每个探测器的传感器不超过4个　每个探测器的传感器不超过4个

图 16-1-1　独立式电气火灾监控探测器

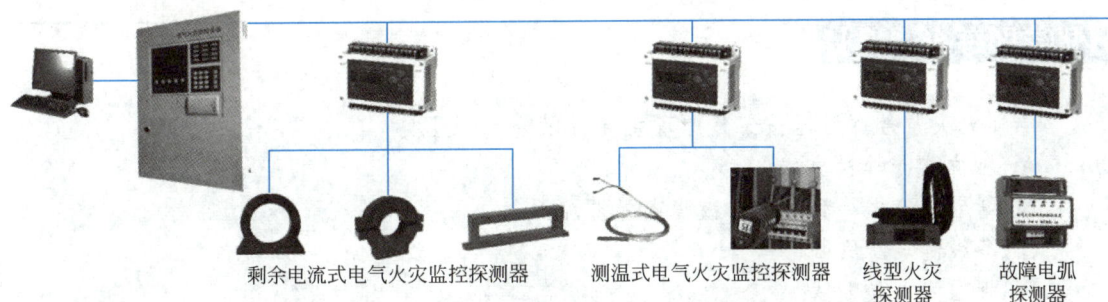

剩余电流式电气火灾监控探测器　　测温式电气火灾监控探测器　　线型火灾探测器　　故障电弧探测器

图 16-1-2　非独立式电气火灾监控探测器

剩余电流传感器和信号处理单元组成，如图 16-1-3 所示。

2）测温式电气火灾监控探测器。测温传感器测量被保护线路中的温度参数变化，包括信号处理单元和测温传感器。信号处理单元接收传感器温度参数的测量数据，并对数据进行分析处理，测温传感器一般由热敏电阻或红外测温元件等组成，如图 16-1-4 所示。

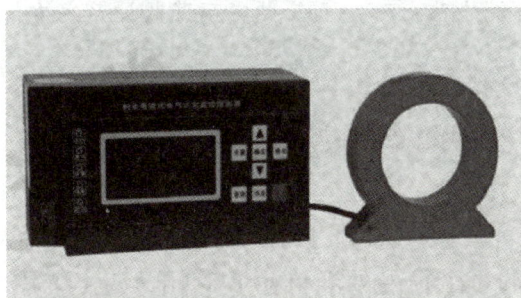

图 16-1-3　剩余电流式电气火灾监控探测器

图 16-1-4　测温式电气火灾监控探测器

3）故障电弧探测器，即用于探测被保护电气线路中产生故障电弧的探测器。当被保护线路上发生故障电弧时，发出报警信号。

二、电气火灾监控系统的工作原理

当电气系统发生故障时，电气火灾监控探测器将保护线路中的剩余电流、温度等电气故障参数信息转变为电信号，经数据处理后，探测器做出报警判断，将报警信息传输到电气火灾监控器。电气火灾监控器在接收到探测器的报警信息后，经确认判断，显示电气故障报警探测器的部位信息，记录探测器报警的时间，同时启动安装在保护区域场的声光警报装置，发出声光警报，警示人员采取相应的处置措施，排除电气故障，消除电气火灾隐患，防止电气火灾的发生。

【即学即练 16-1-1】

电气火灾预警监控系统属于哪种火灾预警系统？（　　　）

A. 火灾自动报警系统　　　　　　B. 火灾早期预防系统

C. 火灾紧急处置系统　　　　　　D. 火灾隐患排查系统

【即学即练 16-1-2】

电气火灾监控探测器按工作原理主要可以分为哪几类？（　　　）

A. 独立式与非独立式

B. 剩余电流式、测温式与故障电弧探测器

C. 多线制与总线制

D. 报警式与控制式

16.2　电气火灾预警监控系统设置要求及典型应用

【岗位情景模拟】

小李是某大型商业综合体消防控制室监控人员，负责维护和管理火灾自动报警及联动控制系统。某天小李正在监控室值班，二楼空调线路短路，电气火灾预警监控系统发出警报声。

【讨论】1. 请问小李应该如何处置？

2. 如何对电气火灾预警监控系统进行设置，需要考虑哪些因素？

一、独立式电气火灾监控系统设置要求

1. 在无消防控制室且电气火灾监控探测器设置数量不超过 8 只时，可采用独立式电气火灾监控探测器，独立式电气火灾监控探测器的每个信号处理单元最多可以带 4 个传感器。

2. 设有火灾自动报警系统时，独立式电气火灾监控探测器的报警信息和故障信息，应在消防控制室图形显示装置或集中火灾报警控制器上显示，一般情况下，可以通过中继模块接入火灾自动报警系统，但该类信息与火灾报警信息的显示应有区别。

3. 独立式电气火灾监控探测器可以接入火灾报警控制器的探测器回路，非独立式电

气火灾监控探测器不应接入火灾报警控制器的探测器回路。

二、非独立式电气火灾监控系统设置要求

1. 非独立式电气火灾监控探测器组成的电气火灾监控系统，可以接入多个回路，每个回路均可以挂接多个探测器。

2. 非独立式电气火灾监控器可设置于消防控制室，也可以设置在保护区域附近，设置在保护区域附近时，应将报警信息和故障信息传入消防控制室。

3. 在设置有消防控制室的场所，电气火灾监控器的报警信息和故障信息应在消防控制室的图形显示装置上显示，或在具有集中控制功能的火灾报警控制器上显示，该类信息与火灾报警信息的显示应有区别。

三、电气火灾预警监控系统典型应用

1. 测温式电气火灾监控探测器的应用

测温式电气火灾监控探测器能探测被保护线路中的温度参数变化，可以监测线路或连接点的温度异常情况，探测器应设置在电缆接头、端子、重点发热部件等部位，如图 16-2-1 所示。

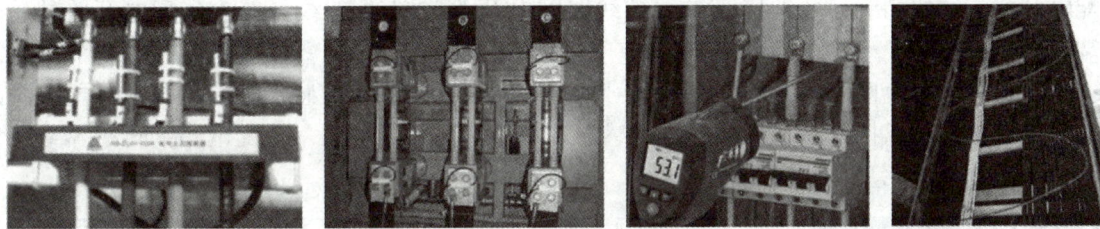

图 16-2-1 测温式电气火灾监控探测器应用

保护对象为 1000V 以上的供电线路，测温式电气火灾监控探测器宜选择光纤光栅测温式或红外测温式电气火灾监控探测器，光纤光栅测温式电气火灾监控探测器应直接设置在保护对象的表面。

应用在电力电缆的电气火灾监控，也可以采用线型感温火灾探测器。

按系统形式，测温式电气火灾监控探测器包括独立式和非独立式两种类型。独立式探测器带声、光报警功能，可以独立使用；非独立式探测器可以通过信号处理单元接入上位机（电气火灾监控设备），依靠电气火灾监控设备实现系统功能，不能独立运行。

2. 剩余电流式电气火灾监控探测器的应用

剩余电流传感器用于测量被保护线路中的剩余电流值变化，一般采用闭合成环的高导磁的铁芯材料（比如高导磁镍钢或超晶合金等）。穿过传感器的保护线路出现剩余电流时，传感器将感应数据传送至信号处理单元。信号处理单元接收传感器的测量数据，并对数据进行分析处理。一个信号处理单元可以接入多个传感器，如图 16-2-2 所示。

剩余电流传感器按外形划分，可以分为圆形传感器和方形传感器。圆形传感器主要适应线缆穿过，方形传感器主要适应并排布置的电缆穿过。

剩余电流式电气火灾监控测器，应遵行以下基本设置要求：

（1）剩余电流式电气火灾监控探测器应设置在低压配电系统。

（2）首端为基本原则，宜设置在第一级配电柜（箱）的出线端。在供电线路泄漏电流大于 500mA 时，宜在其下一级配电柜（箱）设置。

图 16-2-2　剩余电流式电气火灾监控探测器应用

（3）实际应用中，剩余电流传感器可以安装在配电箱主开关出线处，相线（L1、L2、L3）和零线（N）穿入剩余电流传感器，必须是同一方向穿入，PE线不得穿入。

（4）双电源切换开关的配电箱内，剩余电流式电气火灾监控探测器的传感器应置于双电源切换开关出线侧。

（5）剩余电流式电气火灾探测器的电源线宜就地取电，其电源线 L 端接入被保护线路配电开关前端的相线，N 端接入被保护线路配电开关前端的 N 线。禁止从配电开关的后端取电。

（6）剩余电流监控探测器，包括信号处理单元和剩余电流传感器，根据接线需要一个信号处理单元可以接入多个剩余电流传感器，一般情况下，是同一个配电箱的传感器共用一个信号处理单元。

【即学即练 16-2-1】

关于电气火灾预警监控系统的设置要求，以下说法正确的是（　　）。
A. 独立式电气火灾监控探测器在设有消防控制室时，可以直接接入火灾报警控制器的探测回路
B. 非独立式电气火灾监控探测器组成的系统，不应设置于保护区域附近
C. 在未设消防控制室的场所，独立式电气火灾监控探测器应将报警信号传至有人值班的场所
D. 非独立式电气火灾监控器的报警信息和故障信息可以仅在本机显示，无需传入消防控制室

【即学即练 16-2-2】

在电气火灾预警监控系统的典型应用中，关于测温式电气火灾监控探测器的设置，以下说法正确的是（　　）。
A. 对于1000V以上的供电线路，应首选接触测温式电气火灾监控探测器
B. 在电力电缆的电气火灾监控中，线型感温火灾探测器不能替代测温式电气火灾监控探测器
C. 光纤光栅测温式电气火灾监控探测器应直接设置在保护对象的内部
D. 测温式电气火灾监控探测器的设置原则需要考虑保护对象的电压等级和监测需求

实践实训

项目名称	电气火灾预警监控系统安装与调试			
学生姓名		班级学号		组别	
同组成员				
任务分工				
完成日期		教师评价		

一、实训目的

1. 熟悉电气火灾预警监控系统的组成和工作原理。

2. 能够使用编码器对火灾探测器、手动火灾报警按钮、现场模块等设备编码。

3. 能够在火灾报警控制器上完成设备的注册、定义、联动公式编写等调试内容。

二、实训设备

1. 电气火灾报警控制器 1 台、火灾报警控制器 1 台、输入/输出模块 1 个、测温式电气火灾监控探测器 1 个、组合式电气火灾探测器 1 个、声光警报器 1 个。

2. 电子编码器 1 个、万用表 1 个、插接线等。

3. 模拟电流发生器 1 台、烟雾发生器 1 台。

三、实训内容

根据图 1 和图 2,按要求进行电气火灾预警监控系统安装与调试。

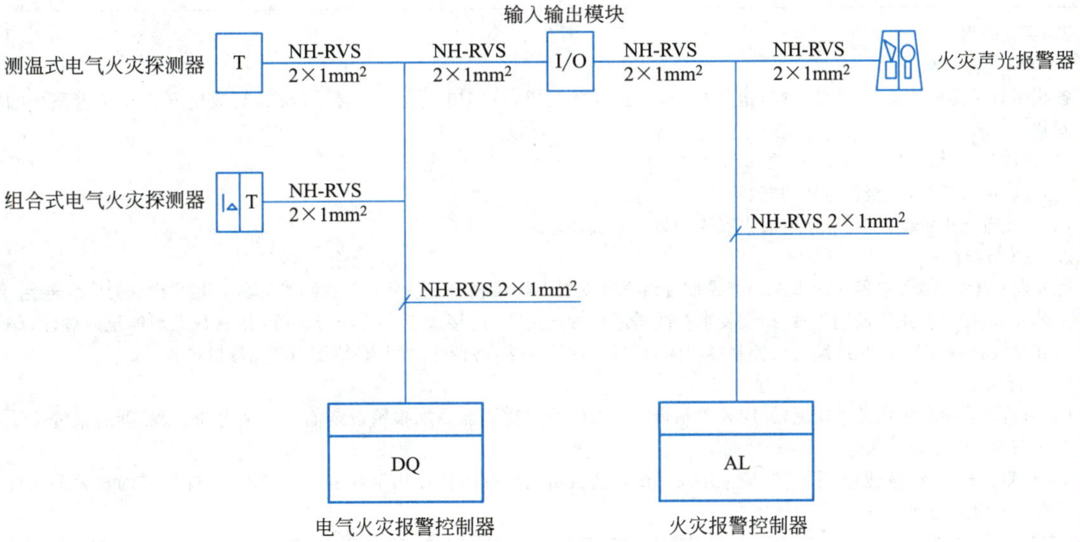

图 1　电气火灾预警系统图

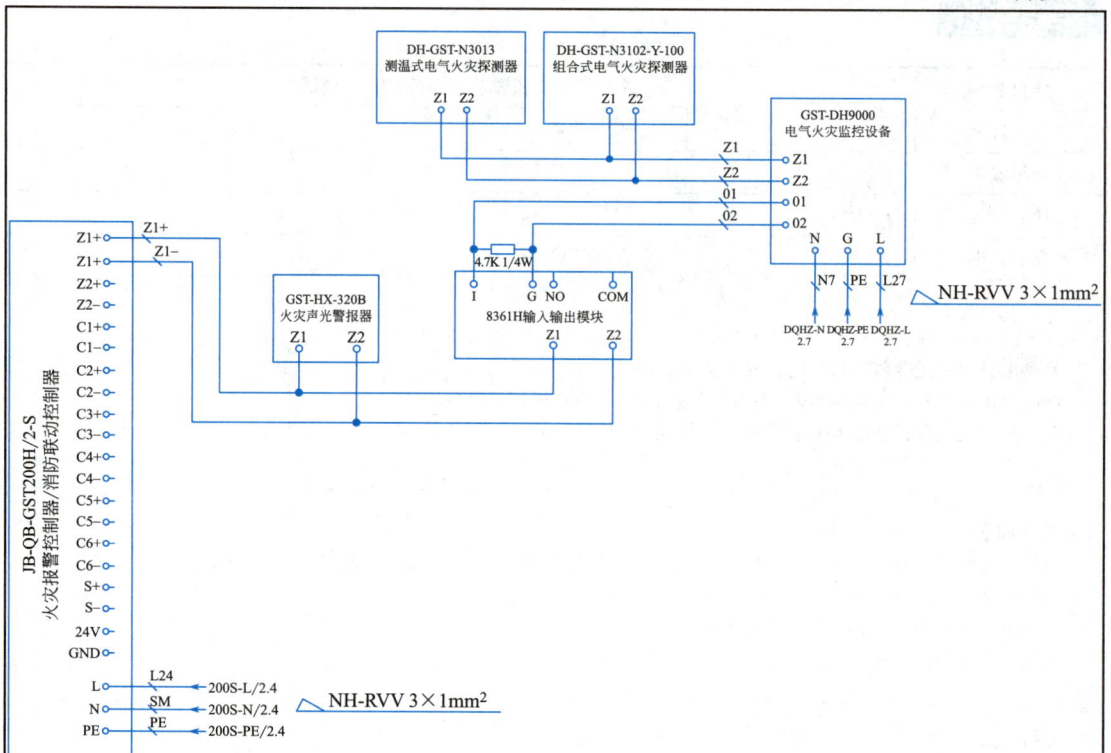

图 2 电气火灾预警系统原理图

四、实训要求

1. 器件安装

各小组对所提供的器件、管件、管材进场检查,根据任务要求,按照电气火灾预警系统图,完成电气火灾预警系统的安装。

(1)完成输入/输出模块的安装;

(2)完成声光警报器、报警按钮的安装;

(3)完成电气火灾监控器、剩余电流火灾探测装置的安装。

2. 接线与布线

完成火灾自动报警控制器(联动型)、声光警报器、电气火灾控制器、剩余电流火灾监控探测器及输入/输出模块的接线连接。

工艺要求:接线时正确使用工具,布线要求在线槽或线管内进行,连接线上应使用号码管,并做好识别标记或标注,编号和接线图编号要一致,线路进出控制器箱体时,采用软管连接,各器件之间,必须使用金属导管连接。

3. 运行调试

(1)对组合式电气火灾监控探测器,应采用剩余电流发生器对探测器施加报警设定值的剩余电流,探测器的报警确认灯应在 30s 内点亮并保持;

(2)对测温式电气火灾监控探测器,应采用发热试验装置给监控探测器加热至设定的报警温度,探测器的报警确认灯应在 40s 内点亮并保持。

五、故障现象及其原因分析,解决方法

六、小组总结

知识链接

资源名称	电气火灾原因分析	如何降低电气火灾监控的误报率	电气火灾监控设备
资源类型	文档	文档	视频
资源二维码			

项目6 火灾自动报警与联动控制系统设计

任务 17　识读工程图纸

【思维导图】

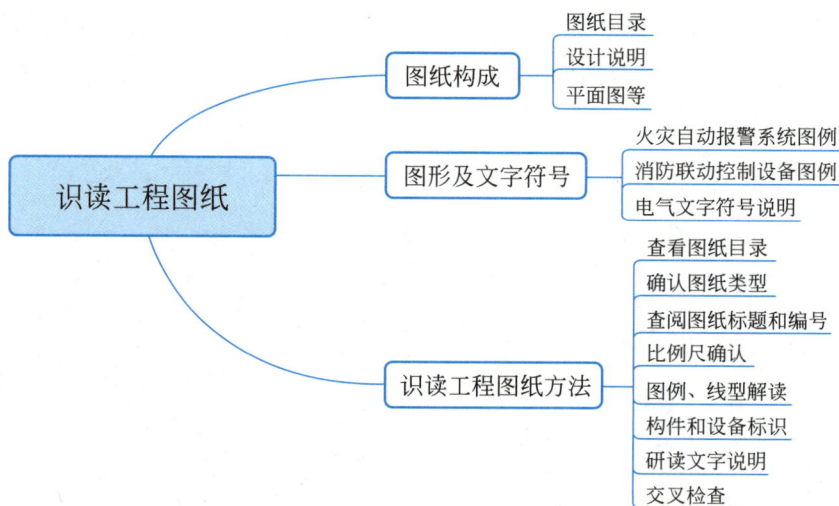

识读工程图纸
- 图纸构成
  - 图纸目录
  - 设计说明
  - 平面图等
- 图形及文字符号
  - 火灾自动报警系统图例
  - 消防联动控制设备图例
  - 电气文字符号说明
- 识读工程图纸方法
  - 查看图纸目录
  - 确认图纸类型
  - 查阅图纸标题和编号
  - 比例尺确认
  - 图例、线型解读
  - 构件和设备标识
  - 研读文字说明
  - 交叉检查

【学习目标】

[知识目标]	了解火灾自动报警与联动控制系统图纸组成； 熟悉火灾自动报警与联动控制系统图纸设计常用图例； 掌握识读火灾自动报警与联动控制系统图纸方法
[能力目标]	会识读火灾自动报警与联动控制系统平面图； 会统计火灾自动报警与联动控制系统材料清单； 会设计简单的区域火灾自动报警系统
[素质目标]	培养学生遵守国家规范,理论转化为实践的能力及认真严谨的工作态度

【情景导入】

建筑火灾自动报警与联动控制系统行业领域，无论是安装施工队长、现场调试工程师、质量检查人员还是项目经理，识读工程图纸都是工作中不可或缺的技能。图纸，它不仅是一种载体，更是一种语言，连接着设计与施工、想象与现实。只有掌握了图纸识读这门技能，才能在建筑工地上游刃有余地完成工作，并确保每一个细节都符合设计要求，保障建筑消防系统的质量和安全。

【岗位情景模拟】

小深作为一名刚毕业的大学生应聘到一家大型设计院任消防系统设计助理工程师，职责是协助设计工程师进行消防报警与联动控制系统工程图纸的绘制、修改和完善。为了让小深快速熟悉工作内容，公司交给他一套完整的火灾自动报警与联动控制系统施工图纸让他熟悉。

【讨论】如果你是消防系统设计助理工程师，请思考完整的火灾自动报警与联动控制系统施工图纸由哪些部分构成，绘制火灾自动报警与联动控制系统图纸的标准图例又有哪些呢？

一、图纸构成

工程图纸通常由平面图、立面图、剖面图、大样图、注解等部分组成。针对火灾自动报警系统专业，工程图纸一般由图纸目录、设计说明、平面图、系统图、设备材料表、大样图等组成。

图纸目录是整个图纸的索引，列出了图纸中包含的所有组成部分，如系统图、平面图、设备材料表等。标准的图纸目录（表17-1）包含序号、图号、图纸名称、图幅、版次、出图日期等信息。图纸目录有助于快速找到所需的图纸，方便查阅和理解整个系统。

图纸目录示例 表 17-1

序号	图号	图纸名称	版次	图幅	出图时间	备注
1	FAS-001	图纸目录				
2	FAS-101	火灾自动报警施工图设计说明				
...	...	...				

设计说明是对整个项目火灾自动报警系统的设计内容、设计思路的描述，包括工程概况、设计依据、设计范围、设备选型、安装说明及图例等。设计说明提供了对系统的全面理解，有助于工程师、施工人员和业主理解系统的设计和配置。

平面图展示了建筑物或区域的平面功能布局，包括消防控制中心的位置、消防报警点的位置、报警总线及联动控制管线水平路由等。系统图概括了整个火灾自动报警与联动控制系统的架构和连接方式，包括消防报警系统、消防联动系统、电源线路、信号传输线路等。设备材料表列出了系统中使用的设备、材料和组件，包括品牌、型号、规格、数量等。大样图展示了细节部分的设计和构造，包括消防控制室布局、消防报警点和消防联动设备的安装细节、接线方式等。

二、图形及文字符号

识读图纸最重要的是熟悉火灾自动报警与联动控制系统及其相关专业的图形及文字符号。不同的设计院、消防专业公司等设计的火灾自动报警及联动控制系统的图纸所使用的图形及文字符号会稍有不同。本节参考《火灾自动报警系统设计规范》GB 50116—2013中图形及文字符号，结合当前火灾自动报警及联动控制系统项目工程实际应用与未来发展趋势，按照火灾自动报警系统、消防联动控制设备、电气文字符号说明，分类汇总了火灾自动报警及联动控制系统图纸中常见的图例。

1. 火灾自动报警系统图例

火灾自动报警系统图例汇集了报警控制器、模块箱、输入输出模块与各种前端探测器等。表 17-2 仅列举火灾自动报警系统部分图例示例。详细完整的图例参见本节知识链接部分。

火灾自动报警系统部分图例示例　　　　　　　　　　表 17-2

序号	图例	设备名称	序号	图例	设备名称
1	C	集中火灾报警控制器	7	GE	气体灭火控制器
2	→∫	红外光束感烟火灾探测器（接收部）	8	∧	感光火灾探测器
3	Z	区域火灾报警控制器	9	LD	联动控制柜/台
4	∫ 反射板	红外光束感烟火灾探测器（反射型）	10	∧	紫外感光火灾探测器
5	S	可燃气体报警控制器	11	FPA	消防应急广播系统
6	∫	风道式感烟火灾探测器	12	∧	红外感光火灾探测器

2. 消防联动控制设备图例

消防联动控制设备图例汇集了气体灭火、消火栓系统、喷淋系统、防烟排烟系统等相关的各种指示器、动力配电箱、防火阀与送风口等。表 17-3 仅列举消防联动控制设备部分图例示例。详细完整的联动控制设备图例参见本节知识链接部分。

消防联动控制设备部分图例示例　　　　　　　　　　表 17-3

序号	图例	设备名称	序号	图例	设备名称
1	⬤	消火栓报警按钮	7	⋈	监视信号阀
2	▤ ↑	多叶排烟口	8	YYK	余压控制器
3	⬤EX	防爆型消火栓启泵按钮	9	P	喷淋管道压力开关
4	⊙□⊙	燃气切断阀	10	YZK	余压控制主机
5	Ⓛ	水流指示器	11	XP	消火栓管道压力开关
6	ΔP	压力探测器	12	▬	动力配电箱

3. 电气文字符号说明

电气文字符号说明部分汇总了火灾自动报警与联动控制系统线路管材敷设方式标注与线路路由敷设部位的标注等，详见表17-4。

电气文字符号说明　　　　　　　　　　　　　　　　　　　　　　　　　　　　表 17-4

线路管材敷设方式的标注			线路路由敷设部位的标注		
1	SC	穿镀锌焊接钢管敷设	1	WC	暗敷设在墙内
2	MT	穿镀锌薄壁电线管敷设	2	WS	沿墙面敷设
3	PC	穿硬阻燃塑料导管敷设	3	CC	暗敷设在顶板内
4	JDG	穿紧定式电线管敷设	4	CE	沿吊顶或顶板面敷设
5	CP	穿可挠金属电线保护套管敷设	5	SCE	吊顶内敷设
6	MR	金属槽盒敷设	6	FC	暗敷设在地板或地面下
7	PR	塑料槽盒敷设	7	FE	地面明敷
8	CT	电缆托盘敷设	8	RS	沿屋面敷设
9	DC	直埋敷设	9	CLC	暗敷设在柱内
10	TC	电缆沟敷设	10		

三、识读工程图纸方法

识读工程图纸是工程领域中非常重要的技能，识读火灾自动报警及联动控制系统工程图纸的步骤主要包括：

1. 查看图纸目录，仔细阅读图纸的有关设计说明，了解工程概况、设计意图和工程的全貌，对项目火灾自动报警系统从整体上有个初步把握。

2. 确认图纸类型。首先要明确所面对的工程图纸类型，例如平面图、系统图、剖面图、细部图、电气图、管道图等。

3. 查阅图纸标题和编号。查看图纸的标题和编号，了解该图纸的具体内容和所属工程项目。

4. 比例尺确认。查看图纸上的比例尺，了解图纸上的尺寸表示与实际尺寸的比例关系。

5. 图例解读。查看图例，了解图纸上使用的符号、标记和颜色含义，以便正确理解图纸内容。

6. 构件和设备标识。识别图纸上标注的各个构件、设备的名称和编号，了解各个构件、设备的具体功能和位置。

7. 线型解读。理解图纸上使用的不同线型的含义，如实线、虚线、粗线、细线等，以便正确理解构件之间的关系和连接方式。

8. 研读文字说明。阅读图纸上的文字说明，了解图纸中特殊要求、注意事项、技术参数等内容。

9. 交叉检查。在阅读图纸时要进行交叉检查，确保各个部分之间的一致性和准确性，避免出现错误。

实践实训

项目名称	识读火灾自动报警与联动控制系统施工平面图			
学生姓名		班级学号		组别	
同组成员				
任务分工				
完成日期		教师评价		

一、实训目的

1. 熟悉火灾自动报警与联动控制系统图纸设计常用图例。
2. 会识读火灾自动报警与联动控制系统平面图。
3. 会统计火灾自动报警与联动控制系统材料清单。

二、实训设备

1. 安装有 AutoCAD 软件的电脑一台。
2. 某商业大厦项目火灾自动报警与联动控制系统施工平面图。
3. 火灾自动报警系统常用线型表。

三、实训要求

1. 小组成员需密切配合,共同完成实训任务,提高团队合作意识。
2. 详细记录实训过程中遇到的问题和解决方法,为后续任务提供依据。
3. 实训结束后,全体人员分析存在的问题和不足,提出改进措施。

四、实训内容

请结合本节知识链接部分提供的火灾自动报警系统线型表及某商业大厦火灾自动报警系统一层平面图,根据消防自动报警图形符号,统计该平面图消防系统设备材料清单,并将准确数量填入表1中。

表1 设备材料表

序号	设备名称	规格型号	数量	单位
01	模块箱			
02	输入/输出模块			
03	地址型感烟火灾探测器			
04	地址型感温火灾探测器			
05	组合声光报警装置			
06	地址型手动火灾报警按钮(带电话插孔)			
07	手动报警按钮			
08	消火栓报警按钮			
09	吸顶火灾应急广播扬声器			
10	监视信号阀			
11	流量开关			
12	常闭双防火门监控模块+门磁开关			

注:规格型号因火灾自动报警系统生产厂家不同而不同,本实训可不写。

五、实训过程中出现的问题、原因分析及解决方法

六、小组总结

知识链接

资源名称	火灾自动报警系统设计常用规范术语	火灾自动报警与联动控制设备常用完整图例	火灾自动报警系统线型表与某商业大厦火灾自动报警系统一层平面图	火灾自动报警系统图
资源类型	文档	文档	文档	文档
资源二维码				

任务 18　火灾自动报警系统设计

【思维导图】

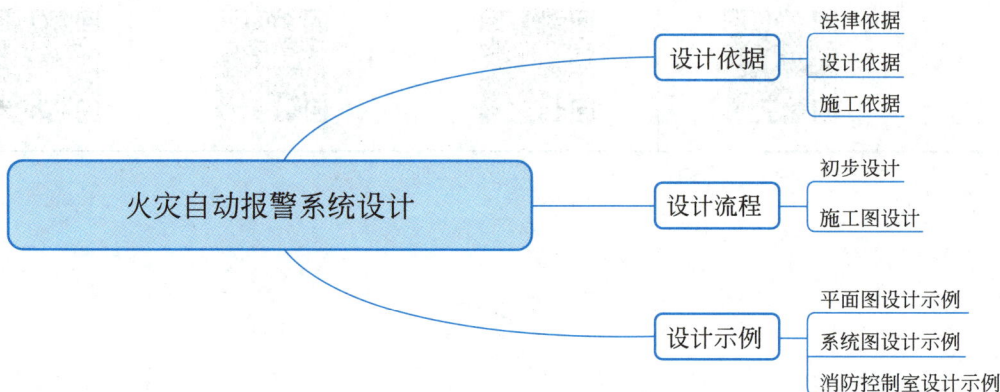

火灾自动报警系统设计

- 设计依据
  - 法律依据
  - 设计依据
  - 施工依据
- 设计流程
  - 初步设计
  - 施工图设计
- 设计示例
  - 平面图设计示例
  - 系统图设计示例
  - 消防控制室设计示例

【学习目标】

[知识目标]	1. 了解火灾自动报警系统设计依据； 2. 理解火灾自动报警系统设计流程； 3. 掌握火灾自动报警系统设计相关规范
[能力目标]	1. 会查阅应用火灾自动报警系统相关规范； 2. 会针对不同建筑物确定火灾自动报警系统形式； 3. 会绘制火灾自动报警平面图、系统图与消防控制室布局图
[素质目标]	培养学生火灾自动报警系统设计过程中践行法律法规的意识，爱岗敬业、认真负责的工作态度

【情景导入】

《礼记·中庸》："凡事预则立，不预则废"。设计在一个项目中就如同古人所说的"预"，重要性不言而喻。火灾自动报警系统设计不仅决定了项目的可行性和质量，还为项目提供了明确的指导，并为项目提供了可视化的成果。因此，在系统设计阶段，需要充分考虑各种因素，确保设计方案的合理性和可行性，为项目的成功打下坚实的基础。

【岗位情景模拟】

经过一段时间的工作，小深成功升职为公司的一名消防系统设计工程师，负责火灾自动报警系统的规划、设计与实施。公司承接了某商业大楼消防系统设计任务。

【讨论】请思考该如何开展该项目火灾自动报警系统的设计工作以及消防系统设计的依据有哪些？

一、消防系统设计依据

1. 法律依据

消防系统的设计、施工及维护必须根据国家和地方颁布的有关消防法规及上级批准文件的具体要求进行。从事消防系统的设计、施工及维护人员应具备国家公安消防监督部门颁发的有关资质证书，在工程实施过程中还应具备建设单位提供的设计需求以及在基建主管部门主持下由设计、建设单位和公安消防部门协商确定的书面意见。对于必要的设计资料，建设单位提供不了的，设计人员可以协助建设单位调研，由建设单位确认，为其提供设计依据。

2. 设计依据

消防系统的设计，在国家政策、法规的指导下，根据建设单位给出的项目需求及消防系统的有关规程、规范和标准进行，相关规范如下：

（1）通用规范

《火灾自动报警系统设计规范》GB 50116—2013；

《建筑设计防火规范（2018 年版）》GB 50016—2014；

《消防设施通用规范》GB 55036—2022；

《建筑防火通用规范》GB 55037—2022；

《建筑电气与智能化通用规范》GB 55024—2022。

（2）专项规范

《汽车库、修车库、停车场设计防火规范》GB 50067—2014；

《人民防空工程设计防火规范》GB 50098—2009；

《洁净厂房设计规范》GB 50073—2013；

《智慧小区建设技术规程》DB11/T 1978—2022；

《公共广播系统工程技术标准》GB/T 50526—2021。

3. 施工依据

在消防系统施工过程中，除应按照设计图纸施工之外，还应执行下列标准与规范：

（1）《火灾自动报警系统施工及验收标准》GB 50166—2019；

（2）《自动喷水灭火系统施工及验收规范》GB 50261—2017；

（3）《气体灭火系统施工及验收规范》GB 50263—2007；

（4）《电气装置安装工程 接地装置施工及验收规范》GB 50169—2016。

二、火灾自动报警系统设计流程

火灾自动报警系统设计流程一般分为两个阶段，第一阶段为初步设计，第二阶段为施工图设计。初步设计包括确定报警系统类型、确定消防控制室位置、选择探测器与控制器类型及系统供电方式等。施工图设计包括探测器选型与数量计算、绘制平面图、绘制系统图、绘制其他施工详图、编制图纸目录与设计说明等。

1. 初步设计

（1）确定报警系统类型。根据建筑物的规模、火灾危险性、设备配置和资金投入等因素，选择合适的火灾自动报警系统类型。根据规范要求：仅需要报警，不需要联动自动消防设备的保护对象宜采用区域报警系统；不仅需要报警，同时需要联动自动消防设备，且只设置一台具有集中控制功能的火灾报警控制器和消防联动控制器的保护对象，应采用集中报警系统，并应设置一个消防控制室；设置两个及以上消防控制室的保护对象，或已设置两个及以上集中报警系统的保护对象，应采用控制中心报警系统。

（2）确定消防控制室位置。消防控制室不应设置在电磁场干扰较强及其他影响消防控制室设备工作的设备用房附近，确保其能对所有消防设备进行有效的监控和操作。不同地区、不同工程消防控制室的规模差别很大，消防控制室面积应考虑消防设备种类数量、布局以及操作距离等因素。

（3）探测器选择与系统设备设置。合理布置火灾探测器，确保其能够覆盖所有需要保护的区域，同时考虑环境因素对探测器的影响。确保消防联动控制系统的各个设备（如消防水泵、防火门、防烟排烟设备等）能够正确地响应火灾报警信号，按照消防控制室的指令进行动作。设计合理的信号反馈机制，确保在火灾报警和消防联动过程中，相关人员能够及时获取系统的状态信息。

（4）系统供电。考虑系统的稳定性和可靠性，采用合适的电源和备份措施，防止因电源故障或其他原因导致系统瘫痪。消防用电设备应采用专用的供电回路。当建筑内设置变电所时，消防用电设备专用的供电回路应从变电所低压配电屏直接引出；当建筑内未设置变电所时，消防用电设备专用的供电回路可从建筑低压进线配电间配电箱（柜）引出。此外，非消防用电设备不应接入"专用的供电回路"。

（5）提升智能化水平。根据实际需求，考虑智能化和信息化技术的应用，提升系统的监控能力和管理效率。

2. 施工图设计

（1）探测器选型与数量计算。包括探测器的数量、手动报警按钮数量、楼层显示器、短路隔离器、中继器、支路数、回路数及控制器容量的计算等。

（2）绘制平面图。平面图中包括探测器、手动报警按钮、消防广播、消防电话、非消防电源、消火栓按钮、防烟排烟机、防火阀、水流指示器、压力开关、各种阀等设备以及这些设备之间的线路走向。

（3）绘制系统图。根据厂家产品样本所给系统图并结合平面图中的实际情况绘制系统图，要求分层清楚，设备符号和设备数量与平面图一致。

（4）绘制其他施工详图。绘制消防控制室设备布置图及有关非标准设备的尺寸及布置图等。

（5）编制图纸目录与设计说明。其中设计说明内容有设计依据、材料表、图例符号及补充图纸表述不清楚的部分。

三、火灾自动报警系统设计示例

1. 平面图设计示例

火灾自动报警系统平面图的设计一般采用步步深入法，即识读平面图结构与功能→选择探测器类型→计算探测器数量→布置探测器并校验→布线并标注回路→完善图面等。

（1）示例A：如图18-1所示，该平面图为某幼儿园一层厨房平面图布局，厨房房间设计高度5.2m，屋顶坡度小于15°。请根据以下部分截图进行火灾探测器选型、布置与配线。

1）识读平面图结构与功能。依据建筑、暖通与电气等专业提供的平面图，分析房间使用功能，从图中可知有厨房、库房、休息室、洗涤消毒间等。

2）选择探测器类型。参照《火灾自动报警系统设计规范》GB 50116—2013（以下简

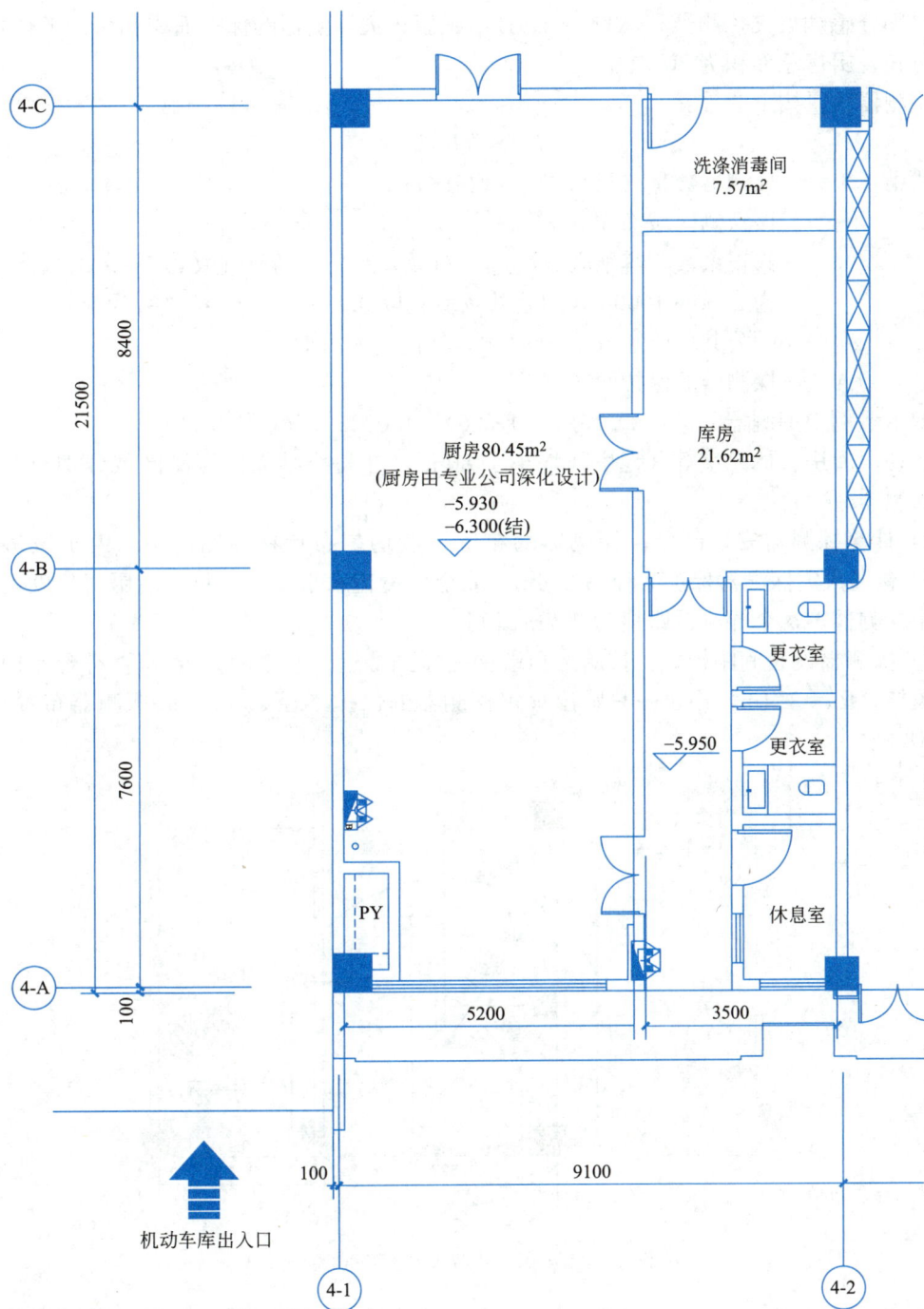

图 18-1   某幼儿园厨房布局图

称《规范》)，5.2.2 和 5.2.5 等条款，厨房选择点型感温探测器，库房、消毒间与休息室等选择点型感烟火灾探测器，消火栓箱内设置消火栓启泵按钮。

3）计算探测器数量。以厨房点型感温探测器数量计算为例：由《规范》6.2.2、6.2.3 等条款可知，一只感温探测器的保护面积为 20m²，保护半径为 3.6m（参见本节知

191

识链接部分感烟火灾探测器和 A1、A2、B 型感温火灾探测器的保护面积和保护半径）。从图中可知，厨房总面积为 80.45m²。

探测器数量按下式计算：

$$N=S/(K \cdot A)$$

式中，N——探测器数量（只），N 应取整数；

      S——该探测区域面积（m²）；

      K——修正系数，容纳人数超过 10000 人的公共场所宜取 0.7～0.8；容纳人数为 2000～10000 人的公共场所宜取 0.8～0.9，容纳人数为 500～2000 人的公共场所宜取 0.9～1.0，其他场所可取 1.0；

      A——探测器的保护面积（m²）。

即本示例中探测器数量：80.45/(1.0×20)=4.0225（取整数 5 只）。

此外，库房、休息室等其他房间均小于 80m²，在每个独立的探测区域分别布置一个感烟探测器。

4）计算探测器安装间距。探测器的布置一般均匀布置在探测区域。由于该房间宽 5.2m，感温火灾探测器保护半径为 3.6m，完全可覆盖水平宽度，只需沿厨房长度均匀布置 5 个探测器，每个探测器距离为 2.7m 即可。

5）探测器安装间距校核，按厨房顶端探测器到最远点水平距离 R' 是否符合保护半径要求校核。$R'=3.4$m，小于一只感温火灾探测器的保护半径 3.6m，故探测器布置合理，如图 18-2 所示。

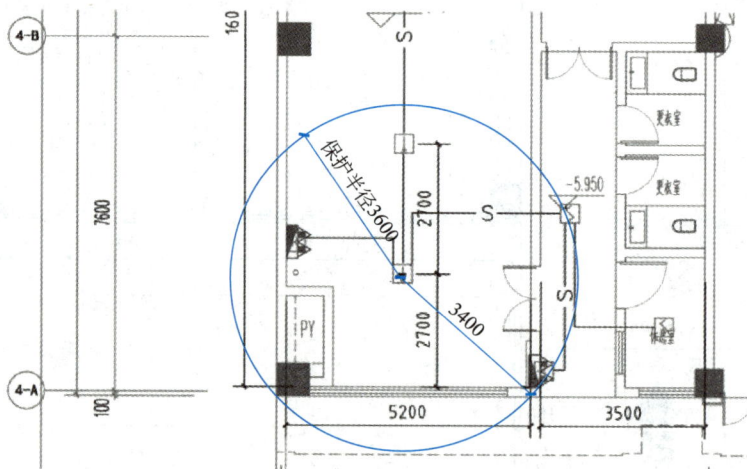

图 18-2　按保护半径要求校核示意图

6）探测器配线。依据《规范》11.2.2 条，火灾自动报警系统的报警总线、消防应急广播和消防专用电话等传输线路应采用阻燃或阻燃耐火电线电缆。感烟火灾探测器、感温火灾探测器、消火栓启泵按钮等配报警回路总线一对，接至弱电井总线隔离模块箱。消防报警回路总线的线缆规格一般采用"WDZN-RYJS-2×1.5"，铜芯低烟无卤阻燃耐火交联聚烯烃绝缘绞型连接软线。其中："WD"表示无卤低烟产品，无卤低烟是对电缆材料燃烧时产生的卤酸含量和发烟量的特殊要求；"Z"表示电缆是阻燃电缆，意味着电缆在遇到火焰燃烧时，可以一定时间内阻止火焰蔓延；"N"表示电缆是耐火电缆，耐火电缆能够在一定时间内保持绝缘层完整性，使电缆在火灾中仍能维持一定的工作电压；"YJS"表示电线材料的绞合型结构为多芯铜导体（金属电线）。

7）最终完善的系统平面图如图 18-3 所示。

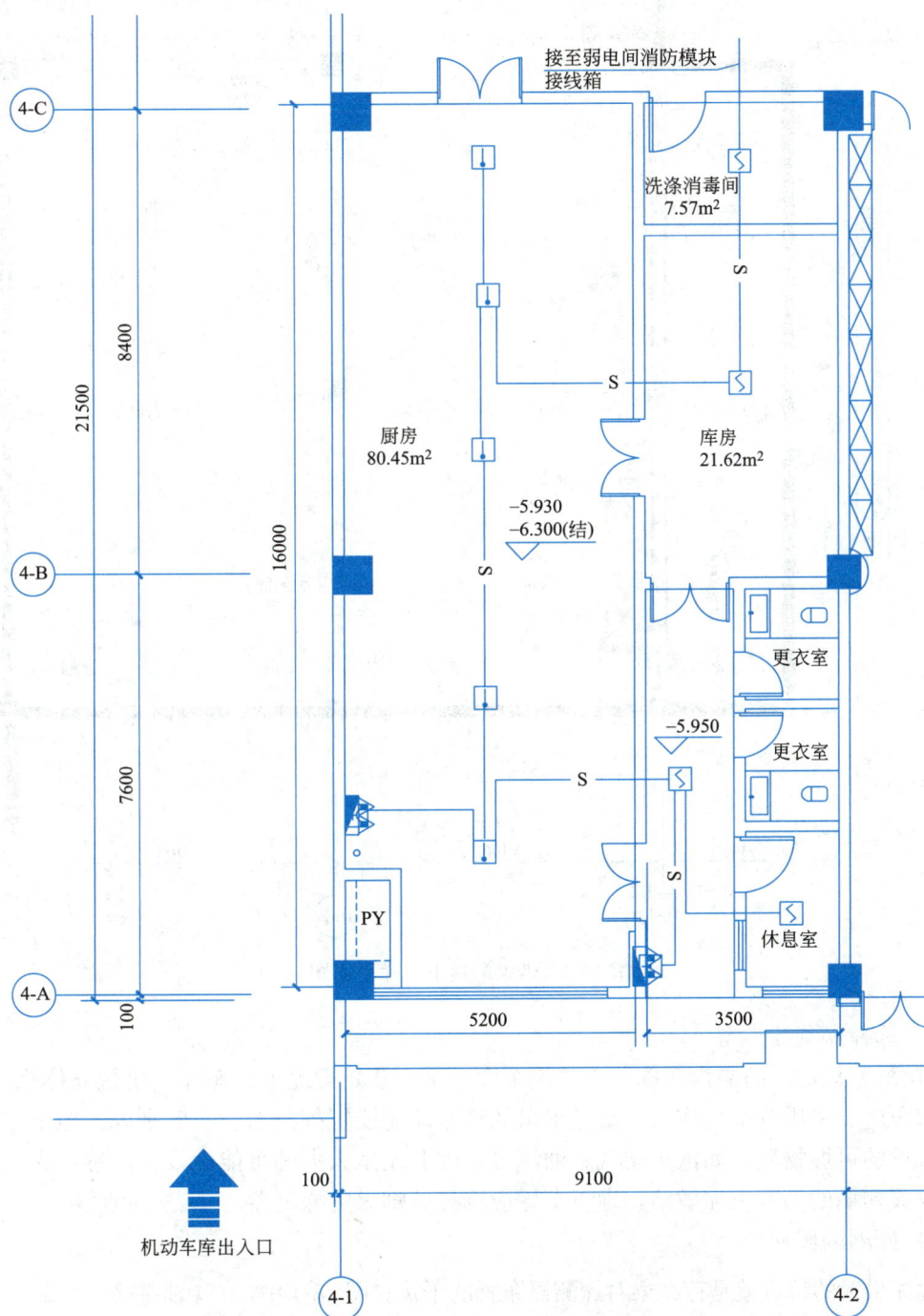

图 18-3　某幼儿园厨房火灾自动报警系统平面图

（2）示例 B：图 18-4 为某项目地下车库 ⑯-C 轴与 ⑯-3 轴建筑平面图部分截图，停车场设计高度 3.2m，请根据主梁、次梁尺寸设置探测器类型与数量。

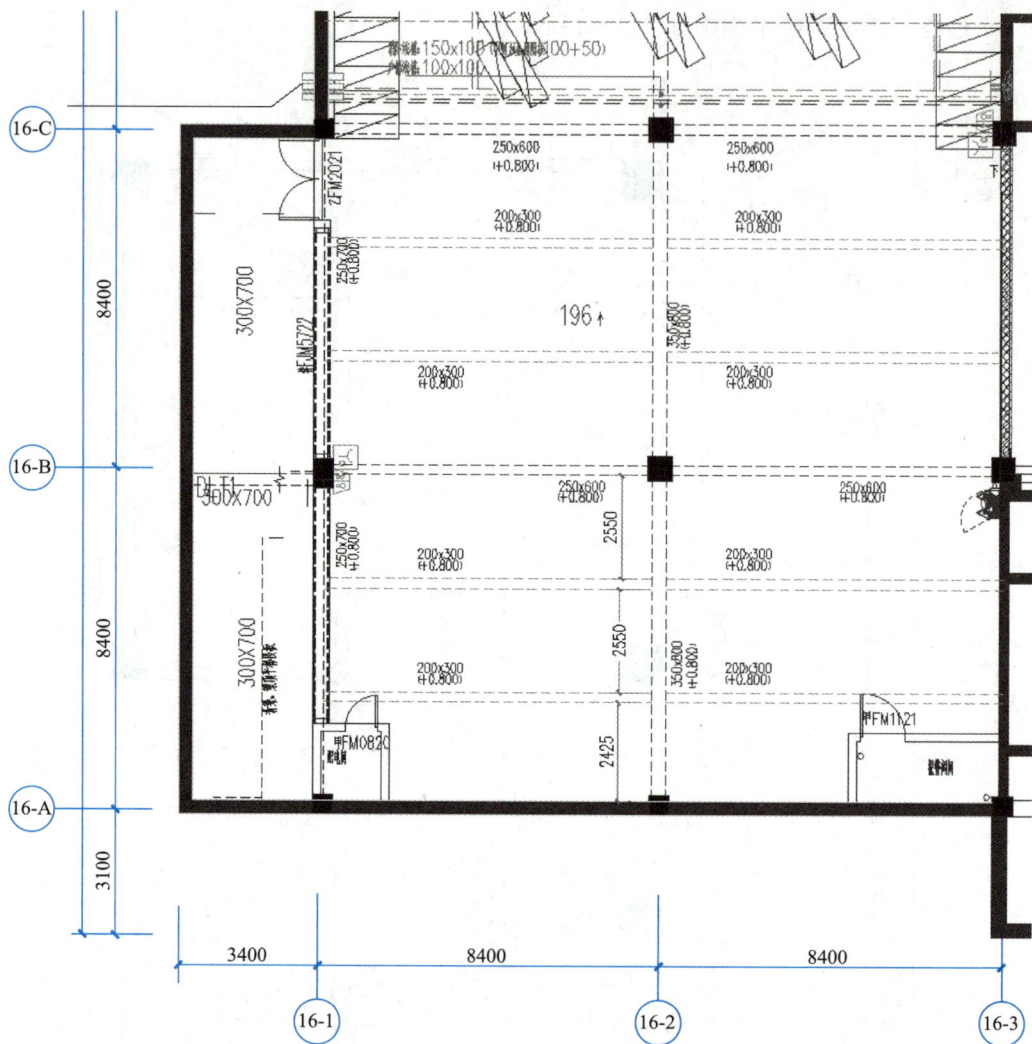

图 18-4　带梁的地下车库平面图

1）选择探测器类型

《规范》规定，高层汽车库、Ⅰ类汽车库、Ⅰ（Ⅱ）类地下汽车库、机械立体汽车库、复式汽车库、采用升降梯作汽车疏散出口的汽车库需设置探测器。一般来说，地下车库会存在大量的可燃物质，如汽车尾气、油漆等，因此发生火灾的可能性较大，感烟火灾探测器对火灾初期的烟雾更加敏感，地下车库应选择感烟火灾探测器。

2）探测区域划分

地库最大的特点就是存在梁对探测器布置的干扰。图 18-4 中，⑯-1 轴主梁尺寸 250mm×700mm，⑯-2 轴主梁尺寸 350mm×800mm，⑯-B 轴主梁尺寸 250mm×600mm，⑯-C 轴主梁尺寸 250mm×600mm，⑯-A轴与⑯-C轴间存在次梁，次梁尺寸 200mm×300mm。

《规范》规定，在顶棚有梁时，由于梁对烟的蔓延会产生阻碍，因而使探测器的保护面积受到梁的影响。根据梁对探测器的设置影响（参见知识链接不同高度房间的梁对探测器的设置影响），房间高度在 5m 以上，梁高大于 200mm 时，探测器的保护面积受梁高的影响按房间高度与梁高之间的线性关系考虑，感烟火灾探测器房高极限值为 12m，梁高限度为 375mm。同时，当梁突出顶棚的高度超过 600mm 时，被梁隔断的每个梁间区域应至少设置一只探测器。因此，根据该结构特点，确保工程的可靠性，⑯-1轴左侧、⑯-A轴与⑯-B轴围成的区域作为一个探测区域设计；⑯-1轴左侧、⑯-B轴与⑯-C轴围成的区域作为一个探测区域设计；⑯-1轴右侧、⑯-2轴左侧、⑯-A轴与⑯-B轴围成的正方形停车区域，作为一个探测区域设计；其余区域以此类推。

3）探测器数量计算与布置

以⑯-1轴右侧、⑯-2轴左侧、⑯-A轴与⑯-B轴围成的正方形停车区域作为一个探测区域为例，说明探测器数量计算过程。该区域车库地面面积 $S=8.4×8.4=70.56\text{m}^2$，接近 80m^2，考虑工程可靠性取 $S>80$，车库高度 $h=3.2\text{m}<6\text{m}$，参考感烟火灾探测器保护面积和保护半径（见知识链接），感烟火灾探测器保护面积 $A=60\text{m}^2$，保护半径 $R=5.8\text{m}$。

考虑次梁的影响，计算因次梁间隔的梁间区域面积 $Q=2.55×8.4=21.42\text{m}^2$，根据一只探测器保护的梁间区域的个数（见知识链接），一只探测器可管辖的梁间区域个数为 3 个，恰好为实际存在的梁间个数。根据示例 A 的计算过程，在该探测区域居中布置 2 只感烟火灾探测器即可。

4）校验与配线

⑯-1轴右侧、⑯-2轴左侧、⑯-A轴与⑯-B轴围成的正方形停车区域中感烟火灾探测器的布置如图 18-5 所示，可见两只探测器完全可覆盖该区域。

5）完善图面

根据《规范》4.8.1 条的规定，火灾自动报警系统应设置火灾声光警报器，并应在确认火灾后启动建筑内的所有火灾声光警报器。本条本质是要求火灾自动报警系统应设置声警报器和光警报器，二者可以是各自独立的产品，也可以是一体化产品。声警报器设置应执行《规范》第 4.8.2 条、第 4.8.3 条、第 6.5.1 条、第 6.5.2 条、第 6.5.3 条等的规定。

根据《规范》6.3.1 条，每个防火分区应至少设置一只手动火灾报警按钮。从一个防火分区内的任何位置到最邻近的手动火灾报警按钮的步行距离不应大于 30m，补充设置手动火灾报警按钮。

最终完善的带梁的地下车库（部分）火灾自动报警系统平面图如图 18-6 所示。

2. 系统图设计示例

平面图探测器类型与数量布置完毕，设备管线连接完整，且在平面图中标注后，根据报警控制器的位置，即可绘制出系统图。系统图可直观地理解火灾报警总线回路数量，及

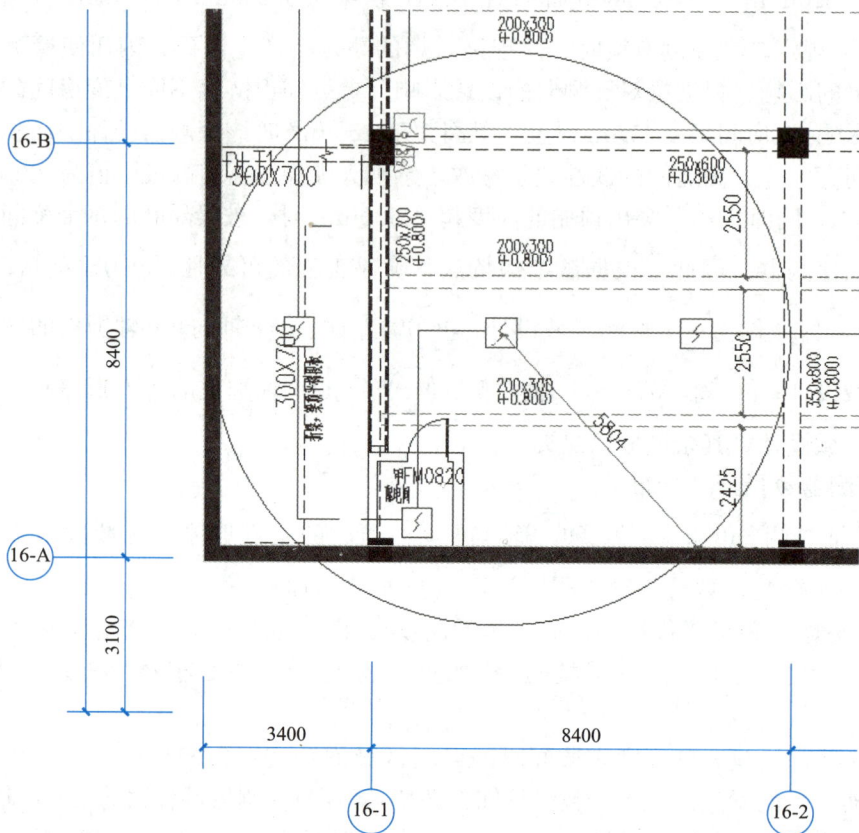

图 18-5　正方形停车区域中感烟探测器的布置

每条回路探测器、手动报警按钮、I/O 模块的数量。依据《规范》第 3.1.6 条规定，系统总线上应设置总线短路隔离器，每只总线短路隔离器保护的火灾探测器、手动火灾报警按钮和模块等消防设备的总数不应超过 32 点。

系统图设计一般为树状结构，火灾报警回路总线除单回路总线形式外，也可采用环形接线，即链式连接方式。报警控制器输出两根报警总线返回两根报警总线，因此回路出现短路或断路故障时，系统可通过双向的信号传输保证回路中其他探测器正常工作，并迅速查找出故障点，增强回路的自我保护能力。

3. 消防控制室设计示例

消防控制室是建筑消防系统的信息中心、控制中心、日常运行管理中心和各自动消防系统运行状态监视中心，也是建筑发生火灾和日常火灾演练时的应急指挥中心；在有城市远程监控系统的地区，消防控制室也是建筑与监控中心的接口，可见其地位是十分重要的。

《建筑设计防火规范（2018 年版）》GB 50016—2014 规定，设置火灾自动报警系统和需要联动控制的消防设备的建筑（群）应设置消防控制室。消防控制室的设置应符合下列规定：

1）单独建造的消防控制室，其耐火等级不应低于二级；

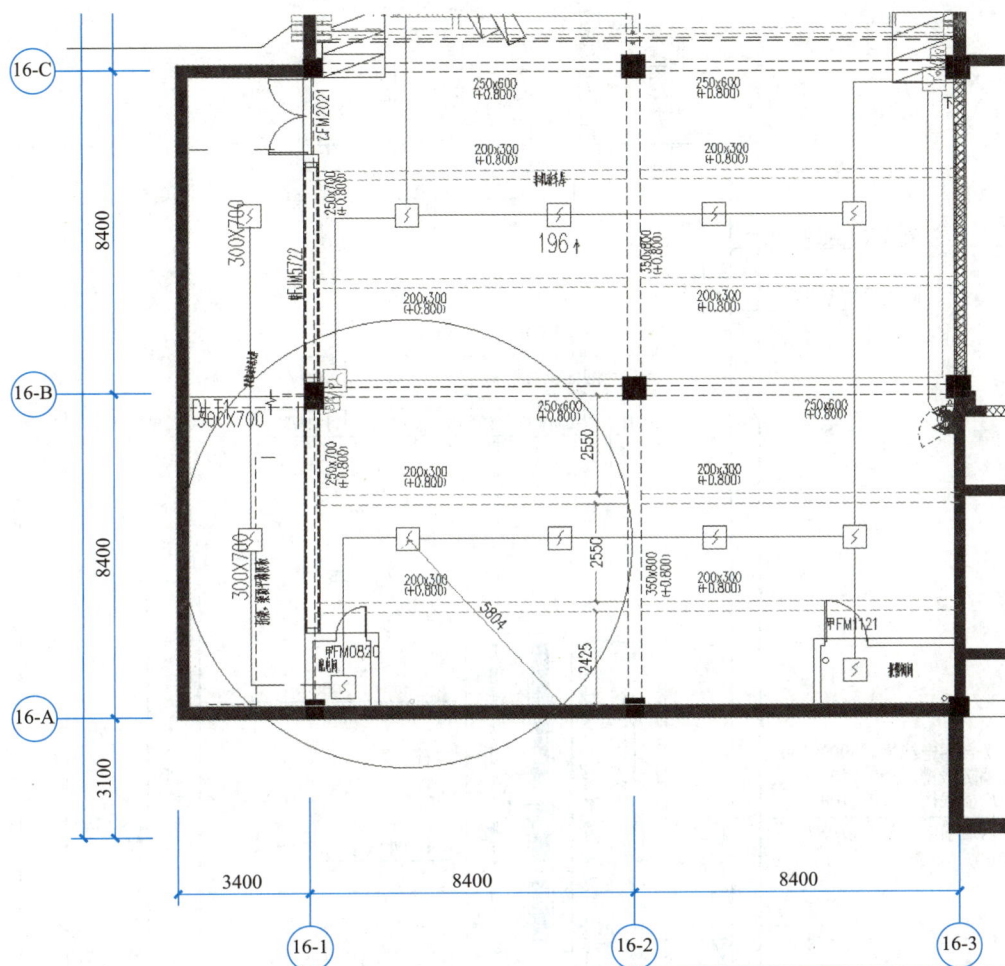

图 18-6　带梁的地下车库（部分）火灾自动报警系统平面图

2）附设在建筑内的消防控制室，宜设置在建筑内首层或地下一层，并宜布置在靠外墙部位；

3）不应设置在电磁场干扰较强及其他可能影响消防控制设备正常工作的房间附近；

4）疏散门应直通室外或安全出口；

5）消防控制室内的设备构成及其对建筑消防设施的控制与显示功能以及向远程监控系统传输相关信息的功能，应符合《火灾自动报警系统设计规范》GB 50116—2013 和《消防控制室通用技术要求》GB 25506—2010 的规定。

大部分实际工程项目中，设计人员会采用消防控制室与安防控制室合用的方案。依据《建筑工程设计文件编制深度规定》，应设计消防控制室设备平面示意图，设计智能化各系统及其子系统主机房布置平面示意图，避免消防控制室面积偏小，将来无法按图施工。图 18-7 为某项目消防控制室与安防控制室合用的布局图，该消防控制室设置在地下一层，建筑面积 76m² ，包括消防报警控制主机、联动控制器、消防应急广播等。

电气火灾监控主机

防火门监控主机

燃气报警主机

消防电源监控主机

应急照明

液位显示屏

配电箱

1200

消防广播主机

消防报警控制主机

消防报警控制主机

联动控制器

联动控制器

1500

2000

操作台

电视墙

综合弱电线槽：300×100
消防线槽：300×100
广播线槽：200×100

沿墙引下至架空地板

119外线电话

B1-5ATaf

UPS配电箱

1250

UPS

背景音乐
信息发布

设备管理

安装系统

安装系统

电池柜

600

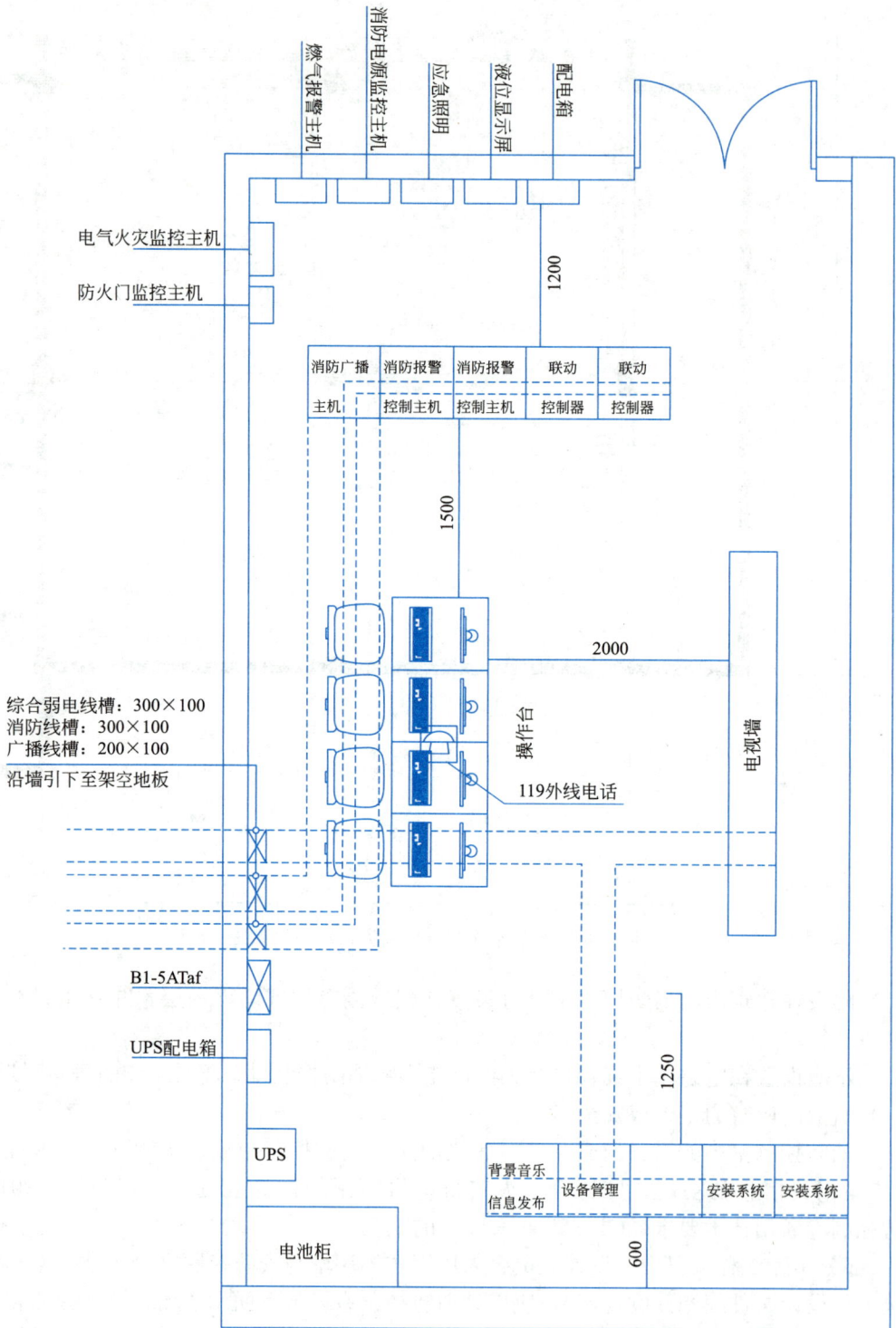

图 18-7　某项目消防控制室与安防控制室合用布局图

实践实训

项目名称		火灾自动报警系统前端探测器布置设计	
学生姓名		班级学号		组别	
同组成员			
任务分工			
完成日期		教师评价	

一、实训目的

1. 理解火灾自动报警系统设计流程。
2. 会查阅和应用火灾自动报警系统相关规范。
3. 会绘制火灾自动报警平面图。

二、实训设备

1. 安装有 AutoCAD 软件的电脑一台。
2. 某商业大厦项目一层建筑施工平面图纸。
3. 火灾自动报警系统设计相关规范和标准。

三、实训要求

1. 小组成员需密切配合，共同完成实训任务，提高团队合作意识。
2. 详细记录实训过程中遇到的问题和解决方法，为后续任务提供依据。
3. 实训结束后，全体人员分析存在的问题和不足，提出改进措施。

四、实训内容

请结合本节知识链接部分火灾自动报警系统某商业项目一层建筑施工平面（见知识链接），该商厦一层设计层高 4.5m，室内 600mm×600mm 铝扣板吊顶。作为设计工程师的你，请选择合适的前端探测器（消火栓按钮已根据消防水系统布置），计算探测器数量，在平面图中布置探测器安装位置并校验，绘制消防报警总线回路管线路由（应包含图中手动报警按钮、声光警报器）至弱电井火灾自动报警系统模块箱 1-M1-1。

五、实训过程中出现的问题、原因分析及解决方法

六、小组总结

知识链接

资源名称	感烟火灾探测器和 A1、A2、B 型感温火灾探测器的保护面积和保护半径	不同高度房间的梁对探测器的设置影响	梁间区域面积确定一只探测器保护的梁间区域的个数	某商业一层建筑施工平面图
资源类型	文档	文档	文档	文档
资源二维码				

任务 19　消防联动控制系统设计

【思维导图】

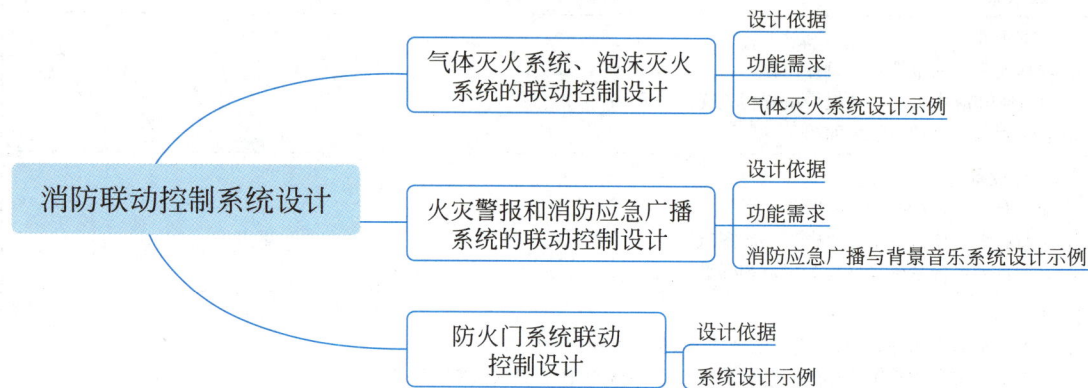

消防联动控制系统设计
- 气体灭火系统、泡沫灭火系统的联动控制设计
  - 设计依据
  - 功能需求
  - 气体灭火系统设计示例
- 火灾警报和消防应急广播系统的联动控制设计
  - 设计依据
  - 功能需求
  - 消防应急广播与背景音乐系统设计示例
- 防火门系统联动控制设计
  - 设计依据
  - 系统设计示例

【学习目标】

[知识目标]	1. 了解消防联动控制系统分类； 2. 理解消防联动控制系统功能需求； 3. 掌握消防联动控制系统设计相关规范
[能力目标]	1. 会查阅应用消防联动控制系统相关规范； 2. 会针对不同建筑物确定联动控制系统功能需求； 3. 会绘制消防联动控制系统平面图、系统图并编制材料清单与设计说明
[素质目标]	培养学生树立践行国家消防法律法规意识，形成良好的设计思维，培养学生爱岗敬业、认真负责、探索求知的精神品质

【情景导入】

　　火灾自动报警与消防联动控制系统的关系就如同人的眼睛与手的关系。火灾自动报警系统主要监测火灾的迹象，提醒人们采取逃生措施。而消防联动控制系统主要是接收到火灾信号后，自动触发相应系统（应急广播、喷淋、防烟排烟等）的控制动作，以最大限度地减少火灾的蔓延和危害。通过火灾自动报警系统和消防联动控制系统的联动，可以实现火灾的早期发现、迅速报警和及时控制，提高火灾安全性，减少人员伤亡和财产损失。因此，火灾自动报警系统和消防联动控制系统的合理设计和有效运行对于建筑物的火灾安全至关重要。

【岗位情景模拟】

作为一名优秀的资深消防系统设计工程师，小深涉及的项目规模越来越大，系统的复杂度也越来越大。目前公司又承接了某城市综合体项目，工程分成办公楼、住宅、配套商业、幼儿园、地下停车库等。

【讨论】请你帮他思考该火灾自动报警与联动控制系统该如何设计。如果你是位消防系统设计工程师，请思考消防联动控制系统设计的内容有哪些？

消防联动控制系统种类繁多，从功能上可分为三大类：第一类是灭火系统，直接用于扑火，如气体灭火系统、泡沫灭火系统、自动喷水灭火系统等；第二类是灭火辅助系统，用于限制火势、防止灾害扩大的各种设备，如防火门及防火卷帘系统、防烟排烟系统等；第三类是信号指示系统，用于报警并通过声光来指挥现场人员的各种设备，如火灾警报和消防应急广播系统、消防应急照明和疏散指示系统等。本任务选取个别典型联动控制系统设计进行详细介绍。

一、气体灭火系统、泡沫灭火系统的联动控制设计

1. 设计依据

《建筑设计防火规范（2018年版）》GB 50016—2014规定，电子信息系统机房、变配电室、特藏库、档案库等，应设置自动灭火系统，并宜采用气体灭火系统。气体灭火系统主要包括高低压二氧化碳、七氟丙烷、三氟甲烷、氮气、IG541、IG55等灭火系统。气体灭火剂不导电、一般不造成二次污染，是扑救电子设备、精密仪器设备、贵重仪器和档案图书等纸质、绢质或磁介质材料信息载体的良好灭火剂。

《火灾自动报警系统设计规范》GB 50116—2013规定，气体灭火系统、泡沫灭火系统应分别由专用控制器控制；气体灭火控制器、泡沫灭火控制器直连火灾探测器时系统按照联动触发信号自动控制；气体灭火控制器、泡沫灭火控制器非直连火灾探测器时，其联动触发信号应由火灾报警控制器或消防联动控制器发出。另外，气体灭火系统、泡沫灭火系统还应具备手动控制方式。

2. 功能需求

气体灭火系统具备自动与手动控制模式。

在防护区无人时，将气体灭火控制器的转换开关拨到"自动"位置，灭火系统处于自动控制状态，发生火灾时，气体灭火控制器接收到第一个火灾报警信号后，启动防护区内的火灾声光警报器，警示处于防护区域内的人员撤离；接收到第二个火灾报警信号后，联动关闭排风机、防火阀、空气调节系统、启动保护区域开口封闭装置，并根据人员安全撤离防护区的需要，延时不大于30s后开启选择阀（组合分配系统）和启动阀，驱动瓶内的气体开启灭火剂储罐瓶头阀，灭火剂喷出实施灭火，同时启动安装在防护区门外的指示灭火剂喷放的火灾声光警报器（带有声警报的气体释放灯）；管道上的自锁压力开关动作，动作信号反馈给气体灭火控制器。

在防护区有人工作或值班时，将气体灭火控制器的转换开关拨到"手动"位置，灭火系统处于手动控制状态。当防护区发生火情，可按下气体灭火控制器内的手动启动按钮，或启动设在防护区门外的紧急启动按钮，即可按上述程序启动灭火系统实施灭火。在自动控制状态，仍可实现电气手动控制，电气手动控制实施前防护区内人员必须全部撤离。

当发生火灾警报，在延迟时间内发现不需要启动灭火系统进行灭火的情况时，可按下气体灭火控制器上或手动控制室内的紧急停止按钮，即可阻止灭火指令的发出，停止系统灭火程序。此外，在实施灭火时，防护区的门应及时关闭，以免影响灭火效果。

3. 气体灭火系统设计示例

气体灭火系统主要由灭火剂储瓶和瓶头阀、驱动钢瓶和瓶头阀、选择阀（组合分配系统）、自锁压力开关、喷嘴以及气体灭火控制器或泡沫灭火控制器、感烟火灾探测器、感温火灾探测器、指示发生火灾的火灾声光警报器、指示灭火剂喷放的火灾声光警报器（带有声警报的气体释放灯）、紧急启停按钮、电动装置等组成。通常气体灭火系统、泡沫灭火系统的上述设备自成系统。由于气体灭火过程中系统应该执行一系列的动作，因此只有专用气体灭火控制器才具有这一系列的逻辑编程和执行功能。直连火灾探测器气体灭火系统设计示意图如图 19-1 所示，气体灭火系统专用图例可参见知识链接部分。

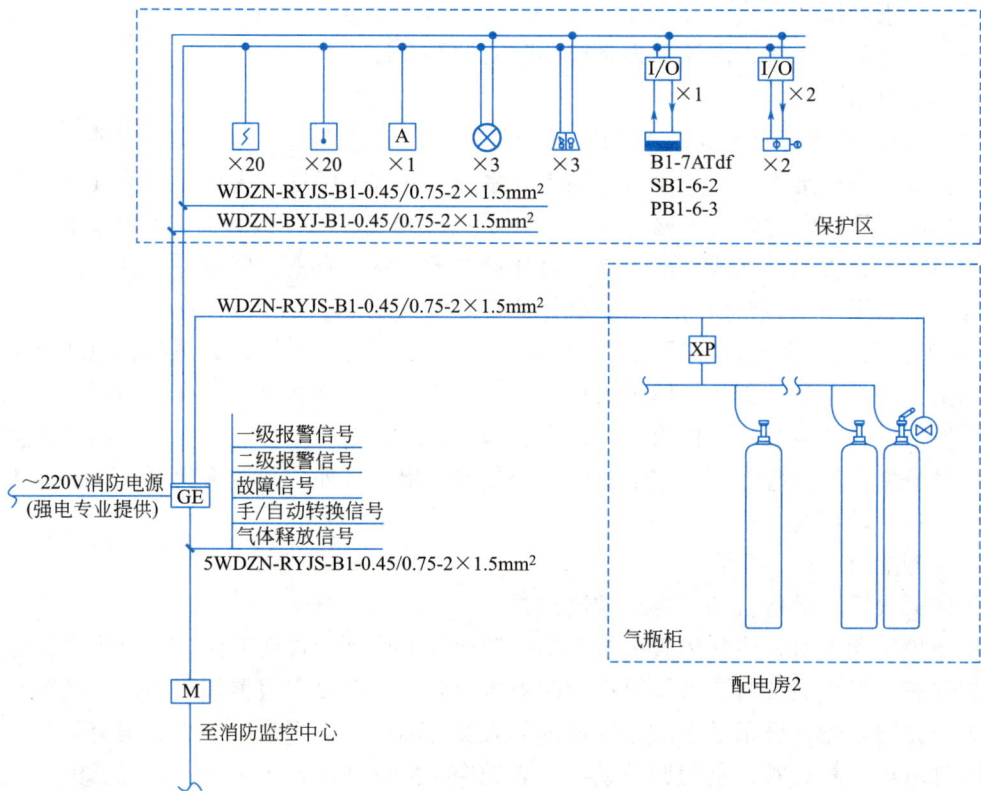

图 19-1　直连火灾探测器气体灭火系统设计示意图

二、火灾警报和消防应急广播系统的联动控制设计

1. 设计依据

《消防设施通用规范》GB 55036—2022 规定了消防应急广播系统的设置原则和合用广播系统强制启动的功能要求。消防应急广播系统是集中报警系统和控制中心报警系统的基本组成部分，采用集中报警系统和控制中心报警系统的保护对象多为高层建筑或大型民用

建筑，这些建筑内人员密集，火灾时影响范围大，为了便于火灾时统一指挥人员有序疏散，要求在集中报警系统和控制中心报警系统中设置消防应急广播系统。

《火灾自动报警系统设计规范》GB 50116—2013 规定，消防应急广播系统的联动控制信号应由消防联动控制器发出，当确认火灾后，应同时向全楼进行广播；消防应急广播的单次语音播放时间宜为 10～30s，应与火灾声警报器分时交替工作，可采取 1 次火灾声警报器播放、1 次或 2 次消防应急广播播放的交替工作方式循环播放。

2. 功能需求

大多数火灾自动报警与联动控制系统实际项目中，消防应急广播系统与背景音乐广播系统共用系统。消防应急广播应具有火灾时强制切入消防应急广播的动能。当背景音乐独立设置，在发生火灾时应具有切除背景音乐系统音源的功能。消防应急广播及背景音乐系统主机设于消防监控室，设备应采用通过国家 CCC 认证并通过消防强制性认证的产品。

消防应急广播按防火分区设置，同一防火分区内公共区域与租户区域的广播分别设置独立回路。消防应急广播扬声器设于公共走道、大堂、客用电梯厅、公共卫生间、停车场、后勤走道、楼梯及合用前室等场所。应在确认火灾后启动建筑内的所有消防应急广播和火灾声光警报器。

火灾声警报器设置带有语音提示功能，同时设置语音同步器。消防应急广播和火灾声警报器应分时交替工作：先鸣警报 8～20s，间隔 2～3s 后播放消防应急广播 10～30s，再间隔 2～3s 依次循环进行直至疏散结束。

当某个楼层发生火灾时，消防紧急广播系统的联动控制信号由消防联动控制器发出。当确认火灾后，同时向全楼进行广播。

系统须满足全区同时广播的功能。功率放大输出总功率应不小于所有扬声器同时广播时总功率的 1.5 倍，备用功率放大器的设置应满足当地消防验收的要求。控制中心应能监控用于火灾应急广播时功放的工作状态，并具有话控开启功放和采用传声器播音的功能。

在消防控制室能手动或按预发控制逻辑联动控制选择广播分区、启动或停止应急广播系统，并应能监听消防应急广播。在通过传声器进行应急广播时，自动对广播内容进行录音。消防控制室内能显示消防应急广播的广播分区的工作状态。同一建筑物内设置多个火灾声警报器时，火灾自动报警系统应能同时启动和停止所有火灾声警报器。

3. 消防应急广播与背景音乐系统设计示例

消防应急广播系统与背景音乐广播系统共用系统主要由主机房设备、分控设备与周边设备组成。主控设备包括系统音源、报警矩阵器、报警发生器、寻呼器等；分控设备包括分控软件与数字呼叫站等；周边设备包括数字功放与音箱。某商业项目消防应急广播系统与背景音乐广播系统共用系统设计示例如图 19-2 所示。

三、防火门系统联动控制设计

1. 设计依据

疏散通道上的防火门有常闭型和常开型。《火灾自动报警系统设计规范》GB 50116—2013 规定：常闭型防火门有人通过后，闭门器将门关闭，不需要联动；常开型防火门平时开启，防火门任一侧所在防火分区内两只独立的火灾探测器或一只火灾探测器与一只手动报警按钮报警信号的"与"逻辑联动防火门关闭；防火门的故障状态可以包括闭门器故障、门被卡后未完全关闭等。

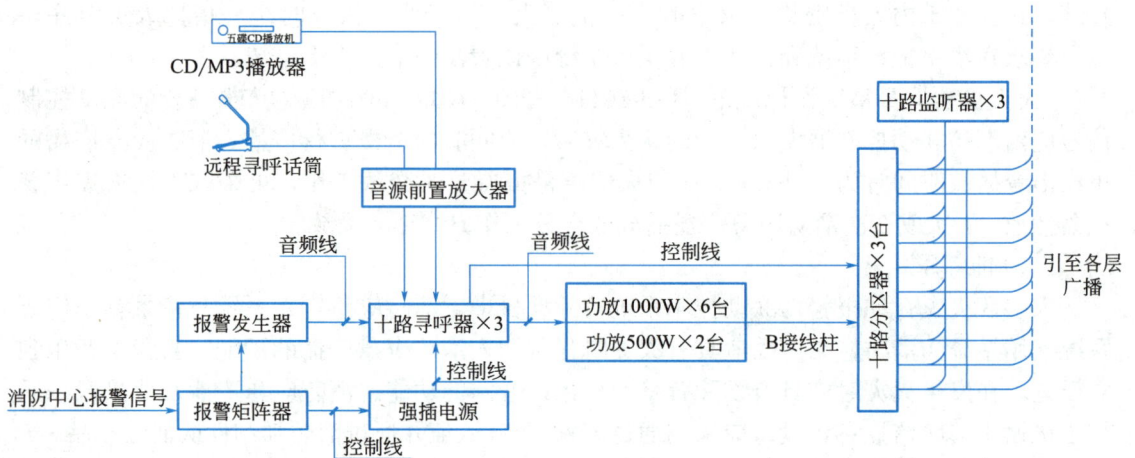

图 19-2　某商业项目消防应急广播系统与背景音乐广播系统共用系统设计示例

2. 系统设计示例

　　防火门监控系统由防火门监控主机、分机、常开/常闭防火门监控模块、监控电源箱和系统线缆组成，防火门监控主机一般设于消防控制室，监控分机设置在消防分控室或竖井内。系统监控疏散通道上各常开/常闭防火门的开启、关闭及故障状态信息，并输出相应信号至消防控制室火灾报警控制器。单路防火门监控回路有效通信距离不应大于 1000m。分布式系统中总线有效通信距离不应超过 800m，采用护套屏蔽双绞线。防火门监控系统系统图较为简单，本节仅提供四种类型防火门接线大样图供参考，如图 19-3 所示。

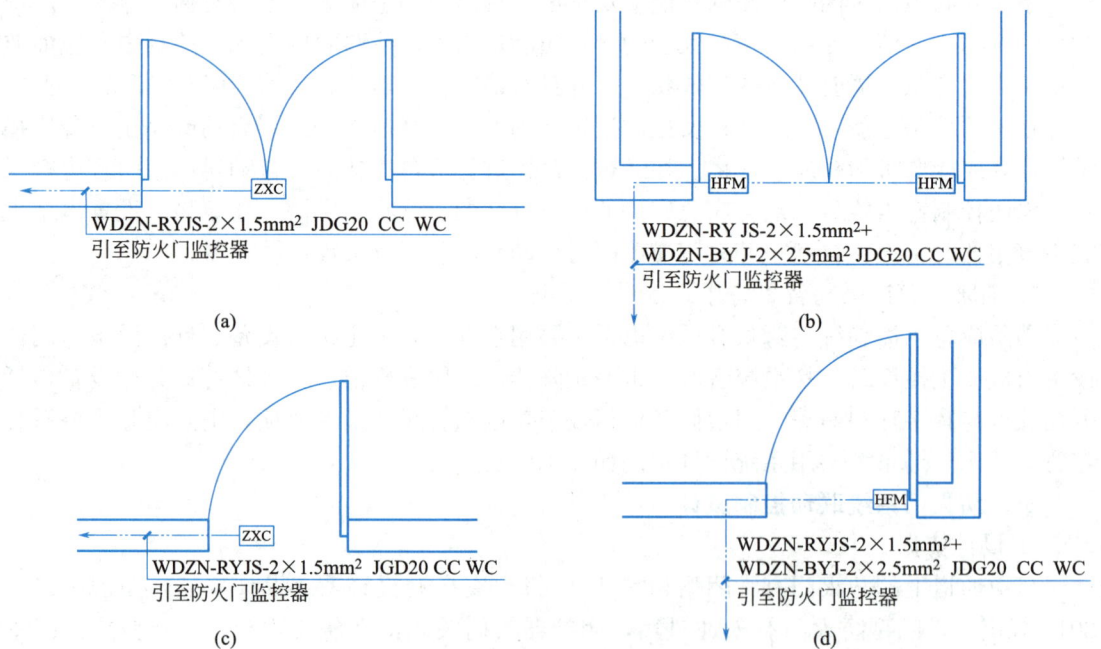

WDZN-RYJS-2×1.5mm² JDG20 CC WC
引至防火门监控器

(a)

WDZN-RY JS-2×1.5mm²+
WDZN-BY J-2×2.5mm² JDG20 CC WC
引至防火门监控器

(b)

WDZN-RYJS-2×1.5mm² JGD20 CC WC
引至防火门监控器

(c)

WDZN-RYJS-2×1.5mm²+
WDZN-BYJ-2×2.5mm² JDG20 CC WC
引至防火门监控器

(d)

图 19-3　四种类型防火门接线大样图
（a）常闭防火门（双开）接线大样图；（b）常开防火门（双开）接线大样图；
（c）常闭防火门（单开）接线大样图；（d）常开防火门（单开）接线大样图

实践实训

项目名称	某幼儿园消防应急广播系统设计		
学生姓名		班级学号	组别
同组成员			
任务分工			
完成日期		教师评价	

一、实训目的

1. 了解消防联动控制系统分类。
2. 会查阅应用消防联动控制系统功能需求。
3. 会绘制消防联动控制系统平面图。

二、实训设备

1. 安装有 AutoCAD 软件的电脑一台。
2. 某幼儿园一层建筑施工平面图纸。
3. 火灾自动报警与联动控制系统设计相关规范和标准。

三、实训要求

1. 小组成员需密切配合,共同完成实训任务,提高团队合作意识。
2. 详细记录实训过程中遇到的问题和解决方法,为后续任务提供依据。
3. 实训结束后,全体人员分析存在的问题和不足,提出改进措施。

四、实训内容

请结合本节知识链接部分某幼儿园一层建筑平面图;设计层高 6.5m,室内 600mm×600mm 铝扣板吊顶。作为资深火灾自动报警系统设计工程师的你,请依据火灾警报和消防应急广播系统设计规范,计算扬声器数量,并在平面图中布置扬声器安装位置,绘制广播总线回路管线线路由至楼层弱电井。

在查阅相关规范的同时,思考并说明柴油发电机房、储油间是否可以采用气体灭火系统保护?《火灾自动报警系统设计规范》GB 50116—2013 规定,设计无人值班场所的区域报警控制器的条件之一是"本区域内无需要手动控制的消防联动设备",请问该条款的消防联动设备指哪些设备?

五、实训过程中出现的问题、原因分析及解决方法

六、小组总结

知识链接

资源名称	火灾自动报警与联动控制系统的构成示意框图	气体灭火系统设计专用图例	紧急广播系统等级分类与应备功能	某幼儿园一层建筑平面图
资源类型	文档	文档	文档	文档
资源二维码				

项目7　火灾自动报警及联动控制系统的检测、验收、运行与维护

任务 20　火灾自动报警及联动控制系统的检测与验收

【思维导图】

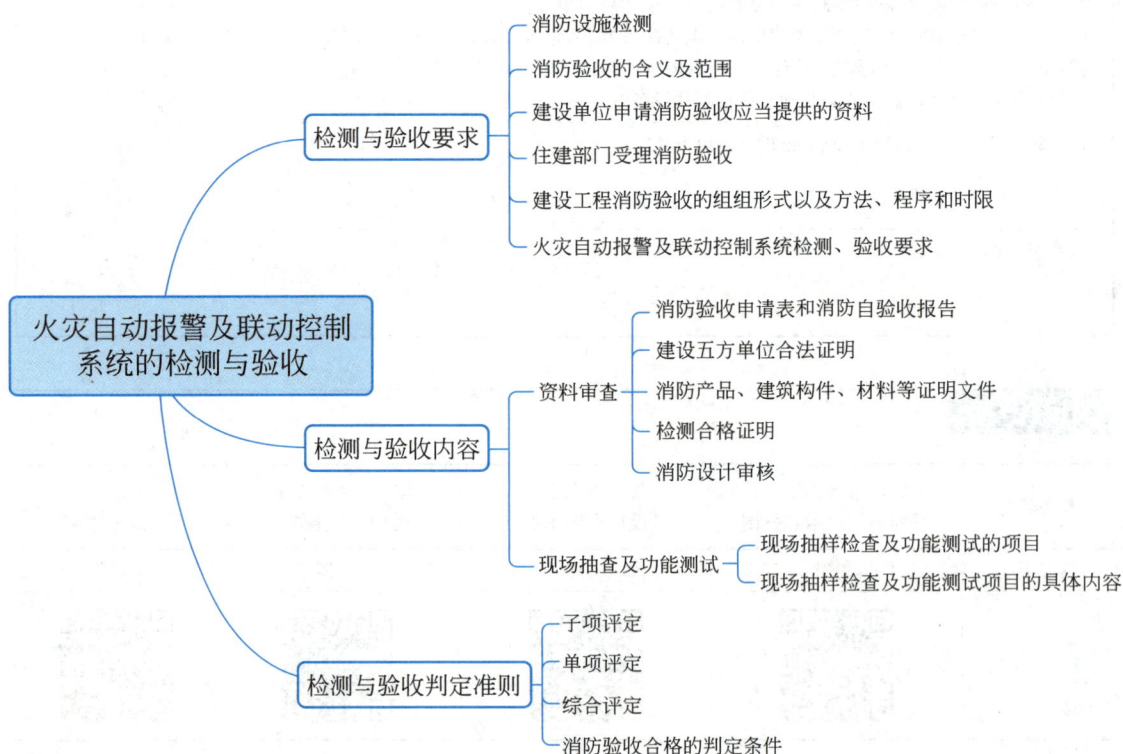

【学习目标】

[知识目标]	熟悉火灾自动报警及联动控制系统检测、验收的含义以及验收受理部门、验收的组织形式以及要求;掌握消防验收的程序、火灾自动报警及联动控制系统的对象、项目及数量要求
[能力目标]	具有开展火灾自动报警及联动控制系统检测与配合验收的技能;具有分析和解决实际系统问题的能力
[素质目标]	培养学生严谨细致的工作态度以及持续学习和自我提升的能力

【情景导入】

　　2020 年某市 4A 级景区农林生态游乐园发生火灾,现场有大量黑烟冒出,事故直接原因是景区 10kV 供电系统故障维修结束恢复供电后,景区电力作业人员在将自备发电机供电切换至市电供电时,进行了违章带负荷快速拉、合隔离开关操作,在照明线路上形成冲击过电压,击穿灯具电子元件造成短路,而空气开关无漏电保护,造成元件燃烧起火。由于该游乐园未设置火灾自动报警及联动控制系统,事故发生后,该游乐园未及时报警、未及时疏散,造成 13 人遇难、15 人受伤,过火面积约 $2458m^2$,直接经济损失 1789.97 万元。火灾事故调查报告显示,该生态游乐园在未取得消防验收许可下擅自投入使用,造成了不可挽回的损失。由此可见,消防验收对消防安全起着至关重要的作用。

20.1　火灾自动报警及联动控制系统检测与验收要求

【岗位情景模拟】

　　假如小王是消防检测公司的一位新手现场检测人员,公司在接到一幢建筑面积为 $10000m^2$ 的一类高层医疗建筑的检测任务后,建设单位将施工图纸、设备使用说明书等资料交给小王。

　　【讨论】如果你是消防设施检测员小王,需要取得什么职业资格证书才可开展消防设施检测活动?

　　消防工程的检测与验收是检验消防工程建设质量的一个重要环节,建筑消防设施检测是指采用感官性查看、功能性测试等方法对消防设施、设备特定的技术性能指标进行检查、测试,以确保消防系统能够达到规范的使用效果,消防设施检测一般由社会第三方技术服务单位完成。消防验收是指政府部门或第三方单位对社会单位竣工完成的消防工程(主要包含建筑防火、消防设施等)运营前的检验,由建设单位组织设计单位、施工单位、监理单位、检测单位等参与,建设工程需经消防验收部门验收合格,方可使用。

一、消防设施检测

　　消防设施维护保养检测属于消防技术服务活动,从事消防技术服务活动,必须遵守《社会消防技术服务管理规定》(中华人民共和国应急管理部令第 7 号)。消防技术服务活动是消防设施维护保养检测机构按照国家标准、行业标准规定的工艺、流程开展检测、维修、保养，保证经维修、保养的建筑消防设施的质量符合国家标准、行业标准的要求。消防技术服务从业人员是指依法取得注册消防工程师资格并在消防技术服务机构中执业的专业技术人员，以及按照有关规定取得相应消防行业特有工种职业资格，在消防技术服务机构中从事社会消防技术服务活动的人员。从事消防技术服务的机构须设立技术负责人，对本机构的消防技术服务实施质量监督管理，对出具的书面检测结论文件进行技术审核。消防技术服务机构承接检测、维保、评估业务，应当与委托人签订消防技术服务合同，并明确具体的项目负责人。消防技术服务机构出具的书面结论文件应当由技术负责人、项目负责人签名并加盖执业印章，同时加盖消防技术服务机构印章。如果消防技术服务机构未对消防设施进行检测，出具合格检测报告的，属于违法行为。

火灾自动报警及联动控制系统竣工后，建设单位应负责组织检测单位进行检测，并出具检测报告，检测不合格不得投入使用。消防设施检测合格是申请消防验收的前置条件，消防设施检测时，建设单位应提供以下资料：

1. 竣工检测申请报告、设计变更通知书、竣工图。
2. 工程质量事故处理报告。
3. 施工现场质量管理检查记录。
4. 火灾自动报警及联动控制系统施工过程质量管理检查记录。
5. 火灾自动报警及联动控制系统内各设备的检验报告、合格证及相关材料。

二、消防验收的含义及范围

1. 建设工程消防验收的含义

建设工程消防验收是指住房和城乡建设主管部门依据消防法律、法规和国家工程建设消防技术标准，对纳入消防行政许可范围的建设工程在建设单位组织竣工、消防自验收合格的基础上，通过抽查、评定，作出行政许可决定。

2. 建设工程消防验收的范围

我国住房和城乡建设部于 2020 年 6 月 1 日发布实施《建设工程消防设计审查验收管理暂行规定》（以下简称 51 号令）。51 号令指出，国务院住房和城乡建设主管部门负责指导监督全国建设工程消防设计审查验收工作。县级以上地方人民政府住房和城乡建设主管部门（以下简称"住建部门"）依职责承担本行政区域内建设工程的消防设计审查、消防验收、备案和抽查工作。主管部门对特殊建设工程实行消防验收制度，对其他工程实行备案和抽查制度。界定的特殊建设工程，其工程竣工后，建设单位应当依法向住建部门申请消防验收。

具有下列情形之一的建设工程是特殊建设工程：

（1）总建筑面积大于 2 万 m^2 的体育场馆、会堂，公共展览馆、博物馆的展示厅；

（2）总建筑面积大于 1.5 万 m^2 的民用机场航站楼、客运车站候车室、客运码头候船厅；

（3）总建筑面积大于 1 万 m^2 的宾馆、饭店、商场、市场；

（4）总建筑面积大于 $2500m^2$ 的影剧院，公共图书馆的阅览室，营业性室内健身、休闲场馆，医院的门诊楼，大学的教学楼、图书馆、食堂，劳动密集型企业的生产加工车间，寺庙、教堂；

（5）总建筑面积大于 1000m^2 的托儿所、幼儿园的儿童用房，儿童游乐厅等室内儿童活动场所，养老院、福利院，医院、疗养院的病房楼，中小学校的教学楼、图书馆、食堂，学校的集体宿舍，劳动密集型企业的员工集体宿舍；

（6）总建筑面积大于 500m^2 的歌舞厅、录像厅、放映厅、卡拉 OK 厅、夜总会、游艺厅、桑拿浴室、网吧、酒吧，具有娱乐功能的餐馆、茶馆、咖啡厅；

（7）国家工程建设消防技术标准规定的一类高层住宅建筑；

（8）城市轨道交通、隧道工程，大型发电、变配电工程；

（9）生产、储存、装卸易燃易爆危险物品的工厂、仓库和专用车站、码头，易燃易爆气体和液体的充装站、供应站、调压站；

（10）国家机关办公楼、电力调度楼、电信楼、邮政楼、防灾指挥调度楼、广播电视楼、档案楼；

（11）设有（1）～（6）项所列情形的建设工程；

（12）（10）、（11）项规定以外的单体建筑面积大于 4 万 m^2 或者建筑高度超过 50m 的公共建筑。

【即学即练 20-1-1】

下列建设工程实行消防验收制度的是（　　　）。

A. 建筑高度为 32m、建筑面积为 10000m^2 的大型商业综合体

B. 总建筑面积为 380m^2 的网吧

C. 一～三层设置了建筑面积 1200m^2 的大型幼儿园的写字楼

D. 建筑面积为 25000m^2 的地下车库

三、建设单位申请消防验收应当提供的材料

1. 建设工程消防验收申请表。该表是建设单位向住建部门申报建设工程消防竣工验收的请示性书面文书，建设工程消防验收申请表样表如图 20-1-1 所示。

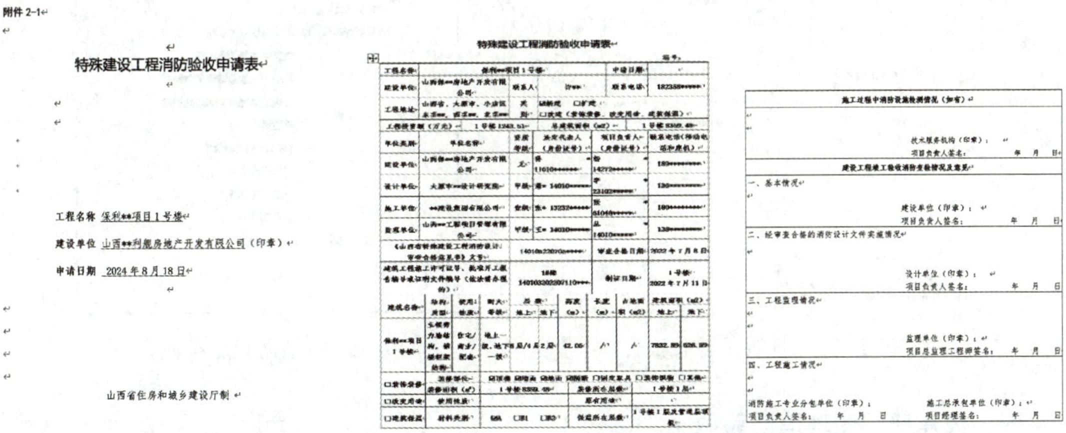

图 20-1-1　建设工程消防验收申请表样表

2. 消防产品质量合格证明文件如图 20-1-2 所示。

图 20-1-2　消防产品质量合格文件

3. 具有防火性能要求的建筑构件、建筑材料、装修材料符合国家标准或者行业标准的证明文件、出厂合格证。

4. 工程竣工验收报告（图 20-1-3）和有关消防设施的工程竣工图纸。

5. 消防设施检测合格证明文件（图 20-1-4）。

6. 施工、工程监理、检测单位的合法身份证明和资质等级证明文件。

7. 建设单位的工商营业执照等合法身份证明文件。

8. 法律、行政法规规定的其他材料。

图 20-1-3　工程竣工验收报告

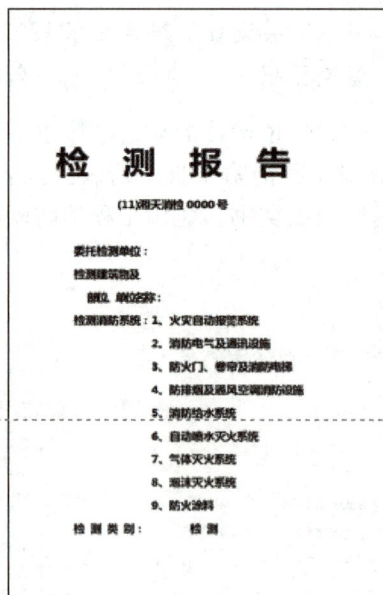

图 20-1-4　消防设施检测报告

四、住建部门受理消防验收

1. 形式审查

住建部门在受理窗口对申请人提交的建设工程消防验收材料应当进行形式审查，查看其是否齐全、有效，是否符合法定形式，是否属于管辖范围。

2. 受理意见

经过形式审查，住建部门应当作出是否同意受理的决定。受理或者不予受理均应有加盖住建部门专用印章和注明日期的《建设工程消防验收受理/不予受理凭证》文书。

五、建设工程消防验收的组织形式以及方法、程序和时限

1. 建设工程消防验收的组织形式

建设工程消防验收由住建部门组织实施，建设、设计、施工、工程监理、建筑消防设施检测机构等单位予以配合。根据需要，住建部门可成立由消防验收、消防设计审核、消防监督检查、消防产品监督和灭火救援等部门的专业技术人员组成的验收工作小组。

2. 建设工程消防验收的方法、程序和时限

（1）建设工程消防验收的方法

住建部门对建设工程消防验收应依照消防法律法规、国家工程建设消防技术标准、经消防设计审核合格的消防设计文件，按照《建设工程消防验收评定规则》规定的程序、内容、方法，利用建筑消防设施检测类装备和消防产品现场检测类装备，成立验收工作小组进行消防验收。

（2）建设工程消防验收的程序

建设工程消防验收应按照资料审查、现场抽样检查及功能测试、综合评定的程序进行。

（3）建设工程消防验收的时限

住建部门应当自受理申请之日起 15 个工作日内组织消防验收，并出具《建设工程消防验收意见书》。

【即学即练 20-1-2】

以下关于消防验收说法正确的是（　　　）。

A. 建设工程消防验收由住建部门组织实施，建设、设计、施工、工程监理、建筑消防设施评估机构等单位予以配合

B. 建设工程消防验收应按照资料审查、现场逐点位检查及功能测试、综合评定的程序进行

C. 住建部门应当自受理申请之日起 15 个工作日内组织消防验收，并出具《建设工程消防验收意见书》

D. 建设单位申请消防验收时应提供工程竣工验收报告和有关消防设施的工程规划图纸

六、火灾自动报警及联动控制系统检测、验收要求

气体灭火系统、防火卷帘系统、自动喷水灭火系统、消火栓系统、防烟排烟系统、消防应急照明和疏散指示系统及其他相关系统的联动控制功能检测、验收应在各系统功能满足相关国家现行技术标准和系统设计文件规定的前提下进行。系统检测、验收的项目当有不合格时，应修复或更换，并应进行复验。复验时，对有抽验比例要求的，应加倍抽验。

1. 系统检测、验收前的资料查验

系统检测、验收前，应对施工单位提供的下列资料进行齐全性和符合性检查：

（1）竣工验收申请报告、设计变更通知书、竣工图。

（2）工程质量事故处理报告。

（3）施工现场质量管理检查记录。

（4）系统安装过程质量检查记录。

（5）系统部件的现场设置情况记录的应急点亮。

（6）系统联动编程设计记录。

（7）系统调试记录。

（8）系统设备的检验报告、合格证及相关材料。

2. 系统检测、验收的项目及数量要求

火灾自动报警及联动控制系统检测、验收的对象、项目及数量应满足表20-1-1的规定。

火灾自动报警及联动控制系统检测、验收对象、项目及数量　　表 20-1-1

序号	检测、验收对象	检测、验收项目	检测数量	验收数量
1	消防控制室	1. 消防控制室设计； 2. 消防控制室设置； 3. 设备配置； 4. 起集中控制功能的火灾报警控制器的设置； 5. 消防控制室图形显示装置预留接口； 6. 外线电话； 7. 设备的布置； 8. 系统接地； 9. 存档文件资料	全部	全部
2	布线	1. 管路和槽盒的选型； 2. 系统线路的选型； 3. 槽盒、管路的安装质量； 4. 电气电缆的敷设质量	全部报警区域	建筑中含有 5 个及以下报警区域的，应全部检验；超过 5 个报警区域的，应按报警区域数量20%的比例抽验，但抽验总数不应少于 5 个
3	火灾报警控制器	—	实际安装数量	实际安装数量
	火灾探测器	1. 设备选型； 2. 设备设置； 3. 消防产品准入制度； 4. 安装质量； 5. 基本功能	—	1. 每个回路都应抽验； 2. 回路实际安装数量为20只及以下的，应全部检验；实际安装数量为 100 只及以下的，应抽验 20 只；实际安装数量超过 100 只的，应按实际安装数量10%～20%的比例抽验，但抽验总数不应少于 20 只
	手动火灾报警按钮、火灾声光警报器、火灾显示盘		—	1. 每个回路都应抽验； 2. 回路实际安装数量为20只及以下的，应全部检验；实际安装数量为 100 只及以下的，应抽验 20 只；实际安装数量超过 100 只的，应按实际安装数量10%～20%的比例抽验，但抽验总数不应少于 20 只

序号	检测、验收对象	检测、验收项目	检测数量	验收数量
	消防联动控制器	—	—	实际安装数量
4	模块		实际安装数量	1. 每个回路都应抽验； 2. 回路实际安装数量为 20 只及以下的，应全部检验；实际安装数量为 100 只及以下的，应抽验 20 只；实际安装数量超过 100 只的，应按实际安装数量 10%～20% 的比例抽验，但抽验总数不应少于 20 只
5	消防电话总机			实际安装数量
	消防电话分机			
	消防电话插孔		—	实际安装数量为 5 只及以下的，应全部检验；实际安装数量为 5 只以上的，应按实际安装数量 10%～20% 的比例抽验，但抽验总数不应少于 5 只
6	可燃气体报警控制器	1. 设备选型； 2. 设备设置； 3. 消防产品准入制度； 4. 安装质量； 5. 基本功能	实际安装数量	实际安装数量
	可燃气体火灾探测器			1. 总线制控制器： 每个回路都应抽验； 回路实际安装数量为 20 只及以下的，应全部检验；实际安装数量为 100 只及以下的，应抽验 20 只；实际安装数量超过 100 只的，应按实际安装数量 10%～20% 的比例抽验，但抽验总数不应少于 20 只。 2. 多线制控制器：实际安装数量
7	电气火灾监控设备		实际安装数量	实际安装数量
	电气火灾监控探测器			1. 每个回路都应抽验； 2. 回路实际安装数量为 20 只及以下的，应全部检验；实际安装数量为 100 只及以下的，应抽验 20 只；实际安装数量超过 100 只的，应按实际安装数量 10%～20% 的比例抽验，但抽验总数不应少于 20 只
8	消防设备电源监控器		实际安装数量	实际安装数量
	传感器			1. 每个回路都应抽验； 2. 回路实际安装数量为 20 只及以下的，应全部检验；实际安装数量为 100 只及以下的，应抽验 20 只；实际安装数量超过 100 只的，应按实际安装数量 10%～20% 的比例抽验，但抽验总数不应少于 20 只

序号	检测、验收对象	检测、验收项目	检测数量	验收数量
9	消防控制室图形显示装置	1. 设备选型； 2. 设备设置； 3. 消防产品准入制度； 4. 安装质量； 5. 基本功能	实际安装数量	实际安装数量
10	火灾警报器		实际安装数量	抽查报警区域的实际安装数量
	消防应急广播控制设备			实际安装数量
	扬声器			抽查报警区域的实际安装数量
	火灾警报和消防应急广播系统	1. 联动控制功能； 2. 手动插入优先功能	全部报警区域	建筑中含有 5 个及以下报警区域的，应全部检验；超过 5 个报警区域的，应按报警区域数量 20% 的比例抽验，但抽验总数不应少于 5 个
11	防火卷帘控制器	1. 设备选型； 2. 设备设置； 3. 消防产品准入制度； 4. 安装质量； 5. 基本功能	实际安装数量	实际安装数量为 5 台及以下的，应全部检验；实际安装数量为 5 台以上的，应按实际安装数量 10%～20% 的比例抽验，但抽验总数不应少于 5 台
	手动控制装置、火灾探测器			抽查防火卷帘控制器配接现场部件的实际安装数量
	疏散通道上设置的防火卷帘	1. 联动控制功能； 2. 手动控制功能	全部防火卷帘	实际安装数量为 5 樘及以下的，应全部检验；实际安装数量为 5 樘以上的，应按实际安装数量 10%～20% 的比例抽验，但抽验总数不应少于 5 樘
	非疏散通道上设置的防火卷帘	1. 联动控制功能； 2. 手动控制功能	全部报警区域	建筑中含有 5 个及以下报警区域的，应全部检验；超过 5 个报警区域的，应按报警区域数量 20% 的比例抽验，但抽验总数不应少于 5 个
12	防火门监控器	1. 设备选型； 2. 设备设置； 3. 消防产品准入制度； 4. 安装质量； 5. 基本功能	实际安装数量	实际安装数量为 5 台及以下的，应全部检验；实际安装数量为 5 台以上的，应按实际安装数量 10%～20% 的比例抽验，但抽验总数不应少于 5 台
	监控模块、防火门定位装置和释放装置等现场部件		实际安装数量	按抽验监控器配接现场部件实际安装数量 30%～50% 的比例抽验
	防火门监控系统	联动控制功能	全部报警区域	建筑中含有 5 个及以下报警区域的，应全部检验；超过 5 个报警区域的，应按报警区域数量 20% 的比例抽验，但抽验总数不应少于 5 个

序号	检测、验收对象	检测、验收项目	检测数量	验收数量
13	气体、干粉灭火控制器	1. 设备选型； 2. 设备设置； 3. 消防产品准入制度； 4. 安装质量； 5. 基本功能	实际安装数量	实际安装数量
	火灾探测器、手动火灾报警按钮、声光警报器、手动与自动控制转换装置、手动与自动控制状态显示装置、现场启动和停止按钮			
	气体、干粉灭火系统	1. 联动控制功能； 2. 手动插入优先功能； 3. 现场手动启动、停止功能	全部防护区域	全部防护区域
14	消防泵控制箱、柜	1. 设备选型； 2. 设备设置； 3. 消防产品准入制度； 4. 安装质量； 5. 基本功能	实际安装数量	实际安装数量
	水流指示器、压力开关、信号阀、液位探测器	基本功能		1. 信号阀：按实际安装数量 30%~50%的比例抽验； 2. 压力开关、液位探测器：实际安装数量
	湿式、干式喷水灭火系统	联动控制功能	全部防护区域	建筑中含有 5 个及以下防护区域的，应全部检验；超过 5 个防护区域的，应按防护区域数量 20%的比例抽验，但抽验总数不应少于 5 个
		消防泵直接手动控制功能	实际安装数量	实际安装数量
	预作用自动喷水灭火系统	联动控制功能	全部防护区域	建筑中含有 5 个及以下防护区域的，应全部检验；超过 5 个防护区域的，应按防护区域数量 20%的比例抽验，但抽验总数不应少于 5 个
		消防泵、预作用阀组、排气阀前电动阀直接手动控制功能	实际安装数量	实际安装数量
15	雨淋自动喷水灭火系统	联动控制功能	全部防护区域	建筑中含有 5 个及以下防护区域的，应全部检验；超过 5 个防护区域的，应按防护区域数量 20%的比例抽验，但抽验总数不应少于 5 个
		消防泵、雨淋阀直接手动控制功能	实际安装数量	实际安装数量
	自动控制的水幕系统	用于保护防火卷帘的水幕系统的联动控制功能	防火卷帘实际安装数量	防火卷帘实际安装数量为 5 樘及以下的，应全部检验；实际安装数量为 5 樘以上的，应按实际安装数量 10%~20%的比例抽验，但抽验总数不应少于 5 樘

序号	检测、验收对象	检测、验收项目	检测数量	验收数量
15	自动控制的水幕系统	用于防火分隔的水幕系统的联动控制功能	全部防护区域	建筑中含有 5 个及以下防护区域的,应全部检验;超过 5 个防护区域的,应按防护区域数量20%的比例抽验,但抽验总数不应少于 5 个
		消防泵、水幕系统阀组直接手动控制功能		实际安装数量
16	消防泵控制箱、柜	1. 设备选型; 2. 设备设置; 3. 消防产品准入制度; 4. 安装质量; 5. 基本功能	实际安装数量	实际安装数量
	消火栓按钮			按实际安装数量5%~10%的比例抽验,每个报警区域均应抽验
	水流指示器压力开关、信号阀、液位探测器	基本功能	实际安装质量	1. 信号阀:按实际安装数量30%~50%的比例抽验; 2. 压力开关、液位探测器:实际安装数量
	消火栓系统	联动控制功能	全部报警区域	建筑中含有 5 个及以下报警区域的,应全部检验;超过 5 个报警区域的,应按报警区域数量20%的比例抽验,但抽验总数不应少于 5 个
		消防泵直接手动控制功能	实际安装数量	实际安装数量
17	风机控制箱、柜	1. 设备选型; 2. 设备设置; 3. 消防产品准入制度; 4. 安装质量; 5. 基本功能	实际安装数量	实际安装数量
	电动送风口、电动挡烟垂壁、排烟口、排烟阀、排烟窗、电动防火阀、排烟风机入口处的总管上设置的280℃排烟防火阀	基本功能		1. 电动送风口、电动挡烟垂壁、排烟口、排烟阀、排烟窗、电动防火阀:按实际安装数量30%~50%的比例抽验; 2. 排烟风机入口处的总管上设置的280℃排烟防火阀:实际安装数量
	加压送风系统	联动控制功能	全部报警区域	建筑中含有 5 个及以下报警区域的,应全部检验;超过 5 个报警区域的,应按报警区域数量20%的比例抽验,但抽验总数不应少于 5 个
		加压送风机直接手动控制功能	实际安装数量	实际安装数量
	电动挡烟垂壁、排烟系统	联动控制功能	所有防烟分区	建筑中含有 5 个及以下防烟分区的,应全部检验;超过 5 个防烟分区的,应按防烟分区数量20%的比例抽验,但抽验总数不应少于 5 个
		排烟风机直接手动控制功能	实际安装数量	实际安装数量

序号	检测、验收对象	检测、验收项目	检测数量	验收数量
18	消防应急照明和疏散指示系统	联动控制功能	全部报警区域	建筑中含有 5 个及以下报警区域的,应全部检验;超过 5 个报警区域的,应按报警区域数量 20%的比例抽验,但抽验总数不应少于 5 个
19	电梯、非消防电源等相关系统	联动控制功能	全部报警区域	建筑中含有 5 个及以下报警区域的,应全部检验;超过 5 个报警区域的,应按报警区域数量 20%的比例抽验,但抽验总数不应少于 5 个

注：1. 表中的抽验数量均为最低要求。
　　2. 每一项功能检验次数均为 1 次。

【即学即练 20-1-3】

对火灾自动报警及联动控制系统检测、验收时，消防控制室应有哪些文件资料？（　　　）
A. 竣工图纸
B. 各系统控制逻辑关系说明
C. 设备使用说明书
D. 系统操作规程、应急预案及值班制度等

20.2　火灾自动报警及联动控制系统检测与验收的内容

【岗位情景模拟】

　　某房地产开发单位联合消防施工单位、设计单位、监理单位和消防设施检测单位将对某建筑项目进行申报消防验收，按照相关规定，建设单位应组织以上四方相关单位进行工程竣工消防自验收并形成书面报告。该自验收任务由消防施工单位的项目经理负责，假如小王是消防施工单位的火灾自动报警及联动控制系统施工人员，在验收火灾报警控制器的火灾优先功能和二次报警功能时，发现备用电源馈电故障严重，但消防联动控制器的设置符合消防技术标准及有效消防设计文件的规定。

　　【讨论】如果你是消防设施施工员小王，针对以上问题需要做哪些调试及维护工作？

　　住建部门对申报消防验收的建设工程，应当依照建设工程消防验收评定标准对已经消防设计审核合格的内容组织消防验收。其消防验收重在检验建筑消防设施、建筑防火、安全疏散等消防设计的功能实现情况，同时检查建设、设计、施工、工程监理等有关单位遵守消防法律法规、国家工程建设消防技术标准和执行消防设计文件的情况。

　　一、资料审查

　　住建部门应当按照下列要求进行资料审查：

1. 消防验收申请表和消防自验收报告

对建设单位提供的建设工程消防验收申请表和工程竣工消防自验收报告进行形式审查，审查其资料是否齐全，是否符合法定形式，消防自验收报告、内容是否全面，单位和人员是否盖章签字。

2. 建设五方单位合法证明

审查建设工程设计、建设、施工、工程监理、检测单位是否具有真实、有效的合法身份证明文件；该工程规模是否在相关单位资质许可范围内。

3. 消防产品、建筑构件、材料等证明文件

查验消防产品质量合格证明文件、检验报告；具有防火性能要求的建筑构件、建筑材料（含装修材料、建筑保温材料）防火性能证明文件、见证取样检验报告等是否符合消防产品市场准入制度、国家工程建设消防技术标准和消防设计文件的要求。

4. 检测合格证明

审查消防设施、电气防火技术检测合格证明文件，核实其内容是否全面，单位和人员是否盖章签字，消防设施是否按照设计文件施工，功能与联动控制检测项目是否完整，检测结论是否明确。

5. 消防设计审核

核查建设工程消防设计审核资料，包括建设工程消防设计审核意见书、消防设计变更情况、消防设计专家论证会纪要及其他需要提供的材料。

二、现场抽查及功能测试

消防验收的资料审查合格后，建设部门应当按照《建设工程消防验收评定规则》和当地评定文件的要求，组织实施现场抽样检查及功能测试。现场抽查建设单位消防自验收是否符合国家工程建设消防技术标准和经审核合格的施工图消防设计文件。

1. 现场抽查及功能测试的项目

（1）对建筑消防设施等外观质量进行现场抽样查看。

（2）通过专业仪器设备对涉及距离、宽度、长度、面积、厚度等可测量的指标进行现场抽样测量。

（3）对消防设施的功能进行现场测试。

（4）对消防产品进行现场抽样判定。

（5）对其他涉及消防安全的项目进行抽查、测试。

2. 现场抽样检查及功能测试项目的具体内容

主要是针对建筑防火及各类建筑消防设施等方面是否符合国家建设工程消防技术标准和消防设计文件的情况进行检查测试。

（1）消防供电

消防用电设备的供电负荷等级、供电电源设置情况。

（2）消防控制室

消防控制室的设置、部位、标志、设备布置等应符合消防技术标准及有效消防设计文件的规定。

（3）布线

抽查火灾自动报警及联动控制系统布线线路的选择、敷设方式及相关防火保护措施是

否符合国家工程建设消防技术标准和消防设计文件要求。

（4）火灾报警控制器

火灾报警控制器的设置、数量、选型、外观标志、安装情况、自检功能、报警及显示功能、火灾优先功能、二次报警功能、故障报警功能、打印功能、供电电源等应符合消防技术标准及有效消防设计文件的规定。火灾报警控制器的查验如图 20-2-1 所示。

（5）火灾探测器

抽查火灾自动报警探测器设置位置、规格、选型是否符合国家工程建设消防技术标准和消防设计文件要求；测试火灾自动报警探测器报警功能是否符合国家工程建设消防技术标准和消防设计文件要求；核对火灾自动报警探测器数量是否符合国家工程建设消防技术标准和消防设计文件要求，测试探测器的报警功能如图 20-2-2 所示。

图 20-2-1　火灾报警控制器的查验

图 20-2-2　测试探测器的报警功能

（6）手动火灾报警按钮

手动火灾报警按钮的设置部位、数量、外观标志、安装情况、报警功能等应符合消防技术标准及有效消防设计文件的规定，测试手动报警按钮如图 20-2-3 所示。

图 20-2-3　测试手动报警按钮

（7）火灾显示盘

火灾显示盘的设置、数量、选型、外观标志、安装情况、自检功能、火灾报警显示功能、故障报警功能、供电电源等应符合消防技术标准及有效消防设计文件的规定。测试火灾显示盘的功能如图 20-2-4 所示，并客观、完整记录现场数据、信息。

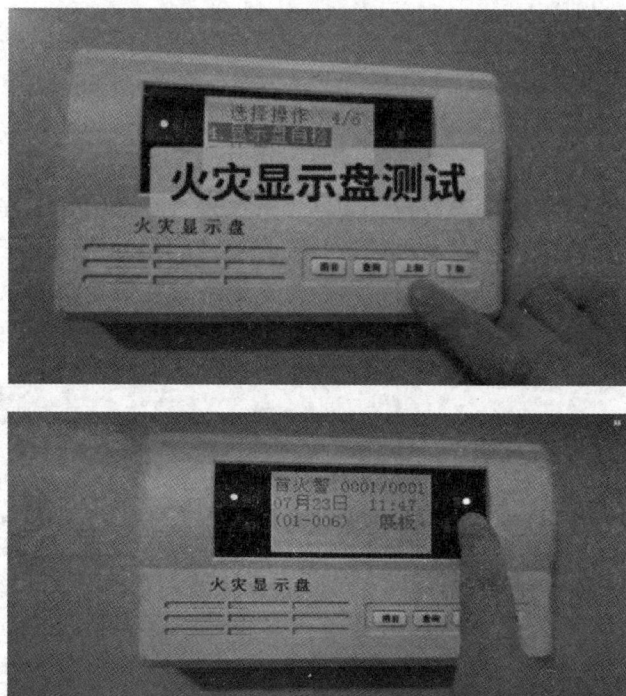

图 20-2-4　测试火灾显示盘的功能

（8）消防联动控制设备

消防联动控制设备设置、数量、选型、外观标志、安装情况、自检功能、联动控制功能及逻辑控制程序、手动直接启动功能、故障报警功能、信息显示功能、供电电源等应符合消防技术标准及有效消防设计文件的规定。

（9）消防模块

消防模块的设置、数量、选型、外观标志、安装情况应符合消防技术标准及有效消防设计文件的规定。

（10）消防专用电话和电话插孔

测试消防通信通话功能是否正常；抽查专用电话（电话插孔）设置位置、数量、标志、安装以及核对同区域数量是否符合国家工程建设消防技术标准和消防设计文件要求。消防专用电话查验如图 20-2-5 所示。

（11）消防控制室图形显示装置

消防控制室图形显示装置设置、数量、选型、外观标志、安装情况、火灾报警和状态显示功能、故障报警功能、信息记录查询功能、信息传输功能等应符合消防技术标准及有效消防设计文件的规定。消防控制室图形显示装置查验如图 20-2-6 所示。

（12）可燃气体探测报警系统

可燃气体探测报警系统的设置、数量、选型、外观标志、安装情况、自检功能、报警及显示功能、故障报警功能、供电电源等应符合消防技术标准及有效消防设计文件的规定。

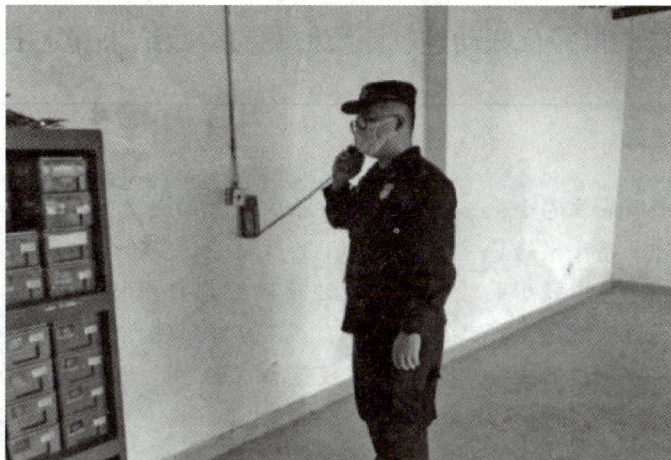

图 20-2-5　消防专用电话查验

图 20-2-6　消防控制室图形显示装置查验

（13）消防应急广播系统

抽查消防应急广播设置位置，核对同区域数量是否符合国家工程建设消防技术标准和消防设计文件要求；进行消防应急广播功能测试，查验其是否符合国家工程建设消防技术标准和消防设计文件要求。

【即学即练 20-2-1】

下列关于系统现场功能性检测的描述中不正确的是（　　　）。

A. 进行系统现场功能性检测前应按照国家标准的规定和布线要求，采用尺量、观察等方法对现场布线进行全数检验

B. 按照设计文件的要求，核对各系统设备的规格、型号、容量和数量

C. 采用对照图样、尺量、观察等方法对系统设备的安装进行检查

D. 采用对照设计文件、仪表测量、观察等方法对系统设备的功能进行检查

20.3 火灾自动报警及联动控制系统检测与验收结果判定准则

　　某建设单位申报某住宅小区工程项目消防验收后，由当地消防验收主管部门组织验收人员进行了资料审查及现场评定，并出具了验收结论为不合格。消防施工单位仔细核实了验收不合格意见书中提出的验收意见及违反的相应技术标准条款，经过核实发现，该项目存在以下问题：报警类产品无3C认证、消防控制室无产品的使用说明书及联动编程记录、地下车库某疏散距离超过了相关规范标准的10%。

　　【讨论】针对以上问题，请思考消防验收部门出具不合格意见书合理吗？

　　建设工程消防检测、验收的评定应当根据资料审查和现场抽样性检查及功能测试的结果，按照子项、单项、综合评定的程序进行，作出综合评定结论。

一、子项评定

　　子项是指组成防火设施、灭火系统或使用性能、功能单一的涉及消防安全的项目，如火灾探测器、安全出口、防火门等。子项按其在消防安全中的重要程度和工程质量影响严重程度的不同，可分为A（关键项目）、B（主要项目）、C（一般项目）三类。

　　1. A类项目

　　（1）消防控制室设计与《火灾自动报警系统设计规范》GB 50116—2013的符合性。

　　（2）消防控制室内消防设备的基本配置与设计文件和《火灾自动报警系统设计规范》GB 50116—2013的符合性。

　　（3）系统部件的选型与设计文件的符合性。

　　（4）系统部件消防产品准入制度的符合性。

　　（5）系统内的任一火灾报警控制器和火灾探测器的火灾报警功能。

　　（6）系统内的任一消防联动控制器、输出模块和消火栓按钮的启动功能。

　　（7）参与联动编程的输入模块的动作信号反馈功能。

　　（8）系统内的任一火灾警报器的火灾警报功能。

　　（9）系统内的任一消防应急广播控制设备和广播扬声器的应急广播功能。

　　（10）消防设备应急电源的转换功能。

　　（11）防火卷帘控制器的控制功能。

　　（12）防火门监控器的启动功能。

　　（13）气体灭火控制器的启动控制功能。

　　（14）自动喷水灭火系统的联动控制功能，消防泵、预作用阀组、雨淋阀组的消防控制室直接手动控制功能。

　　（15）加压送风系统、排烟系统、电动挡烟垂壁的联动控制功能，送风机、排烟风机的消防控制室直接手动控制功能。

　　（16）消防应急照明和疏散指示系统的联动控制功能。

　　（17）电梯、非消防电源等相关系统的联动控制功能。

　　（18）系统整体联动控制功能。

2．B 类项目

（1）消防控制室存档文件资料的符合性。

（2）系统检测、验收时查验资料的齐全性、符合性。

（3）系统内的任一消防电话总机和电话分机的呼叫功能。

（4）系统内的任一可燃气体报警控制器和可燃气体火灾探测器的可燃气体报警功能。

（5）系统内的任一电气火灾监控设备（器）和探测器的监控报警功能。

（6）消防设备电源监控器和传感器的监控报警功能。

3．C 类项目

除 A 类项目和 B 类项目外的其余项目。

4．子项的现场抽查及功能测试

（1）子项的抽样数量不少于 2 处，当总数不大于 2 处时，全部检查；防火间距、消防车道的设置及安全出口、疏散楼梯的形式和数量应全部检查。

（2）子项抽查中若有 1 处 B 类不合格项，则对该子项再抽查 4 处，不足 4 处的全部抽查。

5．子项的评定结论为合格与不合格

主要包括以下情形：

（1）子项内容符合国家工程建设消防技术标准和消防设计文件要求的，评定为合格。

（2）有距离、宽度、长度、面积、厚度等要求的内容，其误差不超过 5%，且不影响正常使用功能的，评定为合格。

（3）子项抽查中，出现 A 类不合格项的，评定为不合格；有 1 处 B 类不合格项，再抽查的 4 处均合格的，评定为合格，否则为不合格；有 4 处以上 C 类不合格项的，评定为不合格。

（4）子项名称为系统功能的，系统主要功能满足消防设计文件要求并能正常实现的，评定为合格。

（5）消防产品经现场判定不合格的，该子项评定为不合格。

（6）未按照消防设计文件施工建设，造成子项内容缺少或与消防设计文件严重不符的，评定为不合格。

二、单项评定

单项是指由若干使用性质或功能相近的子项组成的涉及消防安全的项目。如建筑内部装修防火，防火、防烟分隔与防爆，火灾自动报警及联动控制系统，固定灭火系统，防烟排烟系统等。

1．单项的验收检查

单项的验收检查主要包括：建筑类别、总平面布局和平面布置；建筑内外部装修防火；防火、防烟分隔与防爆；安全疏散与消防电梯；消防水源、消防电源；水灭火系统；火灾自动报警及联动控制系统；防烟排烟系统；建筑灭火器；其他灭火设施。

2．单项的评定

所有子项评定合格，且 B 类不合格项不大于 4 处，或者 C 类不合格项不大于 8 处的，单项评定为合格，否则为不合格。

三、综合评定

消防验收的综合评定结论分为合格和不合格。建设工程符合下列条件的，其综合评定为消防验收合格；不符合其中任意一项的，综合评定为消防验收不合格：

1. 建设工程消防验收的资料审查结果确定为合格。

2. 建设工程的所有单项均评定为合格。

四、消防验收合格的判定条件

火灾自动报警及联动控制系统检测、验收结果判定准则应符合下列规定：

1. A类项目不合格数量为0、B类项目不合格数量小于或等于2、B类项目不合格数量与C类项目不合格数量之和小于或等于检查项目数量5%的，系统检测、验收结果应为合格。

2. 不符合上述合格判定准则的，系统检测、验收结果应为不合格。

各项检测、验收项目中有不合格的，应修复或更换，并应进行复验。复验时，对有抽验比例要求的，应加倍检验。

住建部门对消防验收综合评定结论为合格的建设工程，应出具消防验收合格意见，作出消防行政许可；对评定为不合格的，应当出具消防验收不合格意见，并说明理由。

【即学即练 20-3-1】

下列关于火灾自动报警系统工程质量验收判定标准的说法正确的是（　　　）。

A. 控制器无法发出报警信号属于B类不合格

B. 检测资料缺少工程质量事故处理报告属于A类不合格

C. 探测器安装位置与设计图纸不一致属于C类不合格

D. 合格判定标准为A＝0且B≤2，且B＋C≤4

【即学即练 20-3-2】

以下消防验收情况综合评定结论为合格的是（　　　）。

A. 消防电梯在火灾自动报警及联动控制系统联动控制时都未迫降到首层

B. 消防设施检测报告存在虚假报告

C. 疏散指示标志灯两处外观有破损，不影响指示

D. 灭火器超期

实践实训

项目名称	火灾自动报警及联动控制系统检测、验收				
学生姓名		班级学号		组别	
同组成员					
任务分工					
完成日期		教师评价			

一、实训目的

1. 检验对火灾自动报警及联动控制系统工作原理的掌握情况。

2. 能够对火灾自动报警及联动控制系统进行联动功能测试。

3. 能够对实际消防工程的火灾自动报警系统开展消防设施现场检测、自验收。

4. 能够根据质量验收判定标准判断火灾自动报警及联动控制系统是否合格。

5. 学会编制火灾自动报警及联动控制系统的检测报告。

二、实训工程项目

某老年公寓,二类高层公共建筑,耐火等级一级,建筑面积为 14621.68m²,地下一层,地上一～十二层,设有室内消火栓系统、自动喷水灭火系统、火灾自动报警及联动控制系统、消防应急照明与疏散指示系统、机械排烟系统,本工程主要设计依据为《火灾自动报警系统设计规范》GB 50116—2013。本工程为集中报警系统,消防控制室设于本建筑一层,消防控制室内设置的消防设备包括火灾报警控制器、消防联动控制器、消防控制室图形显示装置、消防专用电话总机、消防应急广播控制装置、消防应急照明和疏散指示系统控制装置、消防电源监控器。消防控制室应有相应的竣工图纸、各分系统控制逻辑关系说明、设备使用说明书、系统操作规程、应急预案、值班制度、维护保养制度及值班记录等文件资料。

三、实训要求

1. 根据建设单位提供的相关消防系统报告、产品合格证书、申请报告进行资料查验,为消防设施检测做准备工作。

2. 根据现场的火灾自动报警系统检测对象,按照规定检测要求抽取一定数量消防设施进行分组现场检测。

3. 根据检测内容出具火灾自动报警系统的检测报告和自验收结论。

四、实训内容

1. 按照施工单位提供的施工图及消防设施资料,进行产品合法性检查、一致性检查和产品质量检查。

(1)合法性检查——查看市场准入文件

1)纳入强制性产品认证的消防产品,查验其依法获得的强制认证证书。

2)新研制的尚未制定国家或者行业标准的消防产品,查验其依法获得的技术鉴定证书。

3)目前尚未纳入强制性产品认证的非新产品类的消防产品,查验其经过国家法定消防产品检验机构检验合格的型式检验报告。

4)非消防产品类的管材管件、电线电缆及其他设备、材料查验其法定质量保证文件。

(2)合法性检查——查看产品质量检验文件

1)型式检验报告。

2)法定检验报告。

3)出厂检验报告或出厂合格证。

(3)一致性检查

主要查看设备清单、检验报告和消防设计文件。

(4)产品质量检查

对于火灾自动报警系统的检查,重点查看外观。

2. 根据现场实际,分组进行火灾自动报警系统检测。

(1)根据施工图设计文件,结合表1,确定检测对象、项目和数量,并填写表1。

老年公寓火灾自动报警及联动控制系统检测、验收对象、项目及数量　　　　　　表 1

序号	检测、验收对象	检测、验收项目	检测数量	验收数量
1				
2				
...				

(2)检测准备

1)检查火灾自动报警系统的设备及其组件技术文件、外观标志、外观及导线电缆的绝缘电阻值和系统接地电阻值等测试记录。

2)检查检测用仪器、仪表、量具检定合格证书及其有效期限。

(3)现场检测

1)检查火灾自动报警系统设备及其组件的设置场所及位置。

2)检查火灾自动报警系统设备及其组件的外观、施工质量。

3)试验火灾自动报警及联动控制系统的功能，填写成表2。

老年公寓火灾自动报警及联动控制系统检测、验收内容　　　　　　表2

组别		学生姓名							
验收执行标准名称及编号	《火灾自动报警系统施工及验收标准》GB 50166—2019								
资料齐全性和符合性检查	竣工验收申请报告、设计变更通知书、竣工图	工程质量事故处理报告	施工现场质量管理检查记录	系统安装过程质量检查记录	系统部件的现场设置情况记录	系统联动编程设计记录	系统设备的检验报告、合格证及相关材料	指导老师签字	
结论									
检测、验收对象、及数量确定	消防控制室	布线	控制器、探测器、模块、警报器	消防电话、广播、图形显示装置	电气火灾监控、消防设备电源监控、防火门监控、可燃气体报警系统	其他联动控制设备	消防设备应急电源	指导教师签字	
结论									
检测、验收内容	A类项目		B类项目		C类项目		指导教师签字		
结论									

(4)判定验收结论，并完成表3。

老年公寓火灾自动报警及联动控制系统验收结论判定　　　　　　表3

A类不合格数量	
B类不合格数量	
C类不合格数量	
合格判定标准	A=0且B≤2,B+C≤检查项5%为合格
是否合格	

(5)编制消防设施火灾自动报警及联动控制系统检测报告(检测报告模板见二维码)。

五、小组总结

知识链接

资源名称	消防验收	常见消防设施检测仪表	检测报告
资源类型	文档	文档	文档
资源二维码			

任务 21　火灾自动报警及联动控制系统的运行与维护

【思维导图】

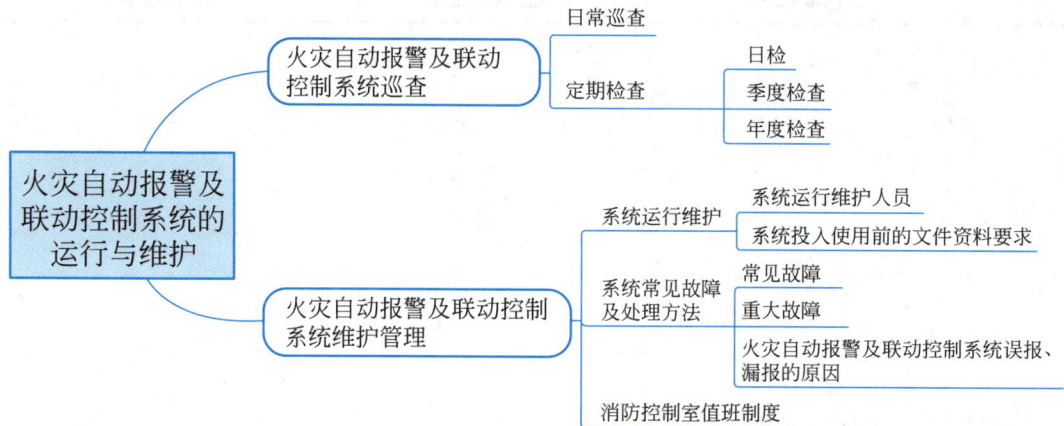

【学习目标】

[知识目标]	熟悉火灾自动报警及联动控制系统的巡查内容和周期；掌握火灾自动报警及联动控制系统维护的基本方法；掌握火灾自动报警及联动控制系统常见故障和处理办法
[能力目标]	具有进行火灾自动报警及联动控制系统的日常运行、管理的能力；具有处理火灾自动报警及联动控制系统的简单故障的能力
[素质目标]	通过对火灾自动报警及联动控制系统的运行和维护工作，深刻理解火灾对生命和财产安全的巨大威胁，培养强烈的安全意识和责任感，通过多部门协调完成运维工作，培养高度的团队协作精神和奉献精神

【情景导入】

　　某大型购物中心，位于城市繁华地段，建筑面积超过 10 万 m^2，拥有众多商铺、餐饮店和娱乐场所，人流量大，消防安全显得尤为重要。在过去的一段时间里，购物中心频繁出现消防设备故障报警，如烟雾探测器误报、消火栓压力不足等问题。这不仅给商户和顾客带来了恐慌，也影响了购物中心的正常运营。购物中心管理层意识到，必须对消防系统进行全面的巡查和维护保养。购物中心成立专门的消防巡查小组，由具有专业消防知识和经验的人员组成，制定了详细的巡查计划，进行了全面的巡查，同时与专业消防维保公司签订了长期维护保养合同，对保养过程中发现的问题进行修复，确保了设备的正常运行。经过一段时间的巡查和维保，该中心的消防设备故障率明显下降，安全状况得到了明显的改善，这个成功案例表明，消防巡查和维护保养是确保消防安全的重要手段。

21.1　火灾自动报警及联动控制系统巡查

【岗位情景模拟】

某大型商业综合体工程项目消防验收后，由某消防设施维保单位负责驻场运行维护，该建设单位对维保单位提出要求，维保单位的现场巡查人员小王每天采用物联网信息系统进行在线式巡检，并填写《建筑消防设施巡查表》，如巡查中发现设施故障要立即报告该单位的消防管理人，并按相关维护、保养制度及时进行设施的换修。

【讨论】针对火灾自动报警及联动控制系统，请思考各消防设施巡查频次的要求分别是什么？

消防巡查是指对消防设施、设备、器材及其使用、管理情况进行的巡视、检查。这种巡查是为了确保消防设施、器材的完好有效以及安全出口、疏散通道畅通无阻，从而预防火灾的发生，并在火灾发生时能够为及时有效地进行扑救和疏散人员提供有力条件。消防巡查通常由专门的消防安全管理人员或经过培训的安保人员负责，他们需要按照规定的频次、路线和内容进行巡查，并记录下巡查的情况。在巡查过程中，如果发现火灾隐患或消防设施、器材存在问题，需要立即采取措施进行处理，并及时向上级报告。此外，消防巡查还包括对消防安全制度的落实情况进行检查，如是否制定消防安全制度、是否进行消防安全培训、是否进行消防演练等。通过这些措施，可以确保消防安全制度的有效执行，提高人们的消防安全意识，减少火灾事故的发生。消防巡查是消防安全工作中非常重要的一环，它能够及时发现和消除火灾隐患，保障人们的生命财产安全。

一、日常巡查

火灾自动报警及联动控制系统投入使用后，应保持连续正常运行，不得随意中断，并应对系统进行日常巡查，巡查过程中发现设备外观破损、设备运行异常时应立即报修。系统巡查的内容主要包括：

1. 火灾探测器、声光警报器、信号输入/输出模块等外观及运行状态。
2. 火灾报警控制器、火灾显示盘、图形显示装置等的运行状况。
3. 电气火灾监控器、可燃气体报警控制器的外观及工作状态。
4. 消防联动控制器的外观及运行状况。
5. 火灾警报装置的外观。
6. 建筑消防设施远程监控、信息显示、信息传输装置外观及运行状况。
7. 系统接地装置的外观。

二、定期检查

火灾自动报警及联动控制系统的使用单位应加强对已验收投入运行系统的管理，配备有一定专业知识的工程技术人员负责系统的维护和检修。日常操作和值班人员应具有较强的工作责任心，经过专门培训，持证上岗。

系统定期检查的周期分为日检、季度检查、年度检查等。

1. 日检

对火灾自动报警及联动控制系统进行巡检，检查控制器的复位、自检、消音、时钟、打印、备电的功能，做好日检记录。对系统当日的火警、故障、漏报、误报等情况作出日运行记录，并建立日检和日运行的交接班制度。

对探测器的损坏、脱落、遮挡情况进行检查，并对系统的控制器进行除尘等方面的维护工作，发现问题应查明原因并及时修复和排除。

2. 季度检查

(1) 采用专有仪器分期分批试验火灾探测器的动作。

(2) 试验火灾警报装置的声光显示。

(3) 试验水流指示器、压力开关等报警功能、信号显示。

(4) 对备用电源进行 1～2 次充放电试验、1～3 次主电源和备用电源自动切换试验。

(5) 用自动或手动检查下列设备的控制显示功能：

1) 防烟排烟设备、电动防火阀、电动防火门、防火卷帘等。

2) 室内消火栓、自动喷水灭火系统控制设备。

3) 干粉、泡沫灭火系统的控制设备。

4) 火灾应急广播、应急照明和疏散指示标志系统的启动。

(6) 强制启动消防电梯停于首层试验。

(7) 消防通信设备进行对讲通话试验。

(8) 检查所有转换开关。

(9) 强制切断非消防电源功能试验。

3. 年度检查

系统的使用管理单位每年应按表 21-1-1 规定的检查对象、项目以及数量对系统设备的功能、各分系统的联动控制功能进行检查，系统设备的功能、各分系统的联动控制功能应符合《火灾自动报警系统施工及验收标准》GB 50166—2019 的规定。

系统检查对象、项目以及数量　　　　　　　　　　　　　　表 21-1-1

序号	检查对象	检查项目	检查数量
1	火灾报警控制器	火灾报警功能	实际安装数量
	火灾探测器、手动火灾报警按钮		应保证每年对每一只探测器、报警按钮至少进行一次火灾报警功能检查
	火灾显示盘	火灾报警显示功能	应保证每年对每一台区域显示器至少进行一次火灾报警显示功能检查
2	消防联动控制器	输出模块启动功能	应保证每年对每一只模块至少进行一次启动功能检查
	输出模块		
3	消防电话总机	呼叫功能	实际安装数量
	消防电话分机、电话插孔		应保证每年对每一个分机、插孔至少进行一次呼叫功能检查

序号	检查对象	检查项目	检查数量
4	消防控制室图形显示装置	接收和显示火灾报警、联动控制、反馈信号功能	实际安装数量
5	火灾警报器	火灾警报功能	应保证每年对每一只火灾警报器至少进行一次火灾警报功能检查
	消防应急广播控制设备	应急广播功能	实际安装数量
	扬声器		应保证每年对每一只扬声器至少进行一次应急广播功能检查
	火灾警报和消防应急广播系统	联动控制功能	应保证每年对每一个报警区域至少进行一次联动控制功能检查
6	防火卷帘控制器	控制功能	应保证每年对每一个手动控制装置至少进行一次控制功能检查
	手动控制装置		应保证每年对每一樘防火卷帘至少进行一次联动控制功能检查
	疏散通道上设置的防火卷帘	联动控制功能	应保证每年对每一个报警区域至少进行一次联动控制功能检查
	非疏散通道上设置的防火卷帘		应保证每年对每一个报警区域至少进行一次联动控制功能检查
7	防火门监控器	启动、反馈功能,常闭防火门故障报警功能	应保证每年对每一台防火门监控器及其配接的现场部件至少进行一次启动、反馈功能和常闭防火门故障报警功能检查
	监控模块、防火门定位装置和释放装置等现场部件		
	防火门监控系统	联动控制功能	应保证每年对每一个报警区域至少进行一次联动控制功能检查
8	气体、干粉灭火控制器	现场紧急启动、停止功能	应保证每年对每一个现场启动和停止按钮至少进行一次现场紧急启动、停止功能检查
	现场启动和停止按钮		
	气体、干粉灭火系统	联动控制功能	应保证每年对每一个防护区域至少进行一次联动控制功能检查
9	压力开关、信号阀、液位探测器	动作信号反馈功能	应保证每年对每一个部件至少进行一次动作信号反馈功能检查
	湿式、干式自动喷水灭火系统	联动控制功能	应保证每年对每一个防护区域至少进行一次联动控制功能检查
	预作用自动喷水灭火系统	联动控制功能	应保证每年对每一个防护区域至少进行一次联动控制功能检查
	雨淋系统	联动控制功能	应保证每年对每一个防护区域至少进行一次联动控制功能检查

序号	检查对象	检查项目	检查数量
9	自动控制的水幕系统	用于保护防火卷帘的水幕系统的联动控制功能	应保证每年对每一樘防火卷帘至少进行一次联动控制功能检查
		用于防火分隔的水幕系统的联动控制功能	应保证每年对每一个报警区域至少进行一次联动控制功能检查
10	消火栓按钮	报警功能	应保证每年对每一个消火栓按钮至少进行一次报警功能检查
	流量开关、压力开关、信号阀、液位探测器	动作信号反馈功能	应保证每年对每一个部件至少进行一次动作信号反馈功能检查
	消火栓系统	联动控制功能	应保证每年对每个消火栓至少进行一次联动控制功能检查
11	电动送风口、电动挡烟垂壁、排烟口、排烟阀、排烟窗、电动防火阀、排烟风机入口处的总管上设置的280℃排烟防火阀	启动、反馈功能,动作信号反馈功能	应保证每年对每一个部件至少进行一次启动、反馈功能和动作信号反馈功能检查
	加压送风系统	联动控制功能	应保证每年对每一个报警区域至少进行一次联动控制功能检查
	电动挡烟垂壁、排烟系统	联动控制功能	应保证每年对每一个防烟区域至少进行一次联动控制功能检查
12	消防应急照明和疏散指示系统	控制功能	应保证每年对每一个报警区域至少进行一次控制功能检查
13	电梯、非消防电源等相关系统	联动控制功能	应保证每年对每一个报警区域至少进行一次联动控制功能检查

　　定期对火灾自动报警及联动控制系统的外观、功能等进行检查，并应按表21-1-2消防系统日常维护检查记录的内容填写登记表。对于消防重点单位，应每年委托消防设施检测与维保单位对消防设施做全面检测与维护，并出具消防设施检测报告备案。

消防系统日常维护检查记录 表 21-1-2

使用单位				
维护检查执行的规范名称及编号				
检查类别（日检、季检、年检）				
检查日期	检查类别	检查结论	处理结果	检查人员

续表

检查日期	检查类别	检查结论	处理结果	检查人员

　　不同类型的探测器、手动火灾报警按钮、模块等现场部件应有不少于设备总数 1% 的备品。系统设备的维修、保养及系统产品的寿命应符合《火灾探测报警产品的维修保养与报废》GB 29837—2013 的规定，达到寿命极限的产品应及时更换。

【即学即练 21-1-1】

　　下列哪些项目可能会导致火灾自动报警系统工程质量验收不合格？（　　　）
　　A. 探测器型号与设计不完全一致
　　B. 施工现场质量管理检查记录不符合要求
　　C. 检测前提供的资料只有竣工申请报告和竣工图
　　D. 探测器安装数量为 1000 只，抽检数量为 200 只

【即学即练 21-1-2】

　　下列关于火灾自动报警系统的检测操作的说法中不正确的是（　　　）。
　　A. 各类消防用电设备主用、备用电源的电动转换装置，应进行 3 次转换试验
　　B. 火灾报警控制器及消防联动控制系统中所有组件应全部进行功能检验
　　C. 室内消火栓、自动喷水灭火系统应在消防控制室内操作启、停泵 1～3 次
　　D. 气体、泡沫、干粉等灭火系统应自动、手动启动和紧急切断试验 1～3 次

21.2　火灾自动报警及联动控制系统维护管理

【岗位情景模拟】

　　某大型商业综合体工程项目消防验收后，由某消防设施维保单位负责驻场运行维护，维保单位负责消防设施的建档、日常巡查等工作，并按照现行《中华人民共和国消防法》规定，组织消防设施的巡查、检测、维修、保养、建档和消防控制室的值班工作。如果在维保工作中，发现消防设施存在问题和故障的，相关人员应填写故障维修记录并安排人员及时维修，需要计量检定的应进行定期校验并提供有效证明文件，需要功能测试的应进行相应的功能试验。

　　【讨论】针对消防控制室的值班，维保单位应遵守什么样的值班制度？

　　火灾自动报警及联动控制系统竣工后，建设单位应负责组织施工、设计、监理等单位进行验收。验收不合格的，不得投入使用。系统投入使用后，应对系统进行必要的维护管理，保证系统处于正常工作状态。

一、系统运行维护

1. 系统运行维护的人员

火灾自动报警及联动控制系统的管理、操作和维护人员应具有相应等级消防设施操作员的执业资格。持初级（五级）证书的人员可监控、操作不具备联动控制功能的区域火灾自动报警及联动控制系统及其他消防设施；监控、操作设有联动控制设备的消防控制室的人员，应持中级（四级）及以上等级证书。

2. 系统投入使用前的文件资料要求

火灾自动报警及联动控制系统的使用单位应建立下列文件档案，并应有电子备份档案：

（1）检测、验收合格资料。

（2）建（构）筑物竣工后的总平面图、建筑消防系统平面布置图、建筑消防设施系统图及安全出口布置图、重点部位位置图、危险化学品位置图。

（3）消防安全管理规章制度、灭火和应急疏散预案。

（4）消防安全组织机构图，包括消防安全责任人、管理人、专职以及志愿消防队员。

（5）消防安全培训记录、灭火和应急疏散预案的演练记录。

（6）值班情况、消防安全检查情况及巡查情况的记录。

（7）火灾自动报警及联动控制系统设备现场设置情况记录。

（8）消防系统联动控制逻辑关系说明、联动编程记录、消防联动控制器手动控制单元编码设置记录。

（9）系统设备使用说明书、系统操作规程、系统和设备维护保养制度。

二、系统常见故障及处理方法

1. 常见故障

火灾自动报警及联动控制系统常见故障有火灾探测器、主电源、备电源、通信等故障。故障发生时，可先按消音键中止故障报警声，然后进行排除。如果是探测器、模块或火灾显示盘等外控设备发生故障，可暂时将其屏蔽隔离，待修复后再取消屏蔽隔离，使系统恢复正常。

（1）火灾探测器故障

1）故障现象

① 火灾报警控制器发出故障声报警，故障指示灯点亮，控制器显示探测器故障时间、类型和地址注释信息。

② 打印机打印探测器故障时间、类型、回路地址和地址注释信息等。

2）故障原因分析

① 探测器与底座脱落、接触不良。

② 报警总线与底座接触不良。

③ 报警总线开路或接地性能不良造成短路。

④ 探测器本身损坏。

⑤ 探测器通信接口板故障。

3）故障处理

① 探测器与底座脱落、接触不良时，应重新拧紧探测器或增大底座与探测器拉簧的接触面积。

② 报警总线与底座接触不良时，应重新压接报警总线，使之与底座有良好接触。

③ 报警总线开路或接地性能不良造成短路时，排查故障报警总线的位置，予以修复或更换。

④ 探测器本身损坏时，应对探测器进行更换。

⑤ 探测器通信接口板故障时，应对探测器通信接口板进行维修或更换。

（2）主电源故障

1）故障现象

① 火灾报警控制器发出故障声报警，主电源故障指示灯点亮，控制器显示故障类型、故障时间。

② 打印机打印主电源故障类型、故障时间。

2）故障原因分析

① 市电停电。

② 主电源接触不良。

③ 主电源熔丝熔断。

3）故障处理

① 市电连续停电 8h 时，应关断控制器的主电源开关和备电源开关，主电源正常后再开机。在市电停电期间，系统的使用管理单位应按照相关规定加强系统设置场所的消防安全管理。

② 主电源接触不良时，控制器的主电源应重新接线，或使用烙铁焊接牢固。

③ 主电源熔丝熔断时，应更换熔丝。

（3）备电源故障

1）故障现象

① 火灾报警控制器发出故障声报警，备电源故障指示灯点亮，控制器显示故障类型、故障时间。

② 打印机打印备电源故障类型、故障时间。

2）故障原因分析

① 备电源损坏或电压不足。

② 备电源接线接触不良。

③ 备电源熔丝熔断。

3）故障处理

① 对备电源连续充电 24h，控制器仍显示备电源故障时，应更换备电源。

② 备电源接线接触不良时，用烙铁焊接备电源的连接线，使备电源与主机良好接触。

③ 备电源熔丝熔断时，应更换熔丝。

（4）通信故障

1）故障现象

① 火灾报警控制器发出故障声报警，通信故障指示灯点亮，控制器显示故障类型、故障时间。

② 打印机打印通信故障类型、故障时间。

2）故障原因分析

① 区域报警控制器损坏或未通电、开机。

② 通信接口板损坏。

③ 通信线路短路、开路或接地性能不良造成短路。

3）故障处理

① 区域报警控制器未通电开机时，使区域控制器通电开机，正常工作；区域报警控制器损坏时，维修或更换区域报警控制器。

② 通信接口板损坏时，维修或更换通信接口板。

③ 通信线路短路、开路或接地性能不良造成短路时，排查故障线路的位置，予以维修或更换；因探测器或模块等设备损坏造成线路出现短路故障时，应对相应的设备予以维修或更换。

2. 重大故障

（1）强电串入系统

1）故障原因分析。控制模块与防火卷帘、消防泵、防烟排烟风机控制柜等强电受控设备直接连接，受控设备因电气故障原因导致强电串入火灾自动报警及联动控制系统总线回路。

2）故障处理。控制模块与受控设备间增设电气隔离模块，避免强电设备与系统部件直接连接。

（2）总线短路或接地故障而引起控制器损坏

1）故障原因分析

总线与大地、水管、空调管等发生电气连接，从而造成控制器接口板的损坏。

2）故障处理

① 系统应单独布线。除设计要求以外，系统不同回路、不同电压等级和交流与直流的线路，不应布置在同一管内或槽盒的同一槽孔内。

② 线缆在管内或槽盒内，不应有接头或扭结。导线应在接线盒内采用焊接、压接、接线端子可靠连接。

③ 在多尘或潮湿场所，接线盒和导线的接头应做防腐蚀和防潮处理；具有 IP 防护等级要求的系统部件，其线路中接线盒应达到与系统部件相同的 IP 防护等级要求。

④ 系统导线敷设结束后，应用 500V 兆欧表测量每个回路导线对地的绝缘电阻，且绝缘电阻值不应小于 20MΩ。

3. 火灾自动报警及联动控制系统误报、漏报的原因

（1）产品质量

产品技术指标达不到要求，稳定性比较差，对使用环境中的非火灾因素，如温度、湿度、灰尘、风速等，引起的灵敏度漂移得不到补偿或补偿能力低，对各种干扰及线路分析参数的影响无法自动处理而误报。

（2）设备选型不当

1）灵敏度高的火灾探测器能在很低的烟雾浓度下报警，相反，灵敏度低的火灾探测器只能在高浓度烟雾环境中报警。例如在会议室、地下车库等易集烟的环境选用高灵敏度的感烟火灾探测器，在锅炉房高温度环境中选用定温式火灾探测器。

2）在可能产生黑烟、大量粉尘、蒸气和油雾等场所采用了光电感烟火灾探测器。

3）使用场所性质变化后未更换相适应的火灾探测器，例如，将办公室、商场等改做厨房、洗浴房、会议室时，原有的感烟火灾探测器会受新场所产生油烟、香烟烟雾、水蒸气、灰尘、杀虫剂以及醇类、酮类、酯类等腐蚀性气体等非火灾报警因素影响而误报警。

（3）环境干扰

1）电磁环境干扰。例如，空中电磁波干扰、电源及其他输入/输出线上的窄脉冲群、人体静电等电磁环境超出了探测器的耐受范围，从而影响探测器的正常工作。

2）气流干扰。例如，探测器设置场所的气流过大影响烟气的流动线路，直接影响普通点型感烟火灾探测器对火灾烟雾的有效探测。

（4）设置部位不当

1）感温火灾探测器距高温光源过近。

2）感烟火灾探测器距空调送风口过近。

（5）其他原因

1）系统未接地或接地电阻过大，线路绝缘电阻小于规定值，线路接头压接不良或布线不合理，系统开通前系统设备防尘、防潮、防腐措施处理不当。

2）探测器元件老化（一般火灾探测器使用寿命不超过 12 年），探测器超年限使用；感烟火灾探测器未按规定定期清洗。

3）探测器受灰尘和昆虫影响产生误报，据有关统计，60％的误报是因灰尘影响。

4）探测器因质量原因损坏。

三、消防控制室值班制度

1. 消防控制室值班时间和人员要求

（1）实行每日 24h 值班制度。值班人员应通过消防行业特有工种职业技能鉴定，持有初级技能以上等级的职业资格证书。

（2）每班工作时间应不大于 8h，每班人员应不少于 2 人，值班人员对火灾报警控制器进行日检查、接班、交班时，应填写《消防控制室值班记录表》（表 21-2-1）的相关内容。值班期间每 2h 记录一次消防控制室内消防设备的运行情况，及时记录消防控制室内消防设备的火警或故障情况。

（3）正常工作状态下，不应将自动喷水灭火系统、防烟排烟系统和联动控制的防火卷帘等防火分隔设施设置在手动控制状态。其他消防设施及其相关设备如设置在手动状态时，应有在火灾情况下迅速将手动控制转换为自动控制的可靠措施。

2. 消防控制室值班人员接到报警信号后，应按下列程序进行处理：

（1）接到火灾报警信息后，应以最快方式确认。

（2）确认属于误报时，查找误报原因并填写《建筑消防设施故障维修记录表》（表 21-2-2）。

（3）火灾确认后，立即将火灾报警联动控制开关转入自动状态（处于自动状态的除外），同时拨打"119"火警电话报警。

（4）立即启动单位内部灭火和应急疏散预案，同时报告单位消防安全责任人。单位消防安全责任人接到报告后应立即赶赴现场。

消防控制室值班记录表

表 21-2-1

序号：_____

火灾报警控制器运行情况							值班情况					
火警			故障报警	监管报警	漏报	报警、故障部位及原因及处理情况	值班员		值班员		值班员	
正常/故障	火警	误报					时段 ~		时段 ~		时段 ~	
正常												
故障												

控制室内其他消防系统运行情况					时间记录
消防系统及相关设备名称	控制状态		运行状态		报警、故障部位、原因及处理情况
	自动	手动	正常	故障	

火灾报警控制器日检查情况记录								
火灾报警控制器型号	检查内容					检查时间	检查人	故障及处理情况
	自检	消音	复位	主电源	备用电源			

注：1. 对发现的问题应及时处理，当场不能处置的要填报《建筑消防设施故障维修记录表》（表 21-2-2），将处理记录表序号填入"故障及处理情况"栏。

2. 交接班时，接班人员对火灾报警控制器进行日检查后，如实填写火灾报警控制器日检情况记录；值班期间如实填写运行情况栏内相应内容，填写时，在对应项目栏中打"√"；存在问题或故障的，在报警、故障部位、原因及处理情况栏中填写详细信息。

3. 本表为样表，使用单位可根据火灾报警控制器数量、其他消防系统及相关设备数量及值班情况分时段制表。

建筑消防设施故障维修记录表　　　　　　　　　　　　表 21-2-2

序号：

故障情况				故障维修情况						故障排除确认
发现时间	发现人签名	故障部位	故障情况描述	是否停用系统	是否报消防部门备案	安全保护措施	维修时间	维修人员（单位）	维修方法	

注：1. "故障情况"由值班、巡查、检测、灭火演练时的当事者如实填写。

　　2. "故障维修情况"中因维修故障需要停用系统的由单位消防安全责任人在"是否停用系统"栏签字；停用系统超过 24h 的，单位消防安全责任人在"是否报消防部门备案"及"安全保护措施"栏如实填写；其他信息由维护人员（单位）如实填写。

　　3. "故障排除确认"由单位消防安全管理人在确认故障排除后如实填写并签字。

　　4. 本表为样表，单位可根据建筑消防设施实际情况制表。

【即学即练 21-2-1】

若地下车库的感烟火灾探测器发出故障提示声，可能的原因是（　　）。

A. 探测器与底座脱落、接触不良

B. 车库有烟雾、尘土引起误报

C. 探测器灵敏度设置偏高

D. 汽车尾气排放超量

【即学即练 21-2-2】

下面哪种安装方式不易引起探测器误报警？（　　）

A. 感烟火灾探测器安装在空调出风口处

B. 吸烟室安装了感温火灾探测器

C. 锅炉房安装了感温火灾探测器

D. 感光火灾探测器正对窗户

【即学即练 21-2-3】

手动火灾报警按钮在报警控制器上显示故障，且按钮"巡检灯"不闪亮，以下维修方法不正确的是（　　）。

A. 对手动报警按钮重新编码

B. 拧紧底座接线端子

C. 修复故障总线回路至电压正常

D. 更换损坏的手动报警按钮

实践实训

项目名称	火灾自动报警及联动控制系统组件维修				
学生姓名		班级学号		组别	
同组成员					
任务分工					
完成日期		教师评价			

一、实训目的

(1)掌握查找、识别火灾自动报警及联动控制系统故障的方法。

(2)能够对火灾自动报警及联动控制系统组件常见问题进行解决(更换、维修)。

(3)能够对实际消防工程的火灾自动报警系统开展消防设施维保工作并填写《建筑消防设施故障维修记录表》。

二、实训工程案例

某高层旅馆建筑地上 8 层、地下 1 层，建筑高度 36m，总建筑面积 18000m²，每层层高 4m，每层建筑面积 2000m²，客房数为 160 间。地下一层设置消防水泵房、消防水池、配电室等。首层为大堂、多功能厅以及厨房、餐厅等，地上二～八层为旅馆客房。该旅馆委托一消防维保机构进行维保工作。维保机构接手该项目后，对火灾自动报警及联动控制系统进行了全面调试，调试方法及内容如下：首先断开报警控制器与探测器的连线，控制器 90s 发出故障信号，故障状态下，再次测试其他非故障探测器，也无法工作；接着任选一条总线回路上 8 只探测器进行负载功能测试，测试正常。接着对线型光束感烟火灾探测器进行调试，用减光率 11.5dB 减光片遮住光路，探测器未发出信号。接着对联动控制器进行调试，选取 40 个输入输出模块进行负载调试，调试功能正常。接着断开消防电话总机与分机的连线，120s 发出故障信号，非故障消防电话同样也发出故障信号。最后对可燃气体火灾探测器进行调试，探测器 30s 内响应，未自动恢复至正常状态。之后对消防应急广播进行测试，发现部分消防应急广播启动后扬声器无音源输出，部分扬声器在播音时音源嘈杂，电流声明显。

服务机构接着来到该大楼的消防控制室，控制室内无人值班，联动控制器处于手动控制状态。控制器内设备面盘距离墙 2.5m，设备面盘长 4.5m，两端未留通道。服务机构联系值班人员，对值班人员进行询问：首先，服务机构要求提供历史信息记录，值班人员无法提供；接着询问值班人员发生火灾，消防控制室应如何处置，值班人员含含糊糊答不出。

三、实训要求

(1)小组成员积极配合，共同合作，根据以上案例共同查找消防系统问题、维保人员操作问题。

(2)实训结束后，全体成员分析存在的问题和不足，提出改进措施。

四、实训内容

(1)根据案例呈现出的设备问题填写《某高层旅馆建筑消防设施故障维修记录表》(表 1)并进行维修保养。

(2)根据工程案例中的管理问题提出解决方案。

(3)消防控制室应保存的资料和信息记录。

(4)消防控制室值班人员的职责、应急程序和管理制度。

(5)火灾自动报警及联动控制系统的点型火灾探测器、红外光束感烟火灾探测器的调试要求,确定故障原因类型和更换探测器方法。

(6)消防电话系统的维修内容及维修方法。

(7)消防应急广播的维修内容及维修方法。

某高层旅馆建筑消防设施故障维修记录表　　　　　　　　　　　　　　表 1

故障情况				故障维修情况						
发现时间	发现人签名	故障部位	故障情况描述	是否停用系统	是否报消防部门备案	安全保护措施	维修时间	维修人员	维修方法	故障排除确认

五、小组总结

知识链接

资源名称	消防产品的市场准入	应急预案的组织架构
资源类型	文档	文档
资源二维码		

模块三　新技术应用

项目8　物联网技术的应用

任务 22　物联网技术在火灾自动报警系统中的应用

【思维导图】

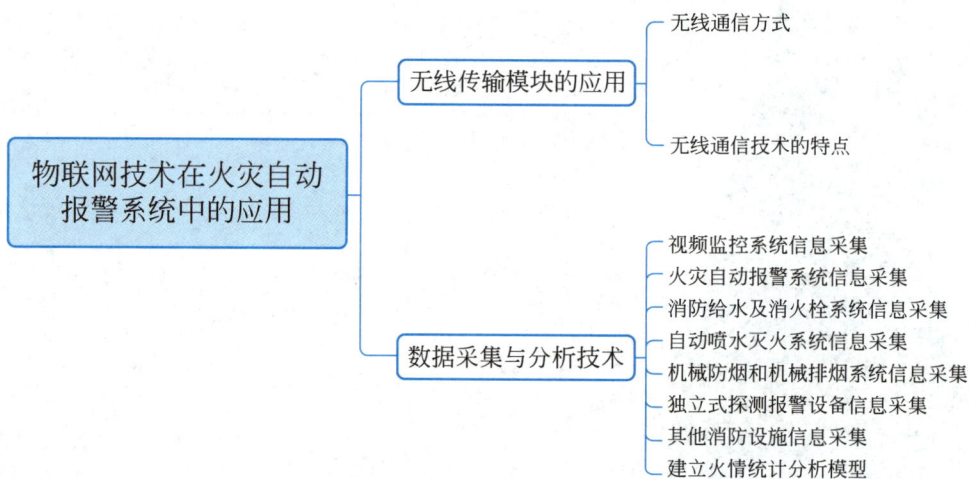

【学习目标】

[知识目标]	熟悉物联网作为一种先进的信息感知与传输技术,在消防管理、灭火救援过程中能够发挥的技术优势
[能力目标]	具备通过物联网技术为消防管理者、指挥者提供准确的火灾灾情及消防设施基础情况的能力
[素质目标]	物联网技术的发展和应用,是推动社会管理现代化的重要力量。火灾自动报警系统的智能化升级,有助于提高社会管理的科学化、精细化水平,为实现社会治理体系和治理能力现代化贡献力量

【情景导入】

商业大厦装设物联网智能火警系统，含烟雾探测器、温度传感器、喷水装置和中央控制单元，设备无线互联。遇异常如烟雾或温度突变，系统即报警并传送数据至中控室。某日，大厦餐厅厨房因操作失误起火，智能烟雾探测器迅速检测到烟雾，数据传至中控确认火警，启动应急程序：断电、关燃气、触发声光警报器，并通过物联网向消防部门求援，同时，内部喷水系统精准启动避免火势蔓延，消防员接信号快速到达，火已被控制，无伤亡财损。

22.1　无线传输模块的应用

【岗位情景模拟】

作为消防系统工程师，负责设计各个区域的火灾安全监控情况。当发生火情时，需要依靠无线消防广播系统来传递紧急疏散或救援指令。

【讨论】如果你是消防系统工程师，你会用什么通信方式架构系统？

随着科技的飞速发展，传统的消防产品已经难以满足现代社会对于安全的需求。繁琐的布线、反应迟钝的预警系统、难以适应不同场所的限制，这些都是传统消防产品所带来的痛点。为了解决这些痛点，国务院办公厅印发《国家综合防灾减灾规划（2016—2020年）》的通知（国办发〔2016〕104号）等，鼓励应用物联网等新技术，提高防火预测及信息获取等能力，图 22-1-1 为智慧消防物联网关系图。

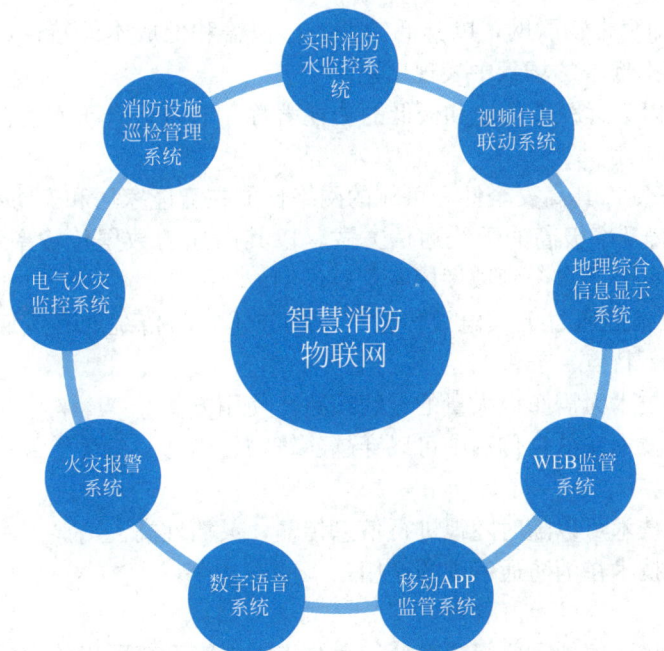

图 22-1-1　智慧消防物联网关系图

无线传感网络在消防通信系统中发挥着重要的作用，可以实现对火灾参数的实时监测和数据采集。通过部署在建筑物内部或火灾易发区域的传感器节点，WSN 可以获取温度、烟雾、气体浓度等关键数据，并将这些数据传输到控制中心进行处理和分析，以实现火灾预警和报警功能，无线传感网络部署及数据传输如图 22-1-2 所示。

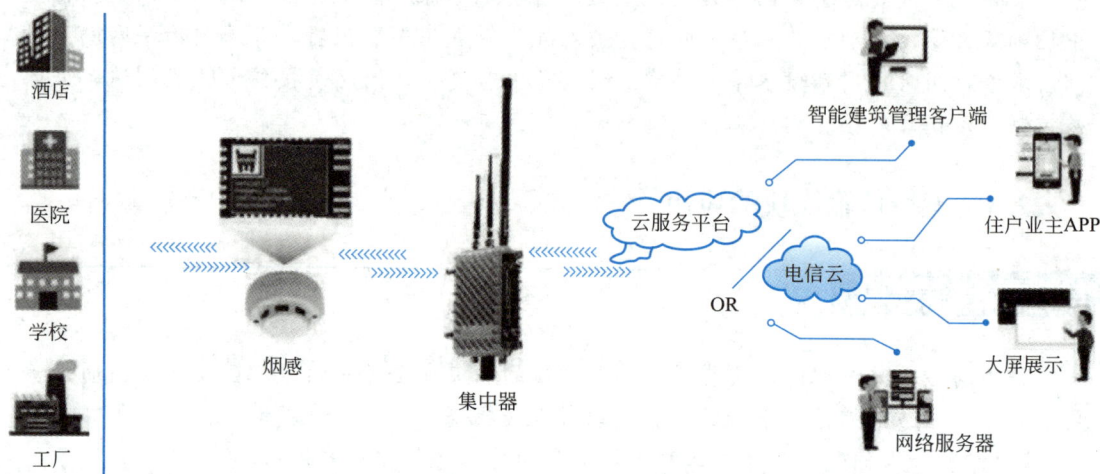

图 22-1-2　无线传感网络部署及数据传输

一、无线通信方式

无线通信技术是现代物联网、智慧消防和工业自动化等领域的基石。NB-IoT、LoRa、Zigbee 和 WiFi 作为四种主流的无线通信方式，各自拥有独特的特点和适用场景，为企业和个人提供了多样化的选择。

1. NB-IoT，即窄带物联网，以其低功耗、广覆盖和低成本的特性，在远程抄表、资产追踪等需要大范围部署的场景中表现出色。

2. LoRa 技术以其远距离传输和极低的功耗著称，非常适合于农业监控、环境监测等需要长距离通信的应用。

3. Zigbee 技术则以其高安全性和可靠的网络性能在智能家居和安防系统中广泛应用。

4. WiFi 作为普及率极高的无线通信方式，以其高速的数据传输率和广泛的兼容性，在家庭娱乐、企业办公等多个领域发挥着重要作用。

5. 无线通信技术是通过无线电波传输信息的技术。与传统的有线通信技术相比，无线通信技术具有以下特点：

（1）无线通信技术无需布设大量的有线线路，使用方便。

（2）无线通信技术在信息传输中可以穿越建筑物、山峦、海洋等场所，范围广、适用性强。

（3）无线通信技术可以随时随地进行信息传输，灵活性高。

（4）无线通信技术在消防通信中的应用：

1）火灾报警

火灾报警是消防通信的重要组成部分，无线火灾报警系统可以将火灾报警信息通过无线信号发送到消防监控中心。无线火灾报警系统可以依托已有的无线网络进行传输，无需进行新的布线，提高了安装、维护效率和可靠性。

2）环境监测

环境监测主要检测环境氧气含量、温度、湿度等参数，并及时反馈给消防监控中心。无线环境监测系统可以通过无线网络将环境监测数据传输到指定位置。由于无线环境监测系统无需布线，安装、移动方便，该系统可以在火灾发生前就发现火情预警，提高了消防安全性能。

二、无线通信技术的特点

1. 无线烟气探测

无线烟气探测系统的关键在于通过烟雾检测器探测烟气情况，并触发火灾报警。无线烟气探测系统具有布线简单、安装快捷的特点，不受现场墙面结构的限制，有利于提高火灾检测的灵敏度和时效性。

2. 消防物资管理

消防物资管理是对消防器材、消防设施及其配件等物资的管理工作。无线通信技术可以将消防物资的记录和监管信息上传到云端，实现对消防物资的动态实时管理，如图 22-1-3 所示。

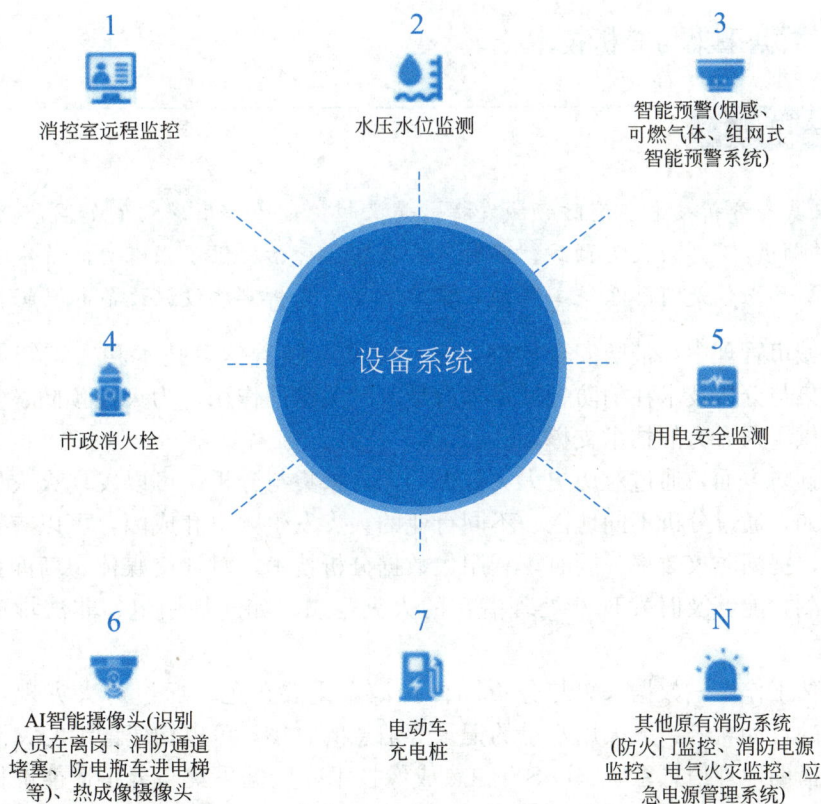

图 22-1-3　动态实时管理

【即学即练 22-1-1】

下列关于无线通信方式的说法，不正确的是（　　）。
A. NB-IoT 技术以其低功耗、广覆盖和低成本的特性著称
B. LoRa 技术以其远距离传输和极低的功耗著称
C. Zigbee 技术以其低功耗、广覆盖和低成本的特性著称
D. WiFi 具有高速的数据传输率和广泛的兼容性

【即学即练 22-1-2】

无线通信技术具有的特点包括（　　）。
A. 可以随时随地进行信息传输，灵活性高
B. 需要大量布线
C. 传输速度慢
D. 必须在固定地方使用

22.2　数据采集与分析技术

【岗位情景模拟】

　　数据采集与分析技术在消防领域发挥着越来越关键的作用，它们如同消防员的"千里眼"与"顺风耳"，为火灾预防、实时监控及灾后评估提供了强有力的技术支撑。
　　【讨论】如果你是消防系统工程师，需要采集与分析哪些设施设备的数据？

　　在现代城市管理中，消防安全始终是重中之重。随着信息技术和人工智能的迅猛发展，数据采集与分析技术在消防领域发挥着越来越关键的作用，为火灾预防、实时监控及灾后评估提供了强有力的技术支撑。

　　在火灾预防方面，通过对历史火灾数据的深入采集与分析，可以发现火灾发生的规律和特点。例如，通过分析不同地区、不同行业的火灾发生频率和成因，可以有针对性地制定防火措施，提高防火效率。同时，利用大数据分析技术，对社交媒体、新闻报道等公共信息进行监测，能够及时发现并处理潜在的火灾隐患，如违规用电、非法堆放易燃物等行为。

　　灾后评估工作中，数据采集与分析同样扮演着重要角色。通过对火灾现场的视频监控、消防员的行动轨迹、灭火用水量的记录等信息的收集，可以构建详细的灾情数据库。

　　此外，借助地理信息系统（GIS）和热成像技术，数据采集与分析还能够协助消防部门进行城市规划和资源配置。通过分析城市的建筑分布、人口密度、交通状况等因素，可以优化消防站点的布局和消防车辆的巡逻路线，确保在紧急情况下能够迅速到达现场。

　　数据采集与分析技术在消防领域的应用，不仅提高了火灾预防和应对的效率，还增强了消防部门的决策能力和服务水平。随着技术的不断进步，未来消防工作将更加智能化、

精准化，为人民的生命财产安全提供更坚实的保障。

根据《消防物联网系统技术规范》T/HBSIA 002—2022 的规定，信息采集装置应符合下列要求：

1. 应具备稳定性、准确性、实时性，防护等级应符合其安装地点环境要求。

2. 应设置备用电源，备用电源持续工作时间应不小于 72h。

3. 内置电池供电的信息采集装置，电池持续工作时间不应低于 3 年，且应具有低电量报警和低电量报警信息上传功能。

4. 应具有数据安全保护及用户隐私保护能力。

一、视频监控系统信息采集

联网单位已建设视频监控系统且能够提供对接接口的，应优先采集原视频监控系统相关信息。新建视频监控系统时，应为消防设施物联网系统预留接口。视频监控系统宜具备视频 AI 分析报警功能。

1. 感知层应采集下列位置的视频监控系统信息，并应对采集的信息进行分析：

1）消防车道、消防车登高操作场地、疏散走道、楼梯间和安全出口等关键位置。

2）消防控制室。

3）电动自行车充电棚。

4）电动车充电桩。

2. 视频信息采集装置应符合下列要求：

1）应能采集传输高清晰度视频信息，视频分辨率不低于 720P，且应支持日夜工作模式。

2）应具备本地循环存储功能，本地存储实时视频图像时间不应小于 7d。

3）应具备网络接口，支持远程查看实时视频，并应符合《信息安全技术 智能音视频采集设备应用安全要求》GB/T 38632—2020、《公共安全视频监控联网系统信息传输、交换、控制技术要求》GB/T 28181—2022 的相关规定。

二、火灾自动报警系统信息采集

应采集火灾报警控制器和消防联动控制器所接入的消防设施信息。火灾自动报警系统信息采集要求见表 22-2-1。

火灾自动报警系统信息采集要求　　　　　　　　　　　　表 22-2-1

设施名称	内容
火灾自动报警系统	火灾报警、可燃气体探测报警、剩余电流报警、线缆温度报警、故障电弧报警、屏蔽、故障报警、监管、控制器关机/复位/自检工作状态等信息；电气火灾监控系统的电流、电压、电气火灾监控设备关机/复位/自检工作状态等信息；消防联动控制器的手动/自动工作状态、动作、反馈信息
消防给水及消火栓系统	消防水泵、稳压泵控制柜(箱)的电源工作状态、手动/停止/自动工作状态，消防水泵启动/停止动作状态、故障报警信息，消防水箱(池)水位数据、水位异常报警信息，消火栓按钮的报警信息，试验消火栓、消防水泵进、出水总管和各供水分区最不利点处等水压数据、流量数据、水压异常报警信息，压力开关、流量开关、电磁阀的正常工作状态和动作信息，室外消火栓、市政消火栓(含消防水鹤)的水压数据、流量数据、水压异常和倾倒、信息被掩埋

设施名称	内容
自动喷水灭火系统、水喷雾(细水雾)灭火系统(泵供水方式)	消防水泵、稳压泵控制柜(箱)的电源工作状态、手动/停止/自动工作状态,消防水泵启动/停止动作状态、故障报警信息,消防水泵进、出水总管和各供水分区最不利点处等水压数据、流量数据、水压异常报警信息,水流指示器、信号阀、报警阀、压力开关的正常工作状态和动作信息,末端试水装置静水和试验排水水压数据、流量数据,水力警铃控制阀开/关状态
气体灭火系统、细水雾灭火系统(压力容器供水方式)	系统的启动/停止状态、手动/自动工作状态及系统报警信息,阀驱动装置的正常工作状态和动作状态,防护区域中的防火门(窗)、防火阀、通风空调等设备的正常工作状态和动作状态,紧急停止信号和管网压力信息、气体灭火剂质量信息
泡沫灭火系统	消防水泵、泡沫液泵电源的工作状态,消防水泵、泡沫液泵的启动/停止动作状态、手动/自动工作状态和故障信息
干粉灭火系统	系统的启动/停止动作状态、手动/自动工作状态及系统报警、故障信息,阀驱动装置的正常工作状态和动作状态,紧急停止信息和管网压力信息
防烟排烟系统	系统的手动/自动工作状态,防烟、排烟风机电源工作状态,防烟、排烟风机的启动/停止动作状态、手动/自动工作状态和故障信息,风机、电动防火阀、电动排烟防火阀、常闭送风口、排烟阀(口)、送风阀(口)、电动排烟窗、电动挡烟垂壁的正常工作状态和动作状态
防火门及卷帘系统	防火卷帘控制器、防火门控制器的工作状态和故障信息,防火卷帘的工作状态、动作状态和故障信息,具有反馈信号的各类防火门、疏散门的工作状态、动作状态和故障信息
消防电梯	消防电梯的停用和故障信息,消防电梯的动作状态
消防应急广播	消防应急广播的启动/停止动作状态和故障信息
消防应急照明和疏散指示系统	消防应急照明和疏散指示系统的故障信息和应急工作状态信息
消防电源	系统内各消防用电设备的供电电源和备用电源工作状态信息以及欠压、过流、缺相、短路故障信息,消防设备电源监控系统故障信息
独立式探测报警器	独立式火灾探测报警器的火灾报警信息、温度和超限报警信息;独立式可燃气体火灾探测器的上电预热、燃气泄漏、故障、欠压报警和自检信息;无线手动火灾报警按钮报警信息、故障信息、动作信息
用户信息传输装置、信息采集装置	工作状态、电源工作状态信息;内置供电信息采集装置电量信息和低电量报警信息;无线网络接收信号强度信息

1. 应采集火灾自动报警系统的火灾报警、故障报警、屏蔽、监管、控制器关机/复位/自检工作状态等运行状态信息。

2. 应采集消防联动控制器的手动/自动工作状态、动作、屏蔽、故障报警、反馈等运行状态信息。

3. 应采集电气火灾监控系统的剩余电流报警、线缆温度报警、故障电弧报警、控制器关机/复位/自检工作状态等运行状态信息。

4. 应采集可燃气体探测报警系统的可燃气体报警、故障报警、屏蔽、控制器关机/复位/自检工作状态等运行状态信息。

三、消防给水及消火栓系统信息采集

1. 消防给水及消火栓系统信息采集应采集下列信息：

1）消防水箱（池）的水位信息、水位异常报警信息，各供水分区最不利点处水压数据、流量数据、水压异常报警信息。

2）烟风机启动/停止动作状态、故障状态信息。

3）消防水泵进、出水总管的流量数据、水压数据。

4）消防水泵、稳压泵控制柜（箱）的电源工作状态、手动/停止/自动工作状态。

5）试验消火栓、室外消火栓的水压数据、水压异常报警信息。

6）消火栓按钮报警信息。

2. 宜采集市政消火栓处管网的水压、水压异常报警、消火栓倾倒、消火栓被掩埋信息。

3. 信息采集装置的性能应符合下列要求：

1）水压信息采集装置的压力误差不应大于1%。

2）水位信息采集装置的水位误差不应大于1%。

3）当与信息采集装置连接的消防设施出现下列情况时，信息采集装置应能在100s内准确识别，并在10s内通知用户：

① 消防水箱（池）的水位异常报警。

② 各供水分区最不利点处低压异常报警。

③ 消防水泵控制柜（箱）设置为非自动状态。

④ 消防水泵控制柜（箱）电源故障。

⑤ 试验消火栓、室外消火栓低压力异常报警。

4）当消火栓按钮发生动作报警，应在5s内通知用户。

四、自动喷水灭火系统信息采集

1. 自动喷水灭火系统信息采集应采集下列信息：

1）消防水箱（池）的水位信息、水位异常报警信息，各供水分区最不利点处水压数据、流量数据、水压异常报警信息。

2）消防水泵启动/停止动作状态、故障状态信息。

3）消防水泵进、出水总管的流量数据、水压数据。

4）消防水泵、稳压泵控制柜（箱）的电源工作状态、手动/停止/自动工作状态。

5）水力警铃控制阀开/关状态。

2. 信息采集装置的性能应符合下列要求：

1）水压信息采集装置的压力误差不应大于1%。

2）水位信息采集装置的水位误差不应大于1%。

3）当与信息采集装置连接的消防设施出现下列情况时，信息采集装置应能在100s内准确识别，并在30s内上传：

① 消防水箱（池）的水位异常报警。

② 各供水分区最不利点处低压异常报警。

③ 消防水泵控制柜（箱）设置为非自动状态。

④ 消防水泵控制柜（箱）电源故障。

⑤ 水力警铃控制阀关闭。

五、机械防烟和机械排烟系统信息采集

机械防烟和机械排烟系统应采集下列信息：

1. 风机的启动/停止。

2. 电动排烟防火的阀开、闭状态。

3. 常闭送风口开启状态。

4. 排烟阀（口）开、闭状态。

5. 机械加压送风系统前室、楼梯间的压差。

6. 电动排烟窗的开、闭状态。

六、独立式探测报警设备信息采集

1. 应采集独立式火灾探测报警器、无线手动报警按钮、独立式可燃气体火灾探测器等独立式火灾探测报警设备的火灾报警、故障报警、关机/复位/自检等运行状态信息。

2. 独立式感烟火灾探测报警器和独立式感温火灾探测报警器应符合下列规定：

1）独立式感烟火灾探测报警器应符合《独立式感烟火灾探测报警器》GB 20517—2025 的有关规定，独立式感温火灾探测报警器应符合《独立式感温火灾探测报警器》GB 30122—2013 的有关规定。

2）具备火灾报警信息上报、远程消音、欠压报警信息上报、防拆功能。

3）采用低功耗设计，装置模块的电池使用时间应不少于 2 年。

3. 无线手动报警按钮应符合下列规定：

1）具备故障报警信息、防拆卸报警信息、电池电量和信号强度等超限报警信息及动作报警信息等无线远程上报功能。

2）采用低功耗设计，装置模块的电池使用时间应不少于 2 年。

3）安装位置应符合《火灾自动报警系统设计规范》GB 50116—2013 中手动火灾报警按钮的相关规定。

七、其他消防设施信息采集

1. 采集消防应急照明控制器、应急照明集中电源、应急照明配电箱、应急照明灯具、应急标志灯具等自身运行状态信息、故障信息以及回路通信故障等。

2. 应采集消防应急广播系统的启动、停止状态和故障等信息。

3. 应采集消防专用电话的启动、停止状态和故障等信息。

4. 应采集防火分隔设施的下列信息：

1）防火门监控系统控制器的电源、运行状态、故障等信息。

2）防火门监控系统控制器所接入防火门的开、闭信息。

3）防火卷帘门控制器的电源、运行状态、故障等信息。

5. 应支持采用移动终端通过利用电子标签、视频扫描码、视频识别、移动定位等方式采集重点部位和消防设施日常巡查过程中的巡查人员、消防设施、点位、时间、结果等信息。

八、建立火情统计分析模型

计算机数据终端可基于时间、辖区、火情类型三个维度进行火情统计值的同比、环比分析，使用颜色块来展示火情的态势。移动计算终端可进行四色预警，以"市—区—街

道"为单位，以一定时间段内的某种类型的警情数值为基础，将该数值与通过模型计算得出的预警临界值进行比较，依次通过"红、橙、黄、绿"等颜色表示当前区域的火险等级。数据终端可根据消防灭火救援响应速度、服务指标等因素，计算消防站能辐射的救援范围，通过看见辖区内或辖区间的站点服务半径，分析空间上站点服务的薄弱区域，指导消防力量的部署和消防设施的规划。

【即学即练 22-2-1】

视频信息采集装置应能采集传输高清晰度视频信息，视频分辨率不低于（　　）。

A. 480P
B. 720P
C. 1080P
D. 2K

【即学即练 22-2-1】

当与信息采集装置连接的消防设施出现教材"三、消防给水及消火栓系统信息采集"中第 3 条"3)"中的情况时，信息采集装置应能在（　　）内准确识别，并在（　　）内通知用户。

A. 10s、10s
B. 50s、100s
C. 100s、10s
D. 100s、60s

知识链接

资源名称	物联网技术在火灾自动报警系统中的应用——发展史	物联网技术在火灾自动报警系统中的应用——未来趋势
资源类型	文档	文档
资源二维码		

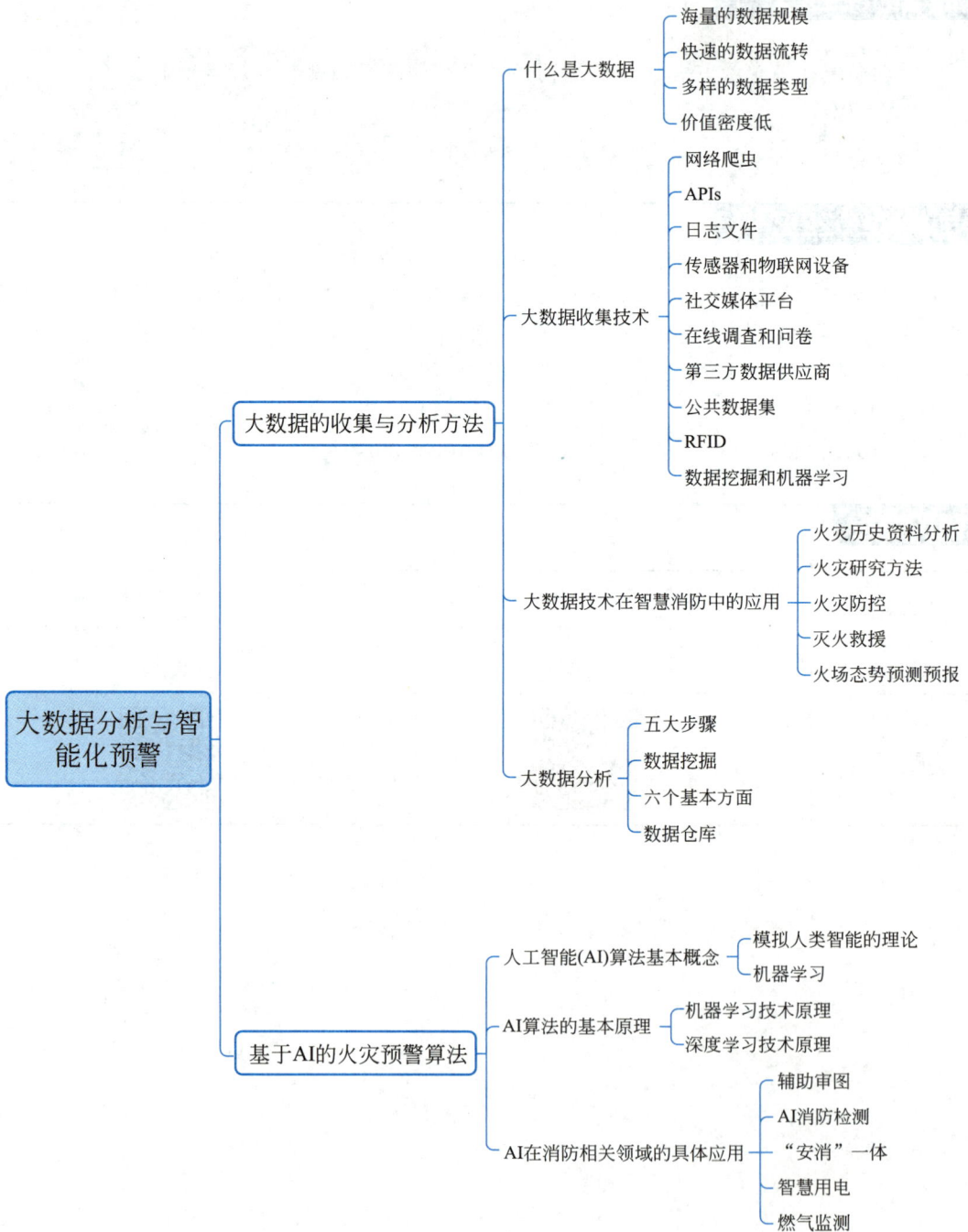

任务 23　大数据分析与智能化预警

【思维导图】

```
                                                          ┌─ 海量的数据规模
                                        ┌─ 什么是大数据 ──┤─ 快速的数据流转
                                        │                 ├─ 多样的数据类型
                                        │                 └─ 价值密度低
                                        │
                                        │                 ┌─ 网络爬虫
                                        │                 ├─ APIs
                                        │                 ├─ 日志文件
                                        │                 ├─ 传感器和物联网设备
                                        │                 ├─ 社交媒体平台
                                        │  大数据收集技术 ─┤─ 在线调查和问卷
                                        │                 ├─ 第三方数据供应商
              ┌─ 大数据的收集与分析方法 ┤                 ├─ 公共数据集
              │                         │                 ├─ RFID
              │                         │                 └─ 数据挖掘和机器学习
              │                         │
              │                         │                          ┌─ 火灾历史资料分析
              │                         │                          ├─ 火灾研究方法
              │                         │  大数据技术在智慧消防中的应用 ─┤─ 火灾防控
              │                         │                          ├─ 灭火救援
  大数据分析与智│                        │                          └─ 火场态势预测预报
  能化预警 ────┤                         │
              │                         │               ┌─ 五大步骤
              │                         │               ├─ 数据挖掘
              │                         └─ 大数据分析 ──┤─ 六个基本方面
              │                                         └─ 数据仓库
              │
              │                          ┌─ 人工智能(AI)算法基本概念 ─┬─ 模拟人类智能的理论
              │                          │                           └─ 机器学习
              │                          │
              │                          │                     ┌─ 机器学习技术原理
              └─ 基于AI的火灾预警算法 ──┤─ AI算法的基本原理 ──┤
                                         │                     └─ 深度学习技术原理
                                         │
                                         │                          ┌─ 辅助审图
                                         │                          ├─ AI消防检测
                                         └─ AI在消防相关领域的具体应用 ─┤─ "安消"一体
                                                                    ├─ 智慧用电
                                                                    └─ 燃气监测
```

【学习目标】

[知识目标]	熟悉大数据分析与智能化预警基本知识；熟悉大数据分析的基本方法
[能力目标]	通过提高数据处理和应用服务能力，实现对大量不同结构数据的准确采集、融合标准化处理以及高质量的智能分析
[素质目标]	使学生深刻认识到自己的工作对社会的重要性以及在社会发展中所承担的责任

【情景导入】

　　某市消防指挥中心引入一套先进的大数据分析与智能化预警系统，某日系统监测到一处老旧居民区的用电负荷突然增高，结合当时的干燥气候和老建筑易燃材料的信息，系统自动判断该区域存在较高的火灾风险。在分析出潜在风险后，系统立即向消防指挥中心发出预警信号，并提供了最佳救援路线和建议的应急措施。接到预警后，迅速启动应急预案，调动最近的消防队伍前往现场进行巡查。同时，自动通知社区管理人员，做好疏散准备，并通过社区广播系统提醒居民注意防火安全。由于预警及时准确，消防队伍迅速到达现场，进行了详细的检查，并指导居民正确使用电器，有效避免了一起可能的火灾事故。

23.1　大数据的收集与分析方法

【岗位情景模拟】

　　作为一名消防系统工程师，负责实时收集城市各个角落的监控数据、气象信息、建筑结构和人员分布等多种信息。通过深度学习算法，系统能够分析这些数据，预测可能发生火灾的风险区域，并及时向消防部门发出预警。

　　【讨论】如果你是消防系统工程师，需要使用什么技术收集数据？

一、什么是大数据

　　大数据是一种规模大到在获取、存储、管理、分析方面远超出传统数据库软件工具能力范围的数据集合，具有海量的数据规模、快速的数据流转、多样的数据类型和价值密度低四大特征。

　　再通过数据的梳理整合得到的消防大数据，包括装备数据、人员数据、场所数据、水源数据、通信数据、交通数据、物资数据、巡查数据、视频监控等。

二、大数据收集技术

　　在当今这个数字化的时代，大数据已经成为无可争议的核心资源，对于企业、政府乃至个人决策的制定，都扮演着至关重要的角色。有效地收集这些数据，不仅需要我们运用一系列的技术手段，更需要我们以严谨的态度，以确保数据的质量和可用性。

　　以下是一些常用的大数据收集技术：

1. 网络爬虫：通过编写特定的程序自动访问网页并收集信息，网络爬虫能够快速地从互联网上抓取大量数据。

2. APIs（应用程序编程接口）：许多网站和服务提供 APIs，允许用户通过标准化的方式访问其数据库，从而获取所需数据。

3. 日志文件：服务器和应用程序通常会生成日志文件，记录用户的活动和系统的操作情况，这些文件是收集用户行为数据的重要来源。

4. 传感器和物联网设备：随着物联网的发展，越来越多的设备连接到互联网，这些设备上的传感器可以收集温度、位置、速度等各类数据。

5. 社交媒体平台：社交媒体上用户生成的内容是一个巨大的数据源，可以通过平台的 APIs 或者合作伙伴关系来收集相关数据。

6. 在线调查和问卷：通过设计在线调查和问卷，可以直接向目标受众收集数据，这种方式可以获取非常具体的信息。

7. 第三方数据供应商：有些公司专门从事数据收集和分析，他们可以作为第三方数据供应商，提供特定领域的数据服务。

8. 公共数据收集：政府机构、国际组织和非营利组织经常发布公共数据集，这些数据集对研究者和分析师来说是宝贵的资源。

9. RFID 技术：无线射频识别（RFID）技术可以无需直接视线即可读取标签上的信息，常用于物流、库存管理和零售等领域。

10. 数据挖掘和机器学习：通过对现有数据进行分析和学习，可以发现模式和趋势，从而预测未来的行为或结果。

三、大数据技术在智慧消防中的应用

1. 火灾历史资料分析

在火灾历史资料研究中，结合使用聚类分析探究历史火灾的时空分布特征，对重点区域加强预防和管理，通过对地区经济状况和火点遥感监测统计进行对比分析，得出火灾的影响。

2. 火灾研究方法

利用大数据的高速、大量、准确、多样等特征检验并修正火灾预测预报系统，制作出能够在局部地区、小范围更具适用性的火灾预测预报系统，使用大数据技术辅助制作火灾预测预报系统需要更少的人力计算，能考虑更多的影响因子，并能缩短制作预报系统所需时间，快速检验系统的有效性。

3. 火灾防控

在新形势下，消防工作由社会消防安全管理转变为社会消防安全监督指导。完善和规范的理念贯穿于整个治理过程，形成了一种新的社会消防安全模式，多元共治、统一管理、联合参与、人民参与，全社会共享消防安全服务。通过发动和吸引群众参与，部门联动发挥合力，可以让更多的目标人协助消防工作。

4. 灭火救援

灭火救援从灾情开始到结束，都能及时、准确地获取所有信息，实现第一时间出动力量，第一时间赶到场，第一时间完成任务。从公众报警入手，及时准确地了解现场情况，收集丰富的基本信息包括消防救援现场的信息，这不仅为灭火救援指挥决策提供支持，为

科学有序地共享现场信息提供保障，也为灭火后火灾评估等的全面分析提供基础数据。

5. 火场态势预测预报

火场受到多因素的影响，在实际火场中，火灾蔓延速度和方向、强度、火焰高度和温度、烟气扰动等一直都处于变化中，灭火扑救和逃生路线要求在短时间内作出决定。大数据技术能运用相关算法，及时进行模拟，计算出火场态势图，更好地辅助指挥员进行灭火指挥作战，更好地保护灭火队员。

四、大数据分析

数据分析是大数据中最关键的部分。在实际应用中，数据分析技术包括数据挖掘、统计分析、预测建模等多个方面。

为有效运用数据分析技术，我们需要熟悉一系列的工具和方法。主要由五大步骤组成：选择平台操作系统、构建 Hadoop 集群、数据整合和预处理、数据存储以及数据挖掘和分析。

其中 Hadoop 是一个用于存储和处理大数据的开源框架，存储空间与处理效率高，适用于批量处理操作。Spark 属于 Hadoop 的改进型，适用于流式与交互式数据处理与查询，实时性强且交互性好。

数据挖掘是较为重要的一个环节，它的主要任务包括预测建模、关联分析、聚类分析、异常检测等。

在这些步骤中，有三个关键技术贯穿始终：虚拟化（提升存储空间与资源利用效率），Mapreduce（为大数据平台提供并行处理的计算模型，更适用于集群平台高性能计算）和人工智能（辅助分析挖掘）。

通过我们需要得到的处理结果，大数据分析技术和方法可以分为六个基本方面：可视化分析，挖掘性分析，预测性分析，数据存储，数据质量与管理，语义引擎。按照处理方式分类，又可以分为：对比分析，分组分析，回归分析，预测分析和指标分析。

数据仓库也作为大数据分析的前期准备，可分为：操作型数据库和分析型数据库。

然而，数据分析并非仅仅是技术问题，更是一种思维方式。它要求我们具备批判性思维，能够质疑现有的假设，勇于探索未知的领域。同时，良好的沟通能力也是必不可少的，因为我们需要将分析结果转化为可执行的策略，并与各个部门协同工作。

【即学即练 23-1-1】

以下不是常用的大数据收集技术的是（　　）。

A. 爬虫技术　　　　　　　　B. 社交媒体平台

C. 第三方数据供应商　　　　D. Hadoop

【即学即练 23-1-2】

数据分析技术由几个步骤组成？（　　）

A. 四　　　　　　　　　　　B. 五

C. 六　　　　　　　　　　　D. 七

23.2 基于 AI 的火灾预警算法

【岗位情景模拟】

　　算法开发是 AI 火灾预警岗位的核心工作之一。岗位工作者需要根据火灾预警的需求，选择或创新适合的 AI 模型，如循环神经网络（RNN）等，通过真实案例数据训练算法，使其能有效识别火灾的特征和风险。岗位工作者需保持对最新 AI 技术的关注，不断引入新的模型算法，以提高火灾检测的精度和速度。

　　【讨论】你作为火灾预警岗位的工作者，请思考 AI 算法的基本原理是什么？

一、人工智能（AI）算法基本概念

　　人工智能（AI）算法是一类模拟、延伸和扩展人类智能的理论、方法和技术，包括机器学习、深度学习等领域。旨在让计算机或机器能够像人类一样思考、学习和解决问题。AI 算法已经在许多领域得到广泛应用。

　　基本原理是通过对大量数据进行处理和分析，提取出有用的信息，并通过自我学习和优化，不断提高决策和预测的准确性。在应急救援领域，AI 算法可以用于灾区情况分析、救援路线规划、救援力量调度等方面，为救援队伍提供科学、高效的决策支持。

二、AI 算法的基本原理

　　1. 机器学习技术原理

　　机器学习是人工智能的一个重要分支，它是使计算机系统通过学习数据和经验，自主地提高性能和改进决策的方法。在应急救援中，机器学习可以用于各种任务，其基本原理是通过算法分析大量数据，自动找出数据中的模式，并利用这些模式进行预测或决策。

　　机器学习技术可以自动地学习和优化模型，通过不断地更新和改进模型参数，提高模型的预测准确性和决策能力。在应急救援中，机器学习技术可以帮助救援队伍快速地分析灾区情况，预测未来的灾情趋势，并提供最优的救援路线和方案。

　　灾区通信恢复方面，机器学习算法可以分析通信网络的性能和故障模式，预测网络故障和恢复时间，帮助救援队伍快速恢复通信，确保救援指令和信息的畅通。随着机器学习技术的不断发展，相信它们在应急救援领域的应用前景将会更加广阔。

　　2. 深度学习技术原理

　　深度学习是机器学习的一个子集，它使用深度神经网络来处理数据。深度神经网络可以自动提取数据的特征，并根据这些特征进行预测或分类。在应急救援中，深度学习在图像识别和语音识别等任务中发挥重要作用。例如，通过图像识别，可以快速判断灾害的严重程度；借助语音识别，能迅速获取灾区的实时信息，为救援队伍提供宝贵的时间。随着技术的不断进步，深度学习将在救援领域发挥越来越大的作用。

　　深度学习技术不仅在图像和语音识别方面发挥了重要作用，还被广泛应用于救援设备的智能控制。通过深度学习算法，救援设备可以自动学习和优化运行参数，提高设备的可靠性和效率。这不仅可以减少人工干预，提高救援效率，还可以降低因设备故障等原因所带来的风险。

此外，深度学习技术还可以应用于救援物资的智能调度。通过分析历史数据和实时灾情信息，深度学习算法可以预测救援物资的需求量和分布情况，为物资调度提供科学依据。这将有效减少物资浪费和分配不均的情况，使救援物资能够更加精准地到达受灾地区。

三、AI 在消防相关领域的具体应用

1. 辅助审图

住宅类建筑三维（BIM）机器辅助消防设计技术审查系统。对施工图 BIM 模型的消防设计进行智能辅助审查，包括建筑、给水排水、暖通、电气等专业，是施工图三维数字化审查系统的更新、补充和延续。它可以帮助建筑师和工程师更高效地进行消防设计，并确保设计符合相关标准和规定，也可以辅助建筑设计师和消防专家进行建筑消防设计的审查。通过深度学习和图像识别技术，AI 可以快速识别设计中的潜在安全隐患，从而提出改进建议。

2. AI 消防检测

AI 检测算法应用于消防通道占压检测、安全通道堵塞检测、灭火器缺失检测；对消防通道车辆占用、电动车违停、消控室在离岗、烟火检测等安全隐患的识别和报警。通过对消防通道、灭火器材、人员在岗状态、烟雾和明火检测等多方面的智能识别，构筑起消防应急领域的全方位立体化智能解决方案。

3. "安消"一体

"安消"一体是指安防和消防联动管理。当一个传统有线烟感报警了，"安消"一体管理平台可以自动弹窗打开告警烟感附近的摄像头，辅助快速复核现场情况。如果建设了人员定位系统，平台还可以同步定位离报警烟感最近的安保人员，精准通知他到报警位置核实情况。这便实现了"安消"一体管理的应急联动。目前，"安消"一体管理平台已经在医院、行政部门、高校、场馆、综合体、写字楼、小区、生产型园区等广泛应用。

4. 智慧用电

智慧用电可实时在线监测用电状态，利用 AI 技术自动探测用电线路的电气参数（老化、发热、打火、温度、漏电、过载、过欠压等相关情况），通过物联网大数据 AI 技术以及设备的边缘计算能力，识别潜在隐患，实现超前预警，防患于未然。

5. 燃气监测

AI 技术在可燃气体监测预警、无线烟感报警、消防水压监测以及用电安全监测等多个方面的应用，可以实现对消防安全的全面、实时和智能化管理。这不仅可以提高消防安全管理的效率和准确性，还可以有效降低火灾事故发生的可能性，保障民众的生命财产安全。

虽然 AI 技术在提升智慧消防能力方面具有巨大潜力，但在实际应用中仍面临一些挑战和限制。例如，AI 技术的准确性和可靠性受到数据集质量、算法选择等因素的影响。此外，AI 的普及和应用也需要相应的技术支持和人才储备。因此，在推动"AI+智慧消防"的发展过程中，需要充分考虑这些因素，制定合理的技术路线和实施方案。

【即学即练 23-2-1】

人工智能（AI）算法是一类（　　　）、延伸和扩展人类智能的理论、方法和技术，包括机器学习、深度学习等。

A. 模拟　　　　　　　　　　　B. 智能

C. 自主思索　　　　　　　　　D. 采集

【即学即练 23-2-2】

深度学习是机器学习的一个子集，它使用（　　　）来处理数据。

A. 语音识别　　　　　　　　　B. 深度神经网络

C. 图像识别　　　　　　　　　D. 以上都对

知识链接

资源名称	大数据分析技术	大数据分析的典型案例
资源类型	文档	文档
资源二维码		

任务 24　智慧消防平台的集成与应用

【思维导图】

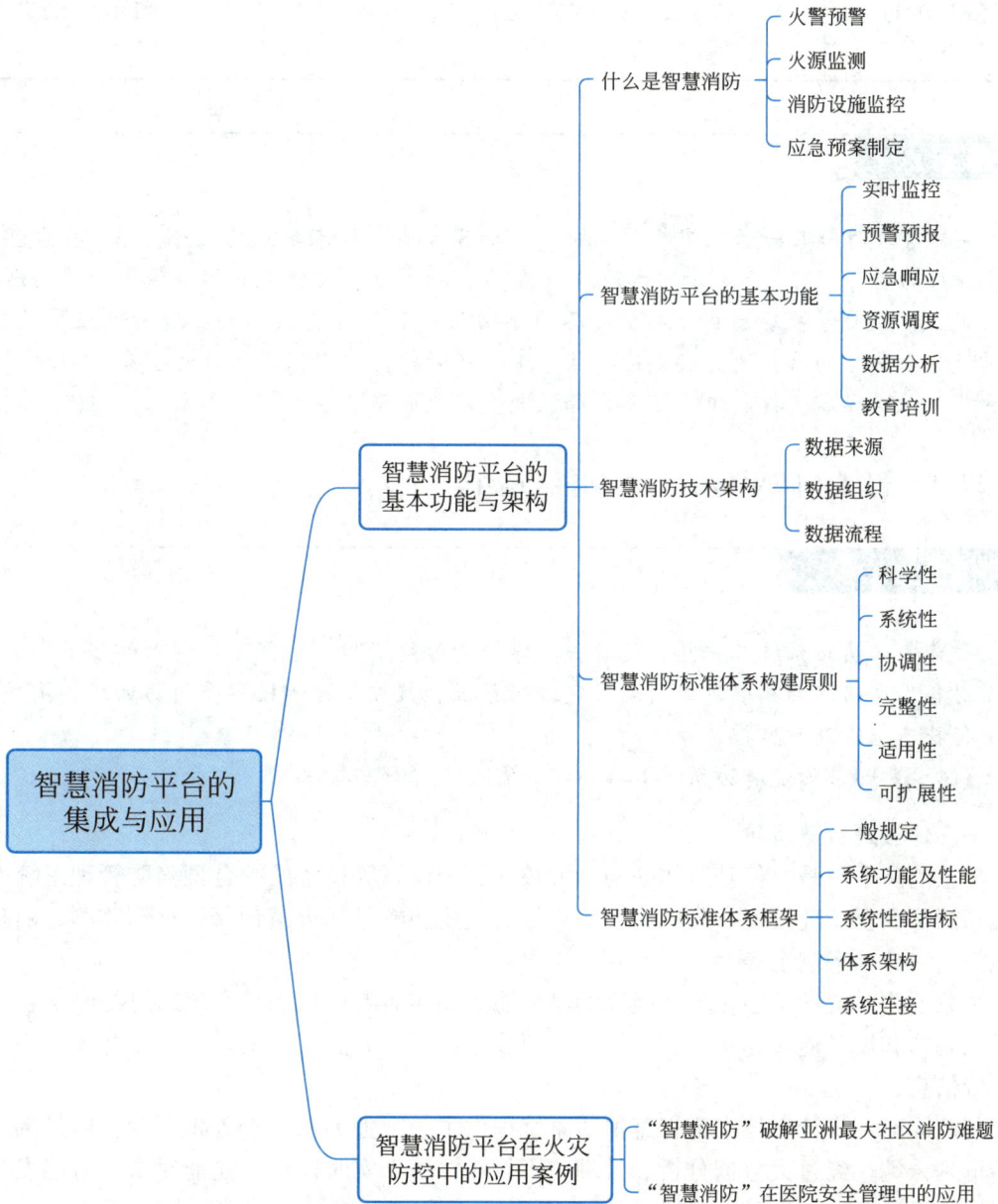

智慧消防平台的集成与应用
- 智慧消防平台的基本功能与架构
  - 什么是智慧消防
    - 火警预警
    - 火源监测
    - 消防设施监控
    - 应急预案制定
  - 智慧消防平台的基本功能
    - 实时监控
    - 预警预报
    - 应急响应
    - 资源调度
    - 数据分析
    - 教育培训
  - 智慧消防技术架构
    - 数据来源
    - 数据组织
    - 数据流程
  - 智慧消防标准体系构建原则
    - 科学性
    - 系统性
    - 协调性
    - 完整性
    - 适用性
    - 可扩展性
  - 智慧消防标准体系框架
    - 一般规定
    - 系统功能及性能
    - 系统性能指标
    - 体系架构
    - 系统连接
- 智慧消防平台在火灾防控中的应用案例
  - "智慧消防"破解亚洲最大社区消防难题
  - "智慧消防"在医院安全管理中的应用

[知识目标]	熟悉智慧消防平台的基本概念、架构与功能，熟悉智慧消防平台的集成方法与应用案例
[能力目标]	能利用智慧消防平台收集的数据，优化应急预案，提高应急救援的效率和效果
[素质目标]	智慧消防平台不仅是一项技术创新，更是一种社会治理的创新。它通过技术手段提升了消防工作的效率和效果，通过对于智慧消防平台的集成与应用的学习，增强学生的安全意识和社会责任感

【情景导入】

　　某中学扩建项目一套火灾报警系统，包括8台消火栓末端压力监测装置、6台室外消火栓压力监测装置、2台消防水池液位监测、50台电气火灾监测器。通过智慧消防平台的建立，帮助学校后勤管理人员对各用电回路因漏电可能引起火灾进行预报和监控，对学校各个消防回路、消防设备运行状态进行及时监控，确保学校消防安全，同时帮助用户节约人工成本，提高工作效率，降低火灾发生概率。

24.1　智慧消防平台的基本功能与架构

【岗位情景模拟】

　　作为一名消防系统工程师，负责一所学校的智慧消防平台架构，帮助学校后勤管理人员对各用电回路因漏电可能引起火灾进行预报和监控，对学校各个消防回路、消防设备运行状态进行及时监控。

　　【讨论】如果你是消防系统工程师，你需要懂得哪些技术？

一、什么是智慧消防

　　智慧消防平台是一种基于物联网、大数据、云计算等技术的综合型消防管理系统，旨在提高消防安全管理效率，降低火灾风险。其主要功能包括火情预警、火源监测、消防设施监控、应急预案制定等。

　　智慧消防系统的核心在于其高度的集成能力和实时响应机制。系统通过物联网技术将各种探测器和设备连接起来，这些设备不断收集数据，如温度、烟雾浓度以及建筑内人员的位置信息。

　　与此同时，云计算技术为智慧消防系统提供了一个强大的数据处理平台。巨量的数据被传输到云端，经过大数据分析和处理，不仅能够用于实时监控，还能对未来可能发生的火灾风险进行预测。这种预测能力是基于历史数据和人工智能算法，如决策树和神经网络，它们可以学习和模拟火灾发生的模式，从而提前采取预防措施。

　　此外，智能灭火系统作为智慧消防的重要组成部分，它可以根据火情的具体情况自动调整灭火策略。例如，在检测到油类火灾时，系统会释放干粉而不是水来避免火势蔓延。而在电气火灾的情况下，系统则可能先切断电源再进行灭火作业，以保障灭火效率和人员安全。

未来，随着技术的不断进步和创新，智慧消防系统有望成为城市公共安全的守护者，为民众的生命财产安全提供更加坚实的保障。

二、智慧消防平台的基本功能

1. 实时监控：平台的基石，利用传感器、摄像头等设备对重点区域进行 24h 不间断监控，实时收集火情信息，并进行分析判断，确保在火情初起时就能发现并及时处理。

2. 预警预报：平台的智慧之源，根据监控数据，结合大数据分析和人工智能算法，对可能发生的火灾风险进行预测，并提前发出警报，为我们提供了宝贵的时间，以便采取预防措施，避免火灾的发生。

3. 应急响应：平台的生命线，一旦发生火情，平台能够立即启动应急预案，调度最近的消防队伍迅速出动，同时提供最佳路线指引，确保救援力量能够以最快的速度到达现场，挽救更多的生命和财产。

4. 资源调度：平台的力量之源，它能够实时熟悉各类消防资源的分布和状态，包括人员、车辆、水源等。这一功能确保了消防资源的合理分配和高效利用，使救援行动更加有序和高效。

5. 数据分析：平台的智慧库，通过对历史数据的深入分析，平台能够总结出火险发生的规律和特点，为制定更有效的防火策略提供科学依据。这一功能可从过去的教训中吸取经验，为未来的安全打下坚实的基础。

6. 教育培训：平台的灯塔，平台还提供消防安全知识的在线学习、模拟演练等功能，增强公众的安全意识和自救互救能力。这一功能不仅提升了公众的防灾减灾意识，也为构建安全文化提供有力支持。

三、智慧消防技术架构

根据消防信息化系统及社会单位、各行业组成要素间的关系，以围绕消防相关业务领域内各类海量数据为基础，结合各部委数据、行业数据和互联网数据，形成全方位获取、全网络汇聚、全维度整合的应急管理大数据感知体系，智能处理精细治理、分类组织的数据资源融合体系以及统一调度、精准服务、安全可控的信息共享服务体系，覆盖数据接入、数据处理、数据服务、数据共享和数据管理等过程，有效支撑消防各级各部门监督管理、监测预警、指挥救援、决策支持、公众服务等业务应用，提升消防管理智能化、现代化。数据架构通常按照数据来源、数据组织、数据流程三个维度进行划分：

1. 数据来源：在消防和应急响应系统中，数据可以来自多个渠道。这可能包括火灾报警系统、传感器网络、监控摄像头、社交媒体、卫星图像以及公众举报等。

2. 数据组织：数据组织涉及将收集到的数据进行分类、存储和管理。这包括建立数据库和数据仓库，确保数据的质量和一致性，为数据分析和决策支持提供结构化信息。

3. 数据流程：数据流程描述了数据从源头到最终用户的流动过程。在消防和应急响应中，这包括数据的收集、传输、处理、分析和可视化。数据流程的设计必须确保信息能够快速、准确地传递给决策者和一线响应人员。

这三个维度共同构成了一个综合的数据架构，它支持应急救援的各个方面，从预防和准备到响应和恢复。通过这样的数据架构，可以更有效地利用大数据技术来提高城市消防安全管理的效率和效果。

四、智慧消防标准体系构建原则

智慧消防标准体系构建原则主要有以下几点：

1. 科学性。确保编制的标准体系符合"智慧消防"建设和发展的客观规律，科学性是体系安全、可靠、实用的根本保障。

2. 系统性。遵循体系化规则，确保标准体系结构清晰，功能明确，布局合理。

3. 协调性。避免各层级之间存在交叉、重复、矛盾、不配套的问题。

4. 完整性。确保标准体系覆盖智慧消防建设对标准化需求的各个方面。

5. 适用性。适合工作实际和业务需求，具有实用价值。

6. 可扩展性。既要考虑当前需求和技术水平，也要对未来发展趋势有所预见。

五、智慧消防标准体系框架

1. 一般规定

（1）消防物联网系统使用的设备、材料及配件应选用符合国家有关标准和市场准入制度的产品。

（2）消防物联网系统的建设不应影响原有消防设施的功能和性能。

（3）当建筑物或构筑物设置消防物联网系统时，建筑物或构筑物内的视频监控系统、消防给水及消火栓系统、自动喷水灭火系统、机械防烟和排烟系统、其他消防设施宜接入消防设施物联网系统。

（4）消防物联网系统不应排斥消防设施的其他检查、测试、维护的技术和方法。

（5）消防物联网系统使用的设备、材料及配件应选用符合国家有关标准和市场准入制度的产品。

（6）消防物联网系统的供电、通信、数据存储、数据备份、数据处理等应符合系统容量设计要求，并应满足安全性、可靠性、可维护性和可拓展性的要求。

（7）联网单位建（构）筑物的消防设施如不具有联网功能，接入应用支撑平台时可设置消防物联网网关、用户信息传输装置、独立式火灾探测报警组件等。

2. 系统功能及性能

（1）消防物联网系统的功能和性能应符合《城市消防远程监控系统技术规范》GB 50440—2007 中的有关规定。

（2）消防物联网系统应具有下列功能：

1）实时接收、存储联网单位的消防设施运行状态信息和消防安全管理信息。

2）应能对联网的消防设施在线情况进行监测，并将信息发送至相关应用平台。

3）接收到消防设施的火灾报警信息后，应能智能分析判断火警信息等级，并相应地选择短信、语音电话或人工客服的方式，确认火灾报警信息。

4）接收到视频监控系统报警、消防设施故障报警、水压异常、水位异常、自动转手动控制屏蔽、复位等消防设施异常报警信息后，应推送到相应联网单位应用端，且向相应维保机构应用端发送经确认的故障和异常报警信息。

5）应具有联网单位基础信息的录入、修改和删除等功能，并具有审核机制。

6）应具有远程查岗功能，能通过下列任一种方式向联网单位消防设施操作员发送远程查岗指令：

① 用户信息传输装置或消防物联网网关。

② 消防控制室的视频信息采集装置。

③ 消防控制室的联网单位应用平台。

7）应具有信息查询显示功能，并能对不同的用户设置相应的查询权限。

8）应支持移动终端操作。

9）系统的显示和标识应采用中文。

10）应具备对火灾、疏散通道和消防车道占用进行识别的功能。

11）应具备对单位火灾隐患进行排查的功能。

12）宜具备三维快速建模功能，并能通过应用平台进行建筑三维模型展示。

3. 系统性能指标

（1）感知设备获取火灾报警信息到各应用平台接收显示的响应时间不应大于5s，且应用平台向119报警服务台或城市消防指挥中心转发经确认后的火灾报警信息的时间不应大于2s。

（2）从用户信息传输装置或消防物联网网关获取消防水泵、防烟排烟风机手动/自动状态信息、压力传感器、液位传感器、电气火灾监控探测、可燃气体探测等传感器的异常信息传输至应用平台的响应时间不应大于20s。

（3）用户信息传输装置或消防物联网网关与应用支撑平台之间的通信巡检周期不应大于20s。

（4）信息采集装置的数据上传周期不应大于2min。

（5）外部供电的压力、液位传感器的数据上传周期不应大于30min，仅内置电池供电的压力、液位传感器的数据上传周期不应大于6h。

（6）采集的数据信息应备份。视频原始数据的存储时间不应少于3个月，录音文件的存储时间不应少于12个月，报警数据及其他数据的存储时间不应少于2年。

（7）系统宜通过国家信息系统安全等级保护三级认证。

（8）系统应具有统一的时钟管理，误差不应大于5s。

4. 体系架构

（1）消防物联网系统应采用层次化、模块化设计，由感知层、传输层、支撑层、应用层组成，图 24-1-1 为系统架构图。

（2）感知层利用传感器、电子标签、图像视频、数据接口实现对联网单位消防设施运行状态信息和消防安全管理信息的动态监测和实时提取。

（3）传输层应采用安全、稳定、先进的传输网络和传输协议，并通过身份认证、传输加密、数据检验等方式确保数据传输的安全性。

（4）支撑层应依托应用支撑平台，实现数据交互、数据完整性监测、数据清洗、数据配置、数据库部署等功能。

（5）应用层应为用户提供电脑端、移动端等方式登录应用平台，应用平台应为联网单位、维保机构、消防管理部门以及系统服务商等用户提供消防安全管理工作所需的应用服务。

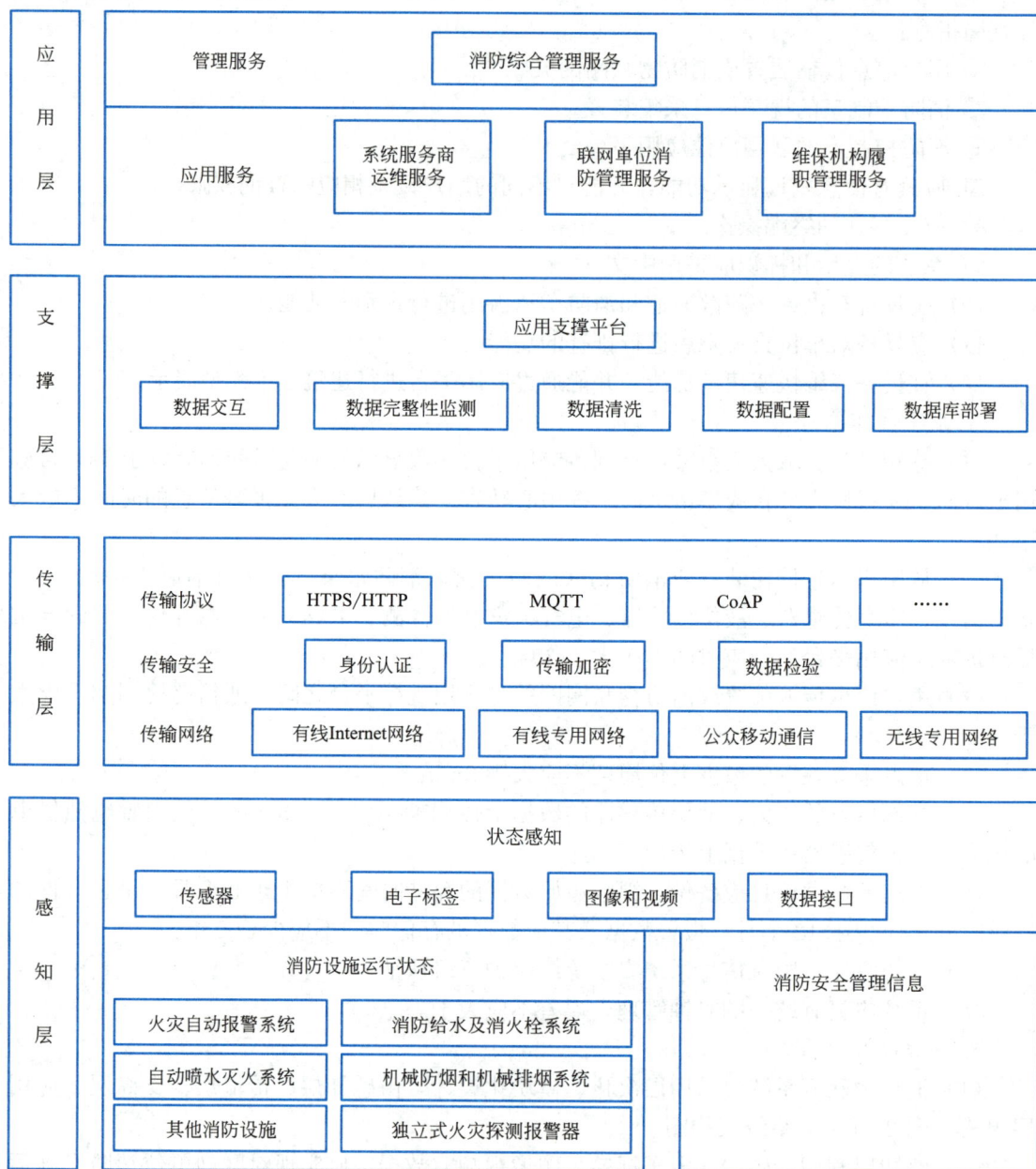

图 24-1-1　系统架构图

5. 系统连接

（1）消防物联网系统的连接以系统服务商的应用支撑平台为中心，如图 24-1-2 所示，联网单位或小场所的消防设施运行状态信息、消防安全管理信息应通过有线/无线网络接入系统服务商应用支撑平台。

（2）系统服务商应按照消防管理部门传输要求，将联网单位或小场所消防数据上传至管理部门的平台，且应支持与维保机构等进行数据共享。

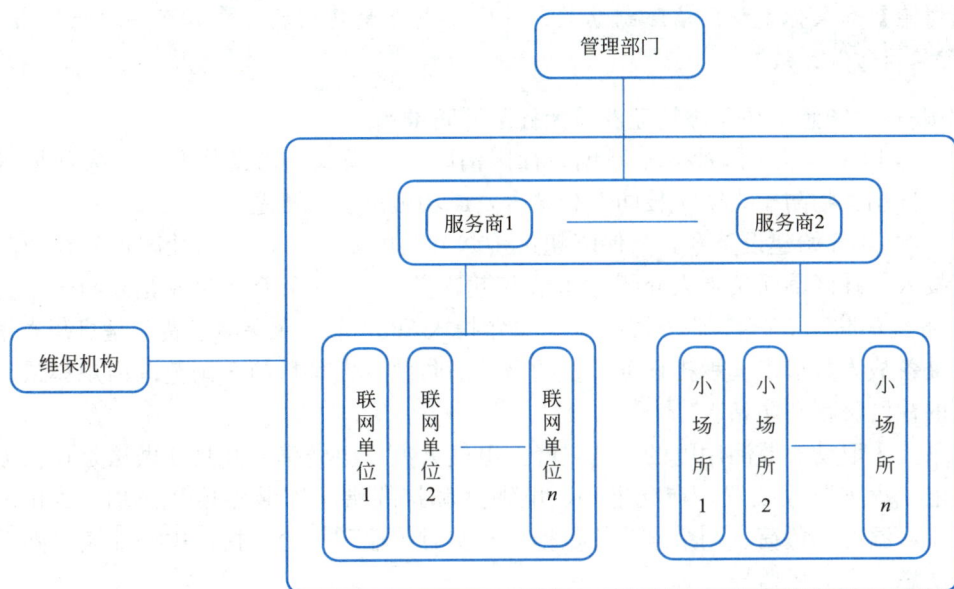

图 24-1-2　消防物联网系统连接图

【即学即练 24-1-1】

数据架构通常按照（　　）三个维度进行划分。

A. 数据来源、数据组织、数据流程

B. 科学性、系统性、协调性

C. 可扩展性、适用性、完整性

D. 收集、传输、处理

【即学即练 24-1-2】

消防物联网系统应采用层次化、模块化设计，由感知层、（　　）、支撑层、应用层组成。

A. 数据层　　　　　　　　　　B. 架构层

C. 传输层　　　　　　　　　　D. 接收层

24.2　智慧消防平台在火灾防控中的应用案例

【岗位情景模拟】

社区"智慧消防"系统是将社区消防自动报警系统、消火栓系统、自动喷水灭火系统、电源电压监测等接入指挥中心平台，在大数据指挥中心实现可视化、一体化，确保第一时间发现异常，及时调派人员进行处置。

【讨论】如果你是社区消防副总监，你需要怎么构建"物防＋人防＋技防"相结合的"智慧消防"系统？

案例一："智慧消防"破解亚洲最大社区消防难题

2016 年以来，花果园社区不断创新社区消防工作模式，借助物联网、大数据等智能化手段，推动"物防＋人防＋技防"相结合，成功破解上述难题。

从 2009 年开始建设至今，为保障超过 100 万人的安全，花果园社区首先在消防硬件上进行投入。社区消防负责人介绍，2015 年起，投入 6400 余万元建成花果园微型消防站 23 个，各类消防车 25 台，队员 223 人，每年投入 3000 余万元保障经费，是贵州省第一批投入执勤备战人数最多、承担任务最重的微型消防站，也是目前全国范围内规模最大、标准最高的社区微型消防站。

花果园采取动态监测用电的方法，降低电气火灾发生概率。其具体做法是在供电回路上安装电气火灾监控装置，在配电柜、电缆井和接线端子安装温度传感器，24h 采集电压、电流、温度、负荷、剩余电流等数据，并实时传输到平台，指挥中心能实时熟悉设备的工作状态，全天候监控。

一旦发生火警，系统将自动向调度终端和消防指挥中心推送火警信息；然后通过手机 APP，就近调度消防力量赶赴现场，系统还可以通过社区公共服务 APP，向着火建筑内群众发送火警信息，提示疏散注意事项等。

另外"智慧消防"平台还可以对火情周边路况进行分析研判，为微型消防站工作人员规划最优路线，实现"消防隐患发现早、定位准确、处置及时"的目标，将群众生命财产损失降到最低。

通过物联监控，智能管理，让数据跑腿，提高效能，实现了扁平化管理，大幅缩短了响应时间，实现了消防"打早、打小、打了"，使应急处置更加高效。

智慧消防管理平台应用两年来，社区火灾起数同比下降 19.8％，直接财产损失同比下降 30％，实现了亡人火灾、人员密集场所火灾和有影响的火灾"零发生"。

花果园"智慧消防"平台的建设所依托的，正是贵阳市蓬勃兴起的"智慧城市"建设以及贵阳市消防救援支队全力推行的"大数据＋消防"战略。经过三年潜心耕耘，这一战略已经铸就一面守护城市消防安全的"智慧之盾"。图 24-2-1 为消防指挥中心大厅。

支队基于一体化灭火救援指挥平台，汇集数字化预案 2754 家，重点单位音、视频照片 26890 份，市政消火栓更新 7456 条，实现车辆、人员、水源、预案、实时路况、视频监控智能化实时调度指挥，实现了数据推送和决策辅助"全、快、准"，让指挥调度更加科学。

案例二："智慧消防"在医院安全管理中的应用

医院作为人员密集场所，多数患者行动不便，还有数量众多的大型医疗仪器设备和易燃易爆品，一旦发生火灾，极易造成人员伤亡及财产损失，社会影响极大。传统消防安全管理模式下的安全保障已不适应现代综合治理的要求。智慧消防借助和推广大数据、云计算、互联网、地理信息等新一代信息技术，创新消防管理模式。

1. 项目概述

铜陵市人民医院占地面积近十万平方米，建筑面积约十六万平方米，院内新老建筑交

图 24-2-1 消防指挥中心大厅

错林立，各楼宇按规范分别设置了火灾自动报警、自动喷淋、防烟排烟、气体灭火等系统。医院设消防控制中心 1 个、独立消防控制室 4 个（含北区分院 1 个）。

该院"智慧消防"项目按照统一规划、分步实施、逐步完善的工作思路，采用移动通信模式，将分散于医院各区域的火灾报警系统、消防水系统、重点部位监控系统、消防巡检系统、电气火灾系统、消防设施 RFID 全生命周期管理系统等联成网络，可通过电脑 Web 或手机 APP 对医院的消防设施进行全面、远程、集中监控管理，构建立体化、全覆盖的火灾防控体系，全面提升医院火灾防控能力。

2. 平台功能介绍

智慧消防物联网是消防工作"智慧管理、智慧执法、智慧防控"的准确体现，采用移动数据通信模式，将各区域的火灾自动报警系统、消防水系统、电气安全监测系统、重点区域视频监控系统、消防巡检系统等联成网络，实现对各区域的消防设施进行全面、远程、集中监控管理，确保消防安全。智慧消防物联网分为三级管理平台，分别是监管平台、运维（维保）平台和业主用户平台，如图 24-2-2 所示。

（1）监管平台

监管平台主要服务政府及消防主管部门，通过该平台可实时掌控物联网的各社会单位消防设施运行状态、日常巡查、维保、值班值守、演练培训等工作开展情况。

（2）运维（维保）平台

运维（维保）平台作为监管平台的前哨站，主要由系统运营（维保）商使用。承担数

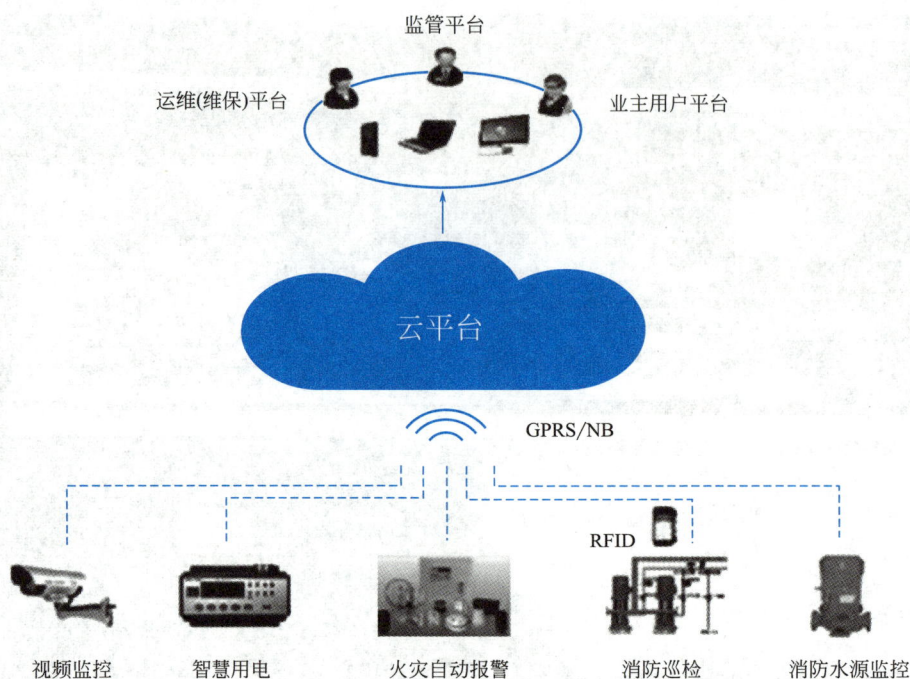

图 24-2-2　智慧消防物联网平台

据整合、设备运行监控（含通知社会单位）和数据上报等职责，一方面为各社会单位提供完善的消防物联网远程监控服务，另一方面为消防主管部门提供初步核实和处理后的有效预警数据，辅助消防主管部门进行执法和决策。

（3）业主用户平台

业主用户平台配合手机 APP，可供联网单位各级管理人员、消防值班人员查看设施运行状况，响应、执行相关业务（巡查、培训、演练）。

3. 智慧消防系统功能

根据上述消防监管、值守前哨和单位管理的总体功能要求，结合医院实际，智慧消防物联网平台将通过分步建设来实现下述系统功能：

（1）火灾自动报警监测系统

平台能够及时准确地将火灾报警信息通过语音或信息推送方式传送至监控管理终端，提高火灾报警监测的及时性、可靠性和准确性。经确认的真实火情能够在第一时间得到反馈解决。

（2）消防水系统监测系统

系统可实时自动监测消防水系统状态信息，实现对消防水系统的主动管理，及时发现系统异常及故障，同时向手机 APP 和管理平台推送报警信息，提醒工作人员及时排查故障。

（3）消防重点部位视频管理系统

系统对医院消防通道、安全出口、消防控制中心等重点部位进行实时监控，能与火灾报警监控系统进行联动。

（4）消防设备安全巡检系统

1）消防重点部位和消防设施建立身份标识（标签）。

2）消防设备安全巡检内容见表 24-2-1。

消防安全设备巡检内容 表 24-2-1

序号	类别	项目
1	消防设施	消火栓、灭火器、消防水泵、火灾报警控制器、防火卷帘等
2	消防特种设备	电梯等

3）根据实际情况制定巡查路线，包括该路线的检查时间、检查周期、检查人员、检查路线点等内容。

4）隐患流程管理：巡查人员通过手机扫描重点部位、安全设施上的身份标识，通过对照手机端提供的检查标准，识别现场的火灾隐患，并通过手机直接拍照上传。由本单位的消防安全管理人员对隐患进行内部派发，相关部门指定人员进行整改，待整改完毕后再次对整改完成的现场照片拍照上传，从而快速完成内部处理和进度汇报；遇到问题及时通知维保公司处理，确保消防设施完好有效。

（5）消防培训教育系统

平台具备消防知识宣传、培训、教育、服务等多项功能。实现消防安全信息网上录入、下发消防法规、消防常识；通过系统公告通知用户新建培训或演练任务。

（6）智慧用电监测系统

系统具有远程监控电气火灾功能，它对引起电气火灾的主要因素（线缆温度、电流、电压、剩余电流）进行实时在线监测和统计分析，判断故障发生的原因，实现"防患于未然"的目的。

4. 效果分析

（1）社会效益

1）通过"智慧消防"项目，可大幅度提高医院整体消防安全防控水平及安全治理能力，保障医院健康高质量发展。

2）为医院提供用电安全、能源管理大数据服务，努力实现用电安全全生命周期管理，可为下一步智慧医院建设奠定坚实基础。

3）医企双方共同探索一条共建智慧消防新模式，此举为医院节省了平台建设资金，医院将消防设施整体委托维保企业进行维护保养，便于维保企业集约化、科学化服务。探索出了一条可借鉴、可复制的新型合作模式。

（2）管理效益

1）通过智慧消防平台的运用，围绕"四个能力"建设，解决医院履职尽责中面临的实际问题：

① 建立智慧责任体系，解决管理责任"不明确"问题。

② 建立智慧台账体系，解决日常管理"有遗漏"问题。

③ 建立智慧服务体系，解决医企双方"不互知"问题。

④ 建立智慧课堂体系，解决消防意识"不清晰"问题。

2）结合传感器技术、无线通信技术以及窄带物联网等技术，在医院的一些消防设施的关键点、不便于巡查点安装传感器及采集装置，定时采集消防水箱、应急水池的液位及喷淋、消火栓等系统的实时数据，实时监控水系统水位、水压情况，如水位、水压出现异常，平台会自动报警，提醒维保人员及时排除故障。节省巡查时间，减轻值班人员劳动强度，提高预警能力。

（3）经济效益

1）整合医院分散的消防控制室集约化管理，智慧平台通过接入的医院各建筑消防设施的火灾报警信息、故障信息、消防水压水位、重点部位的视频监控、各消防系统的运行状态信息的采集与处理，实现集中、实时监控。相比之前传统方式值班，每年可节省人力资源费近 26 万元。

2）对医院老旧建筑、重点部位在不影响装修的情况下，依托智慧消防平台，无需布线，加装独立感烟、感温火灾探测器，通过无线互联网将数据传输至物联网信息平台，实现智能火灾预警。可简化装修程序，节约建设资金。

【即学即练 24-2-1】

通过智慧消防平台的运用，围绕"四个能力"建设，解决医院履职尽责中面临的实际问题，下列错误的是（　　　）。

A. 建立智慧责任体系，解决管理责任"不明确"问题

B. 建立智慧台账体系，解决日常管理"有遗漏"问题

C. 建立智慧告知体系，解决医企双方"不互知"问题

D. 建立智慧课堂体系，解决消防意识"不清晰"问题

实践实训

项目名称	智慧消防平台实训				
学生姓名		班级学号		组别	
同组成员					
任务分工					
完成日期		教师评价			

一、实训目的

1. 提升技能：通过实训，使学生熟练掌握智慧消防平台的使用方法和功能，提高其在火灾预防和应急救援中的能力。

2. 增强消防管理能力：通过智慧消防平台的数据分析和预警功能，提升消防管理部门对火灾风险的识别、评估和管理能力。

3. 提高监管效率：实现对消防设施运行状态的远程监控，降低人力巡检成本，提升维护效率。

二、实训设备

1. 智慧消防平台系统：包括物联网传感器、大数据处理中心、云计算平台、人工智能算法等，用于实时监测火灾风险、预警和应急处置。

2. 消防模拟设备：如模拟火灾现场、烟雾探测器、灭火器、消防水带等，用于模拟真实火灾环境，进行应急处置演练。

3. 计算机和网络设备：用于接入智慧消防平台，进行数据分析和应急处置操作。

三、实训要求

1. 熟悉平台功能:需全面了解智慧消防平台的功能模块和操作界面,能够熟练操作平台。

2. 掌握数据分析:能够利用平台的数据分析功能,对火灾风险进行预警和评估。

3. 应急处置能力:在模拟火灾环境中,能够迅速响应,利用平台提供的信息进行应急处置。

4. 团队协作:在实训过程中,加强团队协作,确保应急处置工作的顺利进行。

四、实训内容

1. 平台操作训练:包括登录、查询、分析、预警等功能模块的操作方法。

2. 数据分析与预警:利用平台数据,进行火灾风险评估和预警分析。

3. 应急处置演练:在模拟火灾环境中,进行应急处置操作,包括报警、疏散、灭火等。

4. 团队协作训练:通过团队协作,完成应急处置任务,提高团队协作能力。

五、考核标准

1. 平台操作训练

序号	考核点	评分标准	得分
1	熟悉各种消防设备的外观、结构与功能	能够准确描述每种设备的外观特征、内部结构及其具体功能。得 15 分。	
2	智慧消防平台功能操作	对智慧消防平台登录、查询操作熟练程度,包括登录速度、查询准确性等。得 10 分。	
	合计		

2. 应急处置演练

序号	考核点	评分标准	得分
1	火灾报警流程	火灾报警流程是否正确。得 20 分。	
2	火灾应急处置流程	疏散、灭火等流程是否正确。得 30 分。	
	合计		

3. 团队协作训练

序号	考核点	评分标准	得分
1	完成自行分组	自行完成分组,并选出组长。得 10 分。	
2	团队协作	通过团队协作,完成以上任务。得 15 分。	
	合计		

六、故障现象及其原因分析,解决方法

七、小组总结

参考文献

【1】中华人民共和国住房和城乡建设部.消防设施通用规范：GB 55036—2022 ［S］北京：中国计划出版社，2022.

【2】中华人民共和国住房和城乡建设部.火灾自动报警系统设计规范：GB 50116—2013 ［S］.北京：中国计划出版社，2013.

【3】中华人民共和国住房和城乡建设部.火灾自动报警系统施工及验收标准：GB 50166—2019 ［S］.北京：中国计划出版社，2019.

【4】中华人民共和国住房和城乡建设部.消防应急照明和疏散指示系统技术标准：GB 51309—2018 ［S］.北京：中国计划出版社，2018.

【5】中华人民共和国住房和城乡建设部.建筑防烟排烟系统技术标准：GB 51251—2017 ［S］.北京：中国计划出版社，2017.

【6】中华人民共和国住房和城乡建设部.建筑设计防火规范（2018年版）：GB 50016—2014 ［S］.北京：中国计划出版社，2014.

【7】中华人民共和国住房和城乡建设部.火灾自动报警系统设计规范图示：14X505—1 ［S］.北京：中国计划出版社，2014.

【8】中华人民共和国住房和城乡建设部.常用水泵控制电路图：16D303—3 ［S］.北京：中国计划出版社，2016.